U0231722

住房和城乡建设部标准定额研究所　　　建设工程造价技术资料

通用安装工程消耗量

TY 02-31-2021

第一册　机械设备安装工程

TONGYONG ANZHUANG GONGCHENG XIAOHAOLIANG

DI-YI CE JIXIE SHEBEI ANZHUANG GONGCHENG

中国计划出版社

北　京

图书在版编目（ＣＩＰ）数据

通用安装工程消耗量 ： TY02-31-2021. 第一册，机
械设备安装工程 / 住房和城乡建设部标准定额研究所组
织编制. -- 北京 ： 中国计划出版社，2022.2
ISBN 978-7-5182-1399-3

Ⅰ．①通… Ⅱ．①住… Ⅲ．①建筑安装－消耗定额－
中国②房屋建筑设备－机械设备－设备安装－消耗定额－
中国 Ⅳ．①TU723.3

中国版本图书馆CIP数据核字(2022)第002718号

责任编辑:陈　飞　　　　封面设计:韩可斌
责任校对:杨奇志　谭佳艺　　责任印制:赵文斌　李　晨

中国计划出版社出版发行

网址:www.jhpress.com

地址:北京市西城区木樨地北里甲 11 号国宏大厦 C 座 3 层

邮政编码:100038　电话:(010)63906433(发行部)

北京市科星印刷有限责任公司印刷

880mm×1230mm　1 /16　20 印张　592 千字
2022 年 2 月第 1 版　2022 年 2 月第 1 次印刷

定价:140.00 元

前　言

工程造价是工程建设管理的重要内容。以人工、材料、机械消耗量分析为基础进行工程计价,是确定和控制工程造价的重要手段之一,也是基于成本的通用计价方法。长期以来,我国建立了以施工阶段为重点,涵盖房屋建筑、市政工程、轨道交通工程等各个专业的计价体系,为确定和控制工程造价、提高我国工程建设的投资效益发挥了重要作用。

随着我国工程建设技术的发展,新的工程技术、工艺、材料和设备不断涌现和应用,落后的工艺、材料、设备和施工组织方式不断被淘汰,工程建设中的人材机消耗量也随之发生变化。2020 年我部办公厅发布《工程造价改革工作方案》(建办标〔2020〕38 号),要求加快转变政府职能,优化概算定额、估算指标编制发布和动态管理,取消最高投标限价按定额计价的规定,逐步停止发布预算定额。为做好改革期间的过渡衔接,在住房和城乡建设部标准定额司的指导下,我所根据工程造价改革的精神,协调 2015 年版《房屋建筑与装饰工程消耗量定额》《市政工程消耗量定额》《通用安装工程消耗量定额》的部分主编单位、参编单位以及全国有关造价管理机构和专家,按照简明适用、动态调整的原则,对上述专业的消耗量定额进行了修订,形成了新的《房屋建筑与装饰工程消耗量》《市政工程消耗量》《通用安装工程消耗量》,由我所以技术资料形式印刷出版,供社会参考使用。

本次经过修订的各专业消耗量,是完成一定计量单位的分部分项工程人工、材料和机械用量,是一段时间内工程建设生产效率社会平均水平的反映。因每个工程项目情况不同,其设计方案、施工队伍、实际的市场信息、招投标竞争程度等内外条件各不相同,工程造价应当在本地区、企业实际人材机消耗量和市场价格的基础上,结合竞争规则、竞争激烈程度等参考选用与合理调整,不应机械地套用。使用本书消耗量造成的任何造价偏差由当事人自行负责。

本次修订中,各主编单位、参编单位、编制人员和审查人员付出了大量心血,在此一并表示感谢。由于水平所限,本书难免有所疏漏,执行中遇到的问题和反馈意见请及时联系主编单位。

住房和城乡建设部标准定额研究所

2021 年 11 月

总　说　明

一、《通用安装工程消耗量》共分十二册，包括：

第一册　机械设备安装工程

第二册　热力设备安装工程

第三册　静置设备与工艺金属结构制作安装工程

第四册　电气设备与线缆安装工程

第五册　建筑智能化工程

第六册　自动化控制仪表安装工程

第七册　通风空调安装工程

第八册　工业管道安装工程

第九册　消防安装工程

第十册　给排水、采暖、燃气安装工程

第十一册　信息通信设备与线缆安装工程

第十二册　防腐蚀、绝热工程

二、本消耗量适用于工业与民用新建、扩建工程项目中的通用安装工程。

三、本消耗量在《通用安装工程消耗量定额》TY 02-31-2015 基础上，以国家和有关行业发布的现行设计规程或规范、施工及验收规范、技术操作规程、质量评定标准、产品标准和安全操作规程、绿色建造规定、通用施工组织与施工技术等为依据编制。同时参考了有关省市、部委、行业、企业定额，以及典型工程设计、施工和其他资料。

四、本消耗量按照正常施工组织和施工条件，国内大多数施工企业采用的施工方法、机械装备水平、合理的劳动组织及工期进行编制。

1. 设备、材料、成品、半成品、构配件完整无损，符合质量标准和设计要求，附有合格证书和检验、试验合格记录。

2. 安装工程和土建工程之间的交叉作业合理、正常。

3. 正常的气候、地理条件和施工环境。

4. 安装地点、建筑物实体、设备基础、预留孔洞、预留埋件等均符合安装设计要求。

五、关于人工：

1. 本消耗量人工以合计工日表示，分别列出普工、一般技工和高级技工的工日消耗量。

2. 人工消耗量包括基本用工、辅助用工和人工幅度差。

3. 人工每工日按照 8 小时工作制计算。

六、关于材料：

1. 本消耗量材料泛指原材料、成品、半成品，包括施工中主要材料、辅助材料、周转材料和其他材料。本消耗量中以"（×××）"表示的材料为主要材料。

2. 材料用量：

（1）本消耗量中材料用量包括净用量和损耗量。

（2）材料损耗量包括从工地仓库运至安装堆放地点或现场加工地点运至安装地点的搬运损耗、安装操作损耗、安装地点堆放损耗。

（3）材料损耗量不包括场外的运输损失、仓库（含露天堆场）地点或现场加工地点保管损耗、由于材料规格和质量不符合要求而报废的数量；不包括规范、设计文件规定的预留量、搭接量、冗余量。

3. 本消耗量中列出的周转性材料用量是按照不同施工方法、考虑不同工程项目类别、选取不同材料规格综合计算出的摊销量。

4.对于用量少、低值易耗的零星材料,列为其他材料。按照消耗性材料费用比例计算。

七、关于机械:

1.本消耗量施工机械是按照常用机械、合理配备考虑,同时结合施工企业的机械化能力与水平等情况综合确定。

2.本消耗量中的施工机械台班消耗量是按照机械正常施工效率并考虑机械施工适当幅度差综合取定。

3.原单位价值在 2 000 元以内、使用年限在一年以内不构成固定资产的施工机械,不列入机械台班消耗量,其消耗的燃料动力等综合在其他材料费中。

八、关于仪器仪表:

1.本消耗量仪器仪表是按照正常施工组织、施工技术水平考虑,同时结合市场实际情况综合确定。

2.本消耗量中的仪器仪表台班消耗量是按照仪器仪表正常使用率,并考虑必要的检验检测及适当幅度差综合取定。

3.原单位价值在 2 000 元以内、使用年限在一年以内不构成固定资产的仪器仪表,不列入仪器仪表台班消耗量,其消耗的燃料动力等综合在其他材料费中。

九、关于水平运输和垂直运输:

1.水平运输:

(1)水平运输距离是指自现场仓库或指定堆放地点运至安装地点或垂直运输点的距离。本消耗量设备水平运距按照 200m、材料(含成品、半成品)水平运距按照 300m 综合取定,执行消耗量时不做调整。

(2)消耗量未考虑场外运输和场内二次搬运。工程实际发生时应根据有关规定另行计算。

2.垂直运输:

(1)垂直运输基准面为室外地坪。

(2)本消耗量垂直运输按照建筑物层数 6 层以下、建筑高度 20m 以下、地下深度 10m 以内考虑,工程实际超过时,通过计算建筑物超高(深)增加费处理。

十、关于安装操作高度:

1.安装操作基准面一般是指室外地坪或室内各层楼地面地坪。

2.安装操作高度是指安装操作基准面至安装点的垂直高度。本消耗量除各册另有规定者外,安装操作高度综合取定为 6m 以内。工程实际超过时,计算安装操作高度增加费。

十一、关于建筑超高(深)增加费:

1.建筑超高(深)增加费是指在建筑物层数 6 层以上、建筑高度 20m 以上、地下深度 10m 以上的建筑施工时,计算由于建筑超高(深)需要增加的安装费。各册另有规定者除外。

2.建筑超高(深)增加费包括人工降效、使用机械(含仪器仪表、工具用具)降效、延长垂直运输时间等费用。

3.建筑超高(深)增加费,以单位工程(群体建筑以车间或单楼设计为准)全部工程量(含地下、地上部分)为基数,按照系数法计算。系数详见各册说明。

4.单位工程(群体建筑以车间或单楼设计为准)满足建筑高度、建筑物层数、地下深度之一者,应计算建筑超高(深)增加费。

十二、关于脚手架搭拆:

1.本消耗量脚手架搭拆是根据施工组织设计、满足安装需要所采取的安装措施。脚手架搭拆除满足自身安全外,不包括工程项目安全、环保、文明等工作内容。

2.脚手架搭拆综合考虑了不同的结构形式、材质、规模、占用时间等要素,执行消耗量时不做调整。

3.在同一个单位工程内有若干专业安装时,凡符合脚手架搭拆计算规定,应分别计取脚手架搭拆费用。

十三、本消耗量没有考虑施工与生产同时进行、在有害身体健康（防腐蚀工程、检测项目除外）条件下施工时的降效，工程实际发生时根据有关规定另行计算。

十四、本消耗量适用于工程项目施工地点在海拔高度 2 000m 以下施工，超过时按照工程项目所在地区的有关规定执行。

十五、本消耗量中注有"×× 以内"或"×× 以下"及"小于"者，均包括 ×× 本身；注有"×× 以外"或"×× 以上"及"大于"者，则不包括 ×× 本身。

说明中未注明（或省略）尺寸单位的宽度、厚度、断面等，均以"mm"为单位。

十六、凡本说明未尽事宜，详见各册说明。

册　说　明

一、第一册《机械设备安装工程》(以下简称本册)适用于通用机械设备的安装工程,包括切削设备、锻压设备、铸造设备、起重设备、起重机轨道、输送设备、风机、泵、压缩机、工业炉设备、煤气发生设备、制冷设备、其他机械安装及设备灌浆。

二、本册主要依据的规范标准有:

1.《输送设备安装工程施工及验收规范》GB 50270—2010;

2.《金属切削机床安装工程施工及验收规范》GB 50271—2009;

3.《锻压设备安装工程施工及验收规范》GB 50272—2009;

4.《制冷设备、空气分离设备安装工程施工及验收规范》GB 50274—2010;

5.《风机、压缩机、泵安装工程施工及验收规范》GB 50275—2010;

6.《铸造设备安装工程施工及验收规范》GB 50277—2010;

7.《起重设备安装工程施工及验收规范》GB 50278—2010;

8.《机械设备安装工程施工及验收通用规范》GB 50231—2009;

9.《通用安装工程消耗量定额》TY 02-31-2015;

10. 相关标准图集和技术手册。

三、本册除各章另有说明外,均包括下列工作内容:

1. 主要安装内容。

整体安装:施工准备,设备、材料及工机具场内运输,设备开箱检验、配合基础验收、设置垫铁,安放地脚螺栓,吊装设备就位、安装、连接,设备调平找正,焊接垫铁,配合基础灌浆,设备精平、对中、找正,与机械本体联接的附属设备、冷却系统、润滑系统及支架防护罩等附件部件安装,机组油、水系统管线清洗,配套电机安装、临时移动水源与电源,配合检查验收等。

分体安装:施工准备,设备、材料及工机具水平搬运,设备开箱检验、配合基础验收、设置垫铁,安放地脚螺栓,吊装设备就位、组对安装,部件间隙测量、检查、调整,设备调平、找正,焊接垫铁,配合基础灌浆,设备精平、对中、找正,与机械本体联接的附属设备、冷却系统、润滑系统及支架、防护罩等附件安装,机组油、水系统管线清洗,配套电机安装,临时移动水源与电源,配合检查验收等。

2. 施工及验收规范中规定的调整、试验及空负荷试运转(单体调试)。

3. 与设备本体联体的平台、梯子、栏杆、支架、屏盘、电机、安全罩以及设备本体第一个法兰以内的成品管道等安装。

四、本册不包括下列内容:

1. 设备安装现场拆装检查。工程实际需要时,人工用量按照相应安装消耗量的22%计列。

2. 设备基础铲磨,地脚螺栓孔修整、预压,在需要保护的楼地面上安装设备所需设施。

3. 地脚螺栓孔、设备基础台面灌浆。

4. 设备及其配套附件、基础、基础盖板制作、修理、绝热、防腐蚀以及测量、检测、试验等。

5. 空负荷试运转(单体调试)所用的水、电、气、油、燃料等。

6. 系统或整套试运转、生产准备试运转。

7. 由设备配套供货的专用垫铁、特殊垫铁(如螺栓调整垫铁、球形垫铁、钩头垫铁等)。

8. 电气系统、仪表系统、通风系统、设备本体第一个法兰以外的管道系统等安装、调试;不与设备本体联体的附属设备或附件(如平台、梯子、栏杆、支架、容器、屏盘等)安装。

五、下列费用可按系数分别计取:

1. 本册第四章"起重设备安装"、第五章"起重机轨道安装"脚手架搭拆按照人工费的 6% 计算,其中,人工费为40%,材料费为53%,机械费为7%。

2. 安装高度超过安装操作基准面6m时,安装操作高度增加费按照人工费乘以下列系数计算,其中,人工费为70%,材料费为18%,机械费为12%。

安装操作高度增加费调整系数表

设备底座标高距离安装操作基准面(m)	≤ 10	≤ 30	≤ 50
系　　数	0.1	0.2	0.5

六、设备地脚螺栓和连接设备各部件的螺栓、销钉、垫片及传动装置润滑油料,按照随设备配套供货考虑。如果工程实际由施工单位采购配置安装所用螺栓、销钉、垫片及传动装置润滑油料时,根据实际安装用量加3%损耗率计算其费用。

七、独立的制冷站(库)、空气压缩站、乙炔发生站、水压机蓄势站、制氧站、煤气站等工程的系统调试费,按照各站工艺系统内全部安装工程人工费的10%计算,其中,人工费为40%,材料费[不含所用的水、电(施工仪器仪表与机械台班用电除外)、气、油、燃料等]为10%,机械费为8%,仪器仪表费为42%。在计算系统调试费时,须遵守下列规定:

1. 系统调试费适用于执行本册、第三册《静置设备与工艺金属结构制作安装工程》、第八册《工业管道安装工程》、第十二册《防腐蚀、绝热工程》的站内工艺系统安装工程。

2. 当工程建设单位另行委托系统调试,需要施工单位的配合时,应按照有关规定另行计算相关费用。

目　录

第一章　切削设备安装

说　明

一、本章内容包括台式及仪表机床，车床，立式车床，钻床，镗床，磨床，铣床及齿轮、螺纹加工机床，刨床、插床、拉床，超声波加工及电加工机床，其他机床及金属材料试验机械，木工机械，跑车带锯机，其他木工机械安装以及带锯机保护罩制作与安装。

1. 台式及仪表机床：包括台式车床、台式刨床、台式铣床、台式磨床、台式砂轮机、台式抛光机、台式钻床、台式排钻、多轴可调台式钻床、钻孔攻丝两用台钻、钻铣机床、钻铣磨床、台式冲床、台式压力机、台式剪切机、台式攻丝机、台式刻线机、仪表车床、精密盘类半自动车床、仪表磨床、仪表抛光机、硬质合金轮修磨床、单轴纵切自动车床、仪表铣床、仪表齿轮加工机床、刨模机、宝石轴承加工机床、凸轮轴加工机床、透镜磨床、电表轴类加工机床。

2. 车床：包括单轴自动车床，多轴自动和半自动车床，六角车床，曲轴及凸轮轴车床，落地车床，普通车床，精密普通机床，仿型普通车床，马鞍车床，重型普通车床，仿型及多刀车床，联合车床，无心粗车床，轮齿、轴齿、锭齿、辊齿及铲齿车床。

3. 立式车床：包括单柱和双柱立式车床。

4. 钻床：包括深孔钻床、摇臂钻床、立式钻床、中心孔钻床、钢轨及梢轮钻床、卧式钻床。

5. 镗床：包括深孔镗床、坐标镗床、立式及卧式镗床、金钢镗床、落地镗床、镗铣床、钻镗床、镗缸机。

6. 磨床：包括外圆磨床、内圆磨床、砂轮机、珩磨机及研磨机、导轨磨床、2M 系列磨床、3M 系列磨床、专用磨床、抛光机、工具磨床、平面及端面磨床、刀具刃具磨床、曲轴、凸轮轴、花键轴、轧辊及轴承磨床。

7. 铣床及齿轮、螺纹加工机床：包括单臂及单柱铣床、龙门及双柱铣床、平面及单面铣床、仿型铣床、立式及卧式铣床、工具铣床、其他铣床、直（锥）齿轮加工机床、滚齿机、剃齿机、珩齿机、插齿机、单（双）轴花键轴铣床、齿轮磨齿机、齿轮倒角机、齿轮滚动检查机、套丝机、攻丝机、螺纹铣床、螺纹磨床、螺纹车床、丝杠加工机床。

8. 刨床、插床、拉床：包括单臂刨、龙门刨、牛头刨、龙门铣刨床、插床、拉床、刨边机、刨模机。

9. 超声波加工及电加工机床：包括电解加工机床、电火花加工机床、电脉冲加工机床、刻线机、超声波电加工机床、阳极机械加工机床。

10. 其他机床：包括车刀切断机、砂轮切断机、矫正切断机、带锯机、圆锯机、弓锯机、气割机、管子加工机床、金属材料试验机械。

11. 木工机械：包括木工圆锯机、截锯机、细目工带锯机、普通木工带锯机、卧式木工带锯机、排锯机、镂锯机、木工刨床、木工车床、木工铣床及开榫机、木工钻床及榫槽机、木工磨光机、木工刃具修磨机。

12. 其他木工机械：包括拨料器、踢木器、带锯防尘罩。

二、本章包括以下工作内容：

1. 机体安装：底座、立柱、横梁等全套设备部件安装以及润滑装置及润滑管道安装。

2. 清洗组装时结合精度检查。

3. 跑车带锯机跑车轨道安装。

三、本章不包括以下工作内容：

1. 设备的润滑、液压系统的管道附件加工、揻弯和阀门研磨；

2. 润滑、液压的法兰及阀门连接所用的垫圈（包括紫铜垫）加工；

3. 跑车木结构、轨道枕木、木保护罩的加工制作。

四、数控机床执行本章对应的机床项目。

五、本章内所列设备重量均为设备净重。

工程量计算规则

一、金属切削设备安装按设备重量以"台"为计量单位。

二、气动踢木器以"台"为计量单位。

三、带锯机保护罩制作与安装以"个"为计量单位。

一、台式及仪表机床

工作内容: 开箱清点、场内运输、外观检查、设备清洗、吊装、联结、安装就位、调整、
固定、单体调试。

计量单位:台

编　号			1-1-1	1-1-2	1-1-3
项　目			设备重量（t 以内）		
			0.3	0.7	1.5
名　称		单位	消　耗　量		
人工	合计工日	工日	1.883	3.766	7.494
	其中 普工	工日	0.376	0.753	1.499
	一般技工	工日	1.355	2.711	5.395
	高级技工	工日	0.152	0.301	0.600
材料	平垫铁（综合）	kg	0.640	1.510	2.850
	斜垫铁（综合）	kg	0.930	2.180	3.250
	热轧薄钢板 $\delta 1.6\sim1.9$	kg	0.200	0.200	0.450
	镀锌铁丝 $\phi 2.8\sim4.0$	kg	0.392	0.560	0.560
	低碳钢焊条 J427 $\phi 3.2$	kg	0.180	0.210	0.252
	黄铜板 $\delta 0.08\sim0.30$	kg	0.100	0.100	0.250
	木板	m³	0.001	0.009	0.014
	煤油	kg	1.260	1.890	2.625
	机油	kg	0.101	0.152	0.253
	黄油钙基脂	kg	0.101	0.152	0.253
	其他材料费	%	5.00	5.00	5.00
机械	叉式起重机 5t	台班	0.200	0.250	0.300
	弧焊机 21kV·A	台班	0.100	0.100	0.100

二、车　床

工作内容：开箱清点、场内运输、外观检查、设备清洗、吊装、联结、安装就位、调整、固定、单体调试。

计量单位：台

编　号			1-1-4	1-1-5	1-1-6	1-1-7	1-1-8	1-1-9
项　目			设备重量（t 以内）					
			2.0	3.0	5.0	7.0	10	15
名　称		单位	消　耗　量					
人工	合计工日	工日	9.786	13.687	19.735	25.119	36.749	55.120
	其中	普工	工日	1.957	2.737	3.947	5.024	7.350	11.024
		一般技工	工日	7.045	9.855	14.209	18.086	26.459	39.686
		高级技工	工日	0.783	1.095	1.579	2.009	2.940	4.410
材料	平垫铁（综合）	kg	3.760	7.530	11.640	17.460	31.050	33.870
	斜垫铁（综合）	kg	4.590	7.640	9.880	14.820	27.530	30.580
	热轧薄钢板 δ1.6~1.9	kg	0.450	0.450	0.650	1.000	1.000	1.600
	镀锌铁丝 φ2.8~4.0	kg	0.560	0.560	0.560	0.840	2.670	2.670
	低碳钢焊条 J427 φ3.2	kg	0.230	0.263	0.329	0.411	0.473	0.568
	黄铜板 δ0.08~0.30	kg	0.250	0.250	0.300	0.400	0.400	0.600
	木板	m³	0.015	0.018	0.031	0.049	0.075	0.083
	道木	m³	—	—	—	0.006	0.007	0.007
	煤油	kg	3.777	4.543	6.294	7.554	11.010	14.160
	机油	kg	0.202	0.303	0.303	0.505	1.010	1.212
	黄油钙基脂	kg	0.202	0.202	0.303	0.404	0.505	0.707
	其他材料费	%	5.00	5.00	5.00	5.00	5.00	5.00
机械	载货汽车 - 普通货车 10t	台班	—	—	0.300	0.500	0.500	0.500
	叉式起重机 5t	台班	0.300	0.400	—	—	—	—
	汽车式起重机 8t	台班	—	—	—	0.300	0.500	1.000
	汽车式起重机 16t	台班	—	—	0.500	—	—	—
	汽车式起重机 30t	台班	—	—	—	0.500	0.500	0.750
	弧焊机 21kV·A	台班	0.100	0.100	0.200	0.200	0.300	0.300

工作内容：开箱清点、场内运输、外观检查、设备清洗、吊装、联结、安装就位、调整、固定、单体调试。

计量单位：台

编　号			1-1-10	1-1-11	1-1-12	1-1-13	1-1-14	1-1-15
项　目			设备重量（t 以内）					
			20	25	35	50	70	100
名　称		单位	消　耗　量					
人工	合计工日	工日	65.996	79.684	106.256	143.378	186.584	257.707
	其中 普工	工日	13.199	15.937	21.251	28.676	37.316	51.542
	一般技工	工日	47.518	57.373	76.505	103.233	134.341	185.549
	高级技工	工日	5.280	6.375	8.500	11.469	14.927	20.616
材料	平垫铁（综合）	kg	48.640	57.240	68.680	103.000	159.440	198.480
	斜垫铁（综合）	kg	47.760	50.880	65.760	95.520	139.200	175.560
	热轧薄钢板 δ1.6~1.9	kg	1.600	2.500	2.500	2.500	3.000	3.000
	重轨 38kg/m	t	—	—	—	—	0.056	0.080
	镀锌铁丝 φ2.8~4.0	kg	4.000	4.500	6.000	8.000	10.000	13.000
	低碳钢焊条 J427 φ3.2	kg	0.682	0.818	0.982	1.697	2.245	2.582
	黄铜板 δ0.08~0.30	kg	0.600	1.000	1.000	1.000	1.500	1.500
	木板	m³	0.109	0.121	0.125	0.128	0.148	0.156
	道木	m³	0.010	0.021	0.021	0.025	0.275	0.550
	煤油	kg	18.360	21.714	27.270	37.974	43.530	59.790
	机油	kg	1.515	1.515	1.818	2.222	2.222	3.333
	黄油钙基脂	kg	0.707	0.808	1.212	1.414	1.616	1.818
	其他材料费	%	5.00	5.00	5.00	5.00	5.00	5.00
机械	载货汽车-普通货车 10t	台班	0.500	0.500	0.500	1.000	1.000	1.000
	汽车式起重机 8t	台班	1.500	1.500	—	—	—	—
	汽车式起重机 16t	台班	—	—	1.000	2.000	2.000	3.000
	汽车式起重机 30t	台班	—	—	—	1.000	1.000	1.500
	汽车式起重机 50t	台班	0.500	—	—	—	—	0.500
	汽车式起重机 75t	台班	—	0.500	1.000	—	—	—
	汽车式起重机 100t	台班	—	—	—	0.500	1.000	1.000
	弧焊机 21kV·A	台班	0.500	0.500	0.800	0.800	1.000	1.000

工作内容: 开箱清点、场内运输、外观检查、设备清洗、吊装、联结、安装就位、调整、
固定、单体调试。

计量单位:台

		编　号		1-1-16	1-1-17	1-1-18	1-1-19	1-1-20
		项　目		设备重量(t以内)				
				150	200	250	350	450
		名　称	单位	消　耗　量				
人工	合计工日		工日	356.054	467.098	578.990	798.398	1 010.669
	其中	普工	工日	71.211	93.420	115.798	159.679	202.134
		一般技工	工日	256.359	336.310	416.873	574.846	727.682
		高级技工	工日	28.484	37.368	46.319	63.872	80.853
材料	平垫铁(综合)		kg	273.510	328.290	363.800	392.200	419.590
	斜垫铁(综合)		kg	244.460	289.220	322.800	345.180	367.560
	热轧薄钢板 $\delta1.6\sim1.9$		kg	4.000	4.000	6.000	6.000	8.000
	重轨 38kg/m		t	0.120	0.160	0.200	0.280	0.360
	镀锌铁丝 $\phi2.8\sim4.0$		kg	19.000	19.000	25.000	35.000	35.000
	低碳钢焊条 J427 $\phi3.2$		kg	2.969	3.414	3.925	5.192	6.867
	黄铜板 $\delta0.08\sim0.30$		kg	2.000	2.000	3.200	3.200	4.000
	木板		m³	0.225	0.263	0.275	0.313	0.338
	道木		m³	0.688	0.688	0.688	0.825	0.963
	煤油		kg	76.050	92.310	108.570	151.080	188.340
	机油		kg	4.040	5.252	6.060	8.080	11.110
	黄油钙基脂		kg	2.020	2.222	2.525	3.535	4.545
	其他材料费		%	5.00	5.00	5.00	5.00	5.00
机械	载货汽车-普通货车 10t		台班	1.500	1.500	1.500	2.000	2.500
	汽车式起重机 16t		台班	3.000	4.000	3.500	5.000	6.000
	汽车式起重机 30t		台班	2.000	—	1.500	2.000	2.000
	汽车式起重机 50t		台班	1.000	1.500	1.500	2.000	2.000
	汽车式起重机 100t		台班	1.500	1.500	1.500	1.500	2.000
	弧焊机 21kV·A		台班	1.500	1.500	2.000	2.000	2.500

三、立 式 车 床

工作内容: 开箱清点、场内运输、外观检查、设备清洗、吊装、联结、安装就位、调整、
固定、单体调试。

计量单位:台

编 号				1-1-21	1-1-22	1-1-23	1-1-24	1-1-25	1-1-26
项 目				设备重量（t 以内）					
				7	10	15	20	25	35
名 称			单位	消 耗 量					
人工	合计工日		工日	32.451	39.602	51.271	65.015	78.114	104.921
	其中	普工	工日	6.490	7.920	10.254	13.003	15.623	20.984
		一般技工	工日	23.364	28.514	36.915	46.811	56.242	75.543
		高级技工	工日	2.596	3.168	4.101	5.201	6.249	8.394
材料	平垫铁（综合）		kg	9.700	11.640	20.700	34.320	40.040	51.480
	斜垫铁（综合）		kg	7.410	9.880	18.350	29.760	37.200	44.640
	热轧薄钢板 $\delta 1.6 \sim 1.9$		kg	1.000	1.000	1.600	1.600	2.500	2.500
	镀锌铁丝 $\phi 2.8 \sim 4.0$		kg	0.840	2.670	4.000	4.000	4.500	6.000
	低碳钢焊条 J427 $\phi 3.2$		kg	0.411	0.473	0.568	0.682	0.818	1.178
	黄铜板 $\delta 0.08 \sim 0.30$		kg	0.400	0.400	0.600	0.600	1.000	1.000
	木板		m³	0.036	0.056	0.083	0.109	0.128	0.203
	道木		m³	0.004	0.007	0.007	0.010	0.014	0.014
	煤油		kg	11.856	13.110	19.920	22.020	27.474	38.585
	机油		kg	0.505	0.808	1.010	1.515	1.818	2.222
	黄油钙基脂		kg	0.202	0.404	0.404	0.505	0.606	0.808
	无石棉橡胶板 高压 $\delta 1 \sim 6$		kg	—	—	—	—	0.150	0.200
	其他材料费		%	5.00	5.00	5.00	5.00	5.00	5.00
机械	载货汽车 - 普通货车 10t		台班	0.500	0.500	0.500	0.500	0.500	0.500
	汽车式起重机 8t		台班	0.300	0.500	1.000	1.500	2.000	—
	汽车式起重机 16t		台班	0.500	—	—	—	—	1.500
	汽车式起重机 30t		台班	—	0.600	0.800	—	—	—
	汽车式起重机 50t		台班	—	—	—	0.500	0.500	—
	汽车式起重机 75t		台班	—	—	—	—	—	0.800
	弧焊机 21kV·A		台班	0.200	0.300	0.300	0.500	0.500	0.800

工作内容: 开箱清点、场内运输、外观检查、设备清洗、吊装、联结、安装就位、调整、
固定、单体调试。

计量单位:台

编　号				1-1-27	1-1-28	1-1-29	1-1-30	1-1-31
项　目				设备重量(t以内)				
				50	70	100	150	200
名　称			单位	消　耗　量				
人工	合计工日		工日	145.654	196.624	276.963	399.325	494.977
	其中	普工	工日	29.131	39.325	55.392	79.865	98.995
		一般技工	工日	104.871	141.569	199.414	287.514	356.383
		高级技工	工日	11.652	15.730	22.157	31.946	39.598
材料	平垫铁(综合)		kg	62.920	85.840	103.000	177.460	230.850
	斜垫铁(综合)		kg	59.520	80.640	95.520	154.120	205.350
	热轧薄钢板 $\delta1.6\sim1.9$		kg	2.500	3.000	3.000	4.000	4.000
	铜焊粉		kg	0.600	0.060	0.080	0.120	0.160
	镀锌铁丝 $\phi2.8\sim4.0$		kg	8.000	10.000	13.000	19.000	19.000
	低碳钢焊条 J427 $\phi3.2$		kg	1.697	2.245	2.582	2.969	3.414
	黄铜板 $\delta0.08\sim0.30$		kg	1.000	1.500	1.500	2.000	2.000
	木板		m³	0.253	0.150	0.156	0.200	0.219
	道木		m³	0.028	0.275	0.550	0.688	0.688
	煤油		kg	49.596	60.810	77.070	110.100	132.120
	机油		kg	2.828	3.535	4.545	7.070	8.080
	黄油钙基脂		kg	1.212	1.515	1.818	2.424	3.030
	无石棉橡胶板 高压 $\delta1\sim6$		kg	0.300	0.300	0.400	0.500	0.600
	其他材料费		%	5.00	5.00	5.00	5.00	5.00
机械	载货汽车-普通货车 10t		台班	1.000	1.000	1.500	1.500	1.500
	汽车式起重机 16t		台班	2.000	2.500	3.500	3.500	4.000
	汽车式起重机 30t		台班	—	1.000	1.500	1.500	1.500
	汽车式起重机 50t		台班	—	—	0.500	1.500	2.000
	汽车式起重机 100t		台班	1.000	1.000	1.000	1.000	1.500
	弧焊机 21kV·A		台班	0.800	1.000	1.000	1.500	1.500

工作内容: 开箱清点、场内运输、外观检查、设备清洗、吊装、联结、安装就位、调整、
固定、单体调试。

计量单位:台

编 号			1-1-32	1-1-33	1-1-34	1-1-35	1-1-36	1-1-37	1-1-38
项 目			设备重量(t 以内)						
			250	300	400	500	600	700	800
名 称		单位	消 耗 量						
人工	合计工日	工日	596.308	696.449	909.775	1 095.668	1 297.055	1 475.053	1 627.271
	其中 普工	工日	119.262	139.289	181.955	219.134	259.411	295.010	325.454
	一般技工	工日	429.341	501.443	655.038	788.881	933.879	1 062.039	1 171.636
	高级技工	工日	47.705	55.716	72.782	87.653	103.765	118.004	130.182
材料	平垫铁(综合)	kg	267.370	291.840	321.440	364.320	426.340	476.520	545.270
	斜垫铁(综合)	kg	238.930	258.720	285.770	326.500	380.790	431.710	464.280
	热轧薄钢板 δ1.6~1.9	kg	6.000	6.000	6.000	8.000	8.000	9.600	11.520
	铜焊粉	kg	0.200	0.240	0.320	0.400	0.480	0.576	0.691
	镀锌铁丝 φ2.8~4.0	kg	25.000	25.000	35.000	35.000	45.000	54.000	64.800
	低碳钢焊条 J427 φ3.2	kg	3.926	4.515	5.971	7.897	9.082	10.444	12.011
	黄铜板 δ0.08~0.30	kg	3.200	3.200	3.200	4.000	4.000	4.800	5.760
	木板	m³	0.231	0.250	0.338	0.363	0.363	0.436	0.523
	道木	m³	0.688	0.688	0.825	0.963	1.100	1.320	1.584
	煤油	kg	165.660	199.200	244.260	289.320	334.380	401.256	481.507
	机油	kg	10.100	12.120	15.150	18.180	21.210	25.452	30.542
	黄油钙基脂	kg	4.040	5.050	7.070	9.090	11.110	13.332	15.998
	无石棉橡胶板 高压 δ1~6	kg	0.800	1.000	1.200	1.400	1.600	1.920	2.304
	其他材料费	%	5.00	5.00	5.00	5.00	5.00	5.00	5.00
机械	载货汽车-普通货车 10t	台班	1.500	1.500	2.000	2.000	2.500	2.500	2.500
	汽车式起重机 16t	台班	3.500	4.000	4.000	5.000	5.000	6.000	7.000
	汽车式起重机 30t	台班	2.500	3.000	8.000	14.000	17.000	18.000	23.000
	汽车式起重机 50t	台班	1.500	1.500	1.500	2.000	2.000	—	—
	汽车式起重机 75t	台班	—	—	—	—	1.000	2.000	2.000
	汽车式起重机 100t	台班	1.500	1.500	1.500	2.000	2.000	3.000	3.000
	弧焊机 21kV·A	台班	2.000	2.000	2.500	2.500	3.000	3.000	3.500

四、钻 床

工作内容: 开箱清点、场内运输、外观检查、设备清洗、吊装、联结、安装就位、调整、
固定、单体调试。

计量单位:台

编　号			1-1-39	1-1-40	1-1-41	1-1-42
项　目			设备重量(t 以内)			
			1	3	5	7
名　称		单位	消　耗　量			
人工	合计工日	工日	6.007	13.796	19.067	22.831
	其中 普工	工日	1.202	2.760	3.813	4.566
	一般技工	工日	4.325	9.932	13.728	16.438
	高级技工	工日	0.480	1.104	1.526	1.827
材料	平垫铁(综合)	kg	2.820	5.640	11.640	17.460
	斜垫铁(综合)	kg	3.050	6.120	9.880	14.820
	热轧薄钢板 δ1.6~1.9	kg	0.200	0.450	0.650	1.000
	镀锌铁丝 φ2.8~4.0	kg	0.560	0.560	0.560	0.840
	低碳钢焊条 J427 φ3.2	kg	0.210	0.263	0.329	0.411
	黄铜板 δ0.08~0.30	kg	0.100	0.250	0.300	0.400
	木板	m³	0.013	0.026	0.031	0.049
	道木	m³	—	—	—	0.006
	煤油	kg	2.120	3.211	4.092	4.868
	机油	kg	0.152	0.152	0.202	0.202
	黄油钙基脂	kg	0.101	0.101	0.152	0.152
	其他材料费	%	5.00	5.00	5.00	5.00
机械	载货汽车-普通货车 10t	台班	—	—	0.300	0.500
	叉式起重机 5t	台班	0.200	0.500	—	—
	汽车式起重机 8t	台班	—	—	—	0.300
	汽车式起重机 16t	台班	—	—	0.500	0.500
	弧焊机 21kV·A	台班	0.100	0.100	0.200	0.200

工作内容: 开箱清点、场内运输、外观检查、设备清洗、吊装、联结、安装就位、调整、
固定、单体调试。

计量单位:台

编 号			1-1-43	1-1-44	1-1-45	1-1-46	1-1-47
项 目			设备重量(t以内)				
			10	15	20	25	30
名 称		单位	消 耗 量				
人工	合计工日	工日	32.418	49.709	53.896	67.885	81.161
	其中 普工	工日	6.485	9.942	10.779	13.577	16.232
	一般技工	工日	23.340	35.791	38.804	48.877	58.436
	高级技工	工日	2.593	3.976	4.312	5.431	6.493
材料	平垫铁(综合)	kg	24.150	34.500	44.840	61.660	67.270
	斜垫铁(综合)	kg	22.930	32.050	43.750	58.330	65.620
	热轧薄钢板 $\delta 1.6\sim1.9$	kg	1.000	1.600	1.600	2.500	2.500
	镀锌铁丝 $\phi 2.8\sim4.0$	kg	2.670	2.670	4.000	4.500	6.000
	低碳钢焊条 J427 $\phi 3.2$	kg	0.473	0.568	0.682	0.818	0.982
	黄铜板 $\delta 0.08\sim0.30$	kg	0.400	0.600	0.600	1.000	1.000
	木板	m³	0.075	0.083	0.121	0.134	0.159
	道木	m³	0.006	0.007	0.010	0.021	0.021
	煤油	kg	7.554	9.756	13.008	15.210	18.654
	机油	kg	0.253	0.303	0.303	0.354	0.505
	黄油钙基脂	kg	0.202	0.253	0.253	0.303	0.404
	其他材料费	%	5.00	5.00	5.00	5.00	5.00
机械	载货汽车-普通货车 10t	台班	0.500	0.500	0.500	0.500	0.500
	汽车式起重机 8t	台班	0.500	1.000	1.500	1.500	—
	汽车式起重机 16t	台班	—	—	—	—	1.500
	汽车式起重机 30t	台班	0.500	0.500	—	—	—
	汽车式起重机 50t	台班	—	—	0.500	0.500	0.500
	弧焊机 21kV·A	台班	0.300	0.300	0.500	0.500	0.800

工作内容: 开箱清点、场内运输、外观检查、设备清洗、吊装、联结、安装就位、调整、
固定、单体调试。

计量单位:台

编　号				1-1-48	1-1-49	1-1-50	1-1-51
项　目				设备重量(t以内)			
				35	40	50	60
名　称			单位	消耗量			
人工	合计工日		工日	91.909	103.259	117.398	140.180
	其中	普工	工日	18.382	20.652	23.480	28.036
		一般技工	工日	66.174	74.346	84.527	100.930
		高级技工	工日	7.352	8.261	9.391	11.215
材料	平垫铁(综合)		kg	78.480	95.300	106.510	117.720
	斜垫铁(综合)		kg	72.910	87.490	102.080	109.370
	热轧薄钢板 $\delta1.6\sim1.9$		kg	2.500	2.500	2.500	3.000
	镀锌铁丝 $\phi2.8\sim4.0$		kg	6.000	8.000	8.000	10.000
	低碳钢焊条 J427 $\phi3.2$		kg	1.178	1.414	1.697	1.952
	黄铜板 $\delta0.08\sim0.30$		kg	1.000	1.000	1.000	1.500
	木板		m³	0.225	0.238	0.278	0.304
	道木		m³	0.025	0.025	0.028	0.275
	煤油		kg	20.705	23.957	29.421	35.935
	机油		kg	0.556	0.606	0.707	0.808
	黄油钙基脂		kg	0.455	0.505	0.606	0.707
	其他材料费		%	5.00	5.00	5.00	5.00
机械	载货汽车 - 普通货车 10t		台班	0.500	1.000	1.000	1.000
	汽车式起重机 16t		台班	1.500	1.500	1.500	2.500
	汽车式起重机 75t		台班	0.600	0.800	—	—
	汽车式起重机 100t		台班	—	—	1.000	1.000
	弧焊机 21kV·A		台班	0.800	0.800	1.000	1.000

五、镗 床

工作内容: 开箱清点、场内运输、外观检查、设备清洗、吊装、联结、安装就位、调整、固定、单体调试。

计量单位:台

编 号				1-1-52	1-1-53	1-1-54	1-1-55	1-1-56
项 目				设备重量(t 以内)				
				1	3	5	7	10
名 称			单位	消 耗 量				
人工	合计工日		工日	6.650	15.789	23.230	30.794	43.886
	其中	普工	工日	1.330	3.158	4.646	6.159	8.777
		一般技工	工日	4.788	11.368	16.726	22.172	31.598
		高级技工	工日	0.532	1.264	1.858	2.463	3.511
材料	平垫铁(综合)		kg	2.820	5.640	11.640	13.580	24.190
	斜垫铁(综合)		kg	3.060	6.120	9.880	12.350	22.930
	热轧薄钢板 $\delta 1.6\sim1.9$		kg	0.203	0.450	0.650	1.000	1.000
	镀锌铁丝 $\phi 2.8\sim4.0$		kg	0.252	0.560	0.560	0.840	2.670
	低碳钢焊条 J427 $\phi 3.2$		kg	0.095	0.210	0.263	0.329	0.411
	黄铜板 $\delta 0.08\sim0.30$		kg	0.200	0.250	0.300	0.400	0.400
	木板		m³	0.012	0.026	0.031	0.049	0.075
	道木		m³	—	—	—	0.006	0.007
	煤油		kg	1.700	3.777	4.614	5.979	12.906
	机油		kg	0.091	0.202	0.303	0.303	0.404
	黄油钙基脂		kg	0.068	0.152	0.202	0.202	0.303
	其他材料费		%	5.00	5.00	5.00	5.00	5.00
机械	载货汽车 - 普通货车 10t		台班	—	—	0.300	0.500	0.500
	叉式起重机 5t		台班	0.200	0.500	—	—	—
	汽车式起重机 16t		台班	—	—	0.500	—	—
	汽车式起重机 30t		台班	—	—	—	0.500	0.600
	弧焊机 21kV·A		台班	0.100	0.100	0.200	0.200	0.300

工作内容：开箱清点、场内运输、外观检查、设备清洗、吊装、联结、安装就位、调整、
固定、单体调试。

计量单位：台

编　号			1-1-57	1-1-58	1-1-59	1-1-60	1-1-61
项　目			设备重量（t以内）				
			15	20	25	30	35
名　称		单位	消　耗　量				
人工	合计工日		工日	63.542	81.038	93.036	107.312	114.420
	其中	普工	工日	12.708	16.207	18.607	21.462	22.884
		一般技工	工日	45.750	58.348	66.987	77.265	82.382
		高级技工	工日	5.083	6.483	7.443	8.585	9.154
材料	平垫铁（综合）		kg	31.050	36.630	39.230	53.160	62.010
	斜垫铁（综合）		kg	27.510	28.160	36.460	43.430	54.290
	热轧薄钢板 $\delta1.6\sim1.9$		kg	1.600	1.600	2.500	2.500	2.500
	镀锌铁丝 $\phi2.8\sim4.0$		kg	2.670	4.000	4.500	6.000	6.000
	低碳钢焊条 J427 $\phi3.2$		kg	0.493	0.592	0.710	0.852	1.022
	黄铜板 $\delta0.08\sim0.30$		kg	0.600	0.600	1.000	1.000	1.000
	木板		m³	0.083	0.121	0.134	0.159	0.171
	道木		m³	0.007	0.010	0.021	0.021	0.021
	煤油		kg	16.158	20.358	23.610	26.760	30.114
	机油		kg	0.505	0.505	0.606	0.808	1.010
	黄油钙基脂		kg	0.404	0.404	0.505	0.505	0.606
	无石棉橡胶板 高压 $\delta1\sim6$		kg	—	—	0.200	0.200	0.300
	其他材料费		%	5.00	5.00	5.00	5.00	5.00
机械	载货汽车 - 普通货车 10t		台班	0.500	0.500	0.500	0.500	0.500
	汽车式起重机 8t		台班	1.100	1.600	1.600	—	—
	汽车式起重机 16t		台班	—	—	—	1.600	0.500
	汽车式起重机 30t		台班	0.600	—	—	—	—
	汽车式起重机 50t		台班	—	0.500	—	—	—
	汽车式起重机 75t		台班	—	—	0.500	0.500	1.000
	弧焊机 21kV·A		台班	0.300	0.500	0.500	0.500	0.800

工作内容: 开箱清点、场内运输、外观检查、设备清洗、吊装、联结、安装就位、调整、
固定、单体调试。

计量单位:台

编　号		1-1-62	1-1-63	1-1-64	1-1-65
项　目		设备重量(t以内)			
		40	50	60	70
名　称	单位	消　耗　量			
人工 合计工日	工日	123.783	151.726	179.031	204.950
其中 普工	工日	24.757	30.345	35.806	40.990
一般技工	工日	89.124	109.243	128.902	147.564
高级技工	工日	9.903	12.138	14.322	16.396
材料 平垫铁(综合)	kg	72.320	90.400	99.440	108.480
斜垫铁(综合)	kg	66.480	77.560	88.640	99.720
热轧薄钢板 δ1.6~1.9	kg	2.500	2.500	3.000	3.000
镀锌铁丝 φ2.8~4.0	kg	8.000	8.000	10.000	10.000
低碳钢焊条 J427 φ3.2	kg	1.226	1.471	1.692	1.946
黄铜板 δ0.08~0.30	kg	1.000	1.000	1.500	1.500
木板	m³	0.215	0.238	0.300	0.330
道木	m³	0.021	0.028	0.275	0.275
煤油	kg	35.364	43.020	51.420	60.330
机油	kg	1.313	1.515	2.020	2.020
黄油钙基脂	kg	0.606	0.808	0.808	1.010
无石棉橡胶板 高压 δ1~6	kg	0.300	0.400	0.400	0.500
铜焊粉	kg	—	—	—	0.056
其他材料费	%	5.00	5.00	5.00	5.00
机械 载货汽车-普通货车 10t	台班	1.000	1.000	1.000	1.000
汽车式起重机 16t	台班	1.200	1.200	2.000	2.500
汽车式起重机 30t	台班	—	—	—	0.500
汽车式起重机 75t	台班	1.000	—	—	—
汽车式起重机 100t	台班	—	1.000	1.000	1.000
弧焊机 21kV·A	台班	0.800	0.800	1.000	1.000

工作内容: 开箱清点、场内运输、外观检查、设备清洗、吊装、联结、安装就位、调整、
固定、单体调试。

计量单位:台

编　号				1-1-66	1-1-67	1-1-68	1-1-69	1-1-70
项　目				设备重量（t以内）				
				100	150	200	250	300
名　称			单位	消　耗　量				
人工	合计工日		工日	282.790	414.325	542.771	666.796	790.779
	其中	普工	工日	56.558	82.865	108.554	133.359	158.155
		一般技工	工日	203.609	298.315	390.795	480.093	569.361
		高级技工	工日	22.623	33.146	43.422	53.344	63.262
材料	平垫铁（综合）		kg	126.560	141.750	159.390	177.180	186.040
	斜垫铁（综合）		kg	110.800	130.300	141.160	152.020	162.880
	热轧薄钢板 δ1.6~1.9		kg	3.000	4.000	4.000	6.000	6.000
	镀锌铁丝 φ2.8~4.0		kg	13.000	19.000	19.000	25.000	25.000
	低碳钢焊条 J427 φ3.2		kg	2.238	2.574	2.960	3.404	3.915
	黄铜板 δ0.08~0.30		kg	1.500	2.000	2.000	3.200	3.200
	木板		m³	0.156	0.194	0.219	0.250	0.250
	道木		m³	0.550	0.688	0.688	0.688	0.688
	煤油		kg	85.530	128.040	170.040	212.550	223.050
	机油		kg	2.525	2.525	3.030	3.535	4.040
	黄油钙基脂		kg	1.010	1.515	1.515	2.020	2.020
	无石棉橡胶板 高压 δ1~6		kg	0.500	0.600	0.600	0.800	0.800
	铜焊粉		kg	0.080	0.120	0.160	0.200	0.240
	其他材料费		%	5.00	5.00	5.00	5.00	5.00
机械	载货汽车-普通货车 10t		台班	1.500	1.500	1.500	1.500	1.500
	汽车式起重机 16t		台班	3.000	4.000	5.500	6.500	7.500
	汽车式起重机 30t		台班	3.500	4.500	4.000	4.000	4.000
	汽车式起重机 50t		台班	0.500	1.000	1.500	1.500	1.500
	汽车式起重机 100t		台班	1.000	1.500	1.500	2.000	2.000
	弧焊机 21kV·A		台班	1.000	1.500	1.500	2.000	2.000

六、磨 床

工作内容:开箱清点、场内运输、外观检查、设备清洗、吊装、联结、安装就位、调整、
固定、单体调试。

计量单位:台

编　号			1-1-71	1-1-72	1-1-73	1-1-74	1-1-75
项　目			设备重量(t 以内)				
			1	3	5	7	10
名　称		单位	消 耗 量				
人工	合计工日		工日	7.328	15.492	21.073	27.816	39.531
	其中	普工	工日	1.466	3.099	4.215	5.563	7.906
		一般技工	工日	5.276	11.154	15.172	20.027	28.462
		高级技工	工日	0.586	1.239	1.686	2.226	3.163
材料	平垫铁(综合)		kg	2.820	5.640	13.580	17.460	34.500
	斜垫铁(综合)		kg	3.060	6.120	12.350	14.800	32.100
	热轧薄钢板 δ1.6~1.9		kg	0.200	0.450	0.650	1.000	1.000
	镀锌铁丝 φ2.8~4.0		kg	0.560	0.560	0.560	2.670	2.670
	低碳钢焊条 J427 φ3.2		kg	0.210	0.263	0.329	0.411	0.473
	黄铜板 δ0.08~0.30		kg	0.100	0.250	0.300	0.400	0.400
	木板		m³	0.013	0.018	0.031	0.036	0.075
	道木		m³	—	—	0.006	0.007	0.007
	煤油		kg	2.202	3.252	3.828	5.403	10.806
	机油		kg	0.152	0.202	0.202	0.303	0.606
	黄油钙基脂		kg	0.101	0.101	0.101	0.202	0.404
	其他材料费		%	5.00	5.00	5.00	5.00	5.00
机械	载货汽车-普通货车 10t		台班	—	—	0.300	0.500	0.500
	叉式起重机 5t		台班	0.250	0.500	—	—	—
	汽车式起重机 8t		台班	—	—	—	0.300	0.500
	汽车式起重机 16t		台班	—	—	0.500	—	—
	汽车式起重机 30t		台班	—	—	—	0.500	0.500
	弧焊机 21kV·A		台班	0.100	0.100	0.200	0.200	0.300

工作内容: 开箱清点、场内运输、外观检查、设备清洗、吊装、联结、安装就位、调整、
固定、单体调试。

计量单位:台

编　　号			1-1-76	1-1-77	1-1-78	1-1-79	1-1-80	1-1-81
项　　目			设备重量（t以内）					
			15	20	25	30	35	40
名　　称		单位	消　耗　量					
人工	合计工日		工日	55.142	64.197	74.302	86.693	95.583	107.601
	其中	普工	工日	11.028	12.839	14.860	17.339	19.117	21.520
		一般技工	工日	39.702	46.222	53.497	62.419	68.820	77.473
		高级技工	工日	4.411	5.136	5.944	6.935	7.646	8.608
材料	平垫铁（综合）		kg	41.400	78.480	95.300	106.510	112.120	117.720
	斜垫铁（综合）		kg	36.690	72.910	87.490	94.790	102.510	109.370
	热轧薄钢板 $\delta1.6\sim1.9$		kg	1.600	1.600	2.500	2.500	2.500	2.500
	镀锌铁丝 $\phi2.8\sim4.0$		kg	2.670	4.000	4.500	6.000	6.000	8.000
	低碳钢焊条 J427 $\phi3.2$		kg	0.568	0.682	0.818	0.982	1.178	1.414
	黄铜板 $\delta0.08\sim0.30$		kg	0.600	0.600	1.000	1.000	1.000	1.000
	木板		m³	0.083	0.121	0.134	0.159	0.171	0.215
	道木		m³	0.007	0.010	0.021	0.021	0.021	0.021
	煤油		kg	14.160	17.514	22.020	24.426	27.576	33.030
	机油		kg	0.808	1.010	1.212	1.515	2.020	2.525
	黄油钙基脂		kg	0.505	0.505	0.707	0.707	0.909	1.212
	其他材料费		%	5.00	5.00	5.00	5.00	5.00	5.00
机械	载货汽车 - 普通货车 10t		台班	0.500	0.500	0.500	0.500	0.500	1.000
	汽车式起重机 8t		台班	0.600	1.200	1.000	—	—	—
	汽车式起重机 16t		台班	—	—	—	1.500	3.000	3.000
	汽车式起重机 30t		台班	0.800	1.000	—	—	—	—
	汽车式起重机 50t		台班	—	—	1.000	1.000	1.000	—
	汽车式起重机 75t		台班	—	—	—	—	—	1.000
	弧焊机 21kV·A		台班	0.300	0.500	0.500	0.500	0.800	0.800

工作内容: 开箱清点、场内运输、外观检查、设备清洗、吊装、联结、安装就位、调整、固定、单体调试。

计量单位:台

编 号			1-1-82	1-1-83	1-1-84	1-1-85	1-1-86
项 目			设备重量(t 以内)				
			50	60	70	100	150
名 称		单位	消 耗 量				
人工	合计工日	工日	131.850	155.524	169.354	239.621	354.101
	其中 普工	工日	26.369	31.105	33.870	47.924	70.820
	一般技工	工日	94.933	111.977	121.935	172.527	254.953
	高级技工	工日	10.548	12.442	13.548	19.170	28.328
材料	平垫铁(综合)	kg	123.320	134.530	140.140	156.960	173.770
	斜垫铁(综合)	kg	116.660	123.950	131.240	145.820	160.410
	热轧薄钢板 δ1.6~1.9	kg	2.500	3.000	3.000	3.000	4.000
	铜焊粉	kg	—	—	0.056	0.080	0.120
	镀锌铁丝 φ2.8~4.0	kg	8.000	10.000	10.000	13.000	19.000
	低碳钢焊条 J427 φ3.2	kg	1.697	1.952	2.245	2.582	2.969
	黄铜板 δ0.08~0.30	kg	1.000	1.500	1.500	1.500	2.000
	木板	m³	0.210	0.220	0.230	0.240	0.260
	道木	m³	0.025	0.275	0.275	0.550	0.688
	煤油	kg	39.330	52.400	61.350	86.856	129.570
	机油	kg	3.030	3.535	4.040	4.848	5.858
	黄油钙基脂	kg	1.212	1.515	2.020	2.525	3.535
	其他材料费	%	5.00	5.00	5.00	5.00	5.00
机械	载货汽车 – 普通货车 10t	台班	1.000	1.000	1.000	1.500	1.500
	汽车式起重机 16t	台班	1.000	1.500	2.000	1.000	2.000
	汽车式起重机 30t	台班	1.500	2.000	2.500	3.000	4.000
	汽车式起重机 50t	台班	—	—	—	2.000	2.500
	汽车式起重机 100t	台班	1.000	1.000	1.000	1.000	1.500
	弧焊机 21kV·A	台班	0.800	1.000	1.000	1.000	1.500

七、铣床及齿轮、螺纹加工机床

工作内容: 开箱清点、场内运输、外观检查、设备清洗、吊装、联结、安装就位、调整、
固定、单体调试。

计量单位:台

编　号				1-1-87	1-1-88	1-1-89	1-1-90	1-1-91
项　目				设备重量(t以内)				
				1	3	5	7	10
名　称			单位	消　耗　量				
人工	合计工日		工日	6.474	14.525	19.198	26.429	37.105
	其中	普工	工日	1.295	2.905	4.095	5.286	7.421
		一般技工	工日	4.661	10.458	13.593	19.029	26.715
		高级技工	工日	0.518	1.162	1.510	2.114	2.968
材料	平垫铁(综合)		kg	2.820	3.760	5.640	11.640	20.700
	斜垫铁(综合)		kg	3.060	4.590	6.120	9.880	18.330
	热轧薄钢板 δ1.6~1.9		kg	0.200	0.450	0.650	1.000	1.000
	镀锌铁丝 φ2.8~4.0		kg	0.560	0.560	0.560	0.840	2.670
	低碳钢焊条 J427 φ3.2		kg	0.210	0.263	0.329	0.411	0.473
	黄铜板 δ0.08~0.30		kg	0.100	0.250	0.300	0.400	0.400
	木板		m³	0.013	0.026	0.031	0.049	0.075
	道木		m³	—	—	—	0.006	0.007
	煤油		kg	2.727	3.252	4.353	5.454	16.056
	机油		kg	0.202	0.202	0.303	0.404	0.505
	黄油钙基脂		kg	0.101	0.101	0.152	0.202	0.303
	其他材料费		%	5.00	5.00	5.00	5.00	5.00
机械	载货汽车 - 普通货车 10t		台班	—	—	0.300	0.500	0.500
	叉式起重机 5t		台班	0.200	0.500	—	—	—
	汽车式起重机 16t		台班	—	—	0.700	0.900	—
	汽车式起重机 30t		台班	—	—	—	—	1.000
	弧焊机 21kV·A		台班	0.100	0.100	0.200	0.200	0.300

工作内容: 开箱清点、场内运输、外观检查、设备清洗、吊装、联结、安装就位、调整、
固定、单体调试。

计量单位:台

编 号			1-1-92	1-1-93	1-1-94	1-1-95	1-1-96
项 目			设备重量(t 以内)				
			15	20	25	30	35
名 称		单位	消耗量				
人工	合计工日	工日	51.910	60.995	69.853	81.311	92.635
	其中 普工	工日	10.382	12.199	13.971	16.262	18.527
	一般技工	工日	37.376	43.916	50.293	58.544	66.697
	高级技工	工日	4.153	4.880	5.588	6.505	7.411
材料	平垫铁(综合)	kg	37.950	61.660	67.270	78.480	84.080
	斜垫铁(综合)	kg	36.690	58.330	65.630	72.910	80.200
	热轧薄钢板 δ1.6~1.9	kg	1.600	1.600	2.500	2.500	2.500
	镀锌铁丝 φ2.8~4.0	kg	2.670	4.000	4.500	6.000	6.000
	低碳钢焊条 J427 φ3.2	kg	0.568	0.682	0.818	0.982	1.178
	黄铜板 δ0.08~0.30	kg	0.600	0.600	1.000	1.000	1.000
	木板	m³	0.083	0.128	0.140	0.153	0.206
	道木	m³	0.007	0.010	0.021	0.021	0.021
	煤油	kg	19.410	22.764	26.220	30.420	36.924
	机油	kg	0.707	1.010	1.313	1.515	1.818
	黄油钙基脂	kg	0.404	0.606	0.808	0.808	1.010
	无石棉橡胶板 高压 δ1~6	kg	—	—	0.200	0.300	0.400
	其他材料费	%	5.00	5.00	5.00	5.00	5.00
机械	载货汽车-普通货车 10t	台班	0.500	0.500	0.500	0.500	0.500
	汽车式起重机 16t	台班	1.000	1.000	2.000	2.000	2.000
	汽车式起重机 30t	台班	0.800	—	—	—	—
	汽车式起重机 50t	台班	—	0.500	—	1.000	—
	汽车式起重机 75t	台班	—	—	0.500	—	1.000
	弧焊机 21kV·A	台班	0.300	0.500	0.500	0.500	0.800

工作内容： 开箱清点、场内运输、外观检查、设备清洗、吊装、联结、安装就位、调整、
固定、单体调试。

计量单位：台

编　号			单位	1-1-97	1-1-98	1-1-99	1-1-100	1-1-101
项　目				设备重量（t以内）				
				50	70	100	150	200
名　称			单位	消耗量				
人工	合计工日		工日	127.739	174.940	232.666	348.724	449.338
	其中	普工	工日	25.548	34.988	46.533	69.745	89.868
		一般技工	工日	91.972	125.956	167.520	251.081	323.523
		高级技工	工日	10.219	13.995	18.613	27.898	35.947
材料	平垫铁（综合）		kg	91.520	102.960	114.400	125.840	143.000
	斜垫铁（综合）		kg	89.280	96.720	104.160	119.040	133.920
	热轧薄钢板 δ1.6~1.9		kg	2.500	3.000	3.000	4.000	4.000
	镀锌铁丝 φ2.8~4.0		kg	8.000	10.000	13.000	16.000	19.000
	低碳钢焊条 J427 φ3.2		kg	1.697	2.245	2.582	2.969	3.414
	黄铜板 δ0.08~0.30		kg	1.000	1.500	1.500	2.000	2.000
	木板		m³	0.253	0.150	0.156	0.188	0.219
	道木		m³	0.025	0.275	0.550	0.688	0.688
	煤油		kg	48.780	60.840	76.050	108.060	129.570
	机油		kg	2.626	3.535	4.545	5.050	5.555
	黄油钙基脂		kg	1.212	1.515	1.717	2.525	3.030
	铜焊粉		kg	—	0.056	0.080	0.120	0.160
	无石棉橡胶板 高压 δ1~6		kg	0.400	0.500	0.800	1.000	1.200
	其他材料费		%	5.00	5.00	5.00	5.00	5.00
机械	载货汽车-普通货车 10t		台班	1.000	1.000	1.500	1.500	1.500
	汽车式起重机 16t		台班	2.000	2.000	2.000	3.000	3.000
	汽车式起重机 30t		台班	—	1.500	3.000	3.000	5.000
	汽车式起重机 50t		台班	—	—	0.500	1.000	1.500
	汽车式起重机 100t		台班	1.000	1.000	1.000	1.500	1.500
	弧焊机 21kV·A		台班	0.800	1.000	1.000	1.500	1.500

工作内容: 开箱清点、场内运输、外观检查、设备清洗、吊装、联结、安装就位、调整、固定、单体调试。

计量单位:台

编　号			1-1-102	1-1-103	1-1-104	1-1-105
项　目			设备重量（t 以内）			
			250	300	400	500
名　称		单位	消　耗　量			
人工	合计工日	工日	539.767	631.784	810.075	1 013.575
	其中 普工	工日	107.953	126.357	162.015	202.715
	一般技工	工日	388.632	454.885	583.255	729.773
	高级技工	工日	43.182	50.542	64.806	81.086
材料	平垫铁（综合）	kg	154.440	160.160	165.880	171.600
	斜垫铁（综合）	kg	133.920	141.360	148.800	156.240
	热轧薄钢板 δ1.6~1.9	kg	6.000	6.000	6.000	8.000
	镀锌铁丝 ϕ2.8~4.0	kg	25.000	25.000	35.000	35.000
	低碳钢焊条 J427 ϕ3.2	kg	3.925	4.515	5.971	7.897
	黄铜板 δ0.08~0.30	kg	3.200	3.200	3.200	4.000
	木板	m³	0.250	0.250	0.338	0.363
	道木	m³	0.688	0.688	0.825	0.963
	煤油	kg	161.070	193.080	235.590	278.100
	机油	kg	6.060	6.060	6.565	7.070
	黄油钙基脂	kg	3.030	3.535	4.040	4.545
	铜焊粉	kg	0.200	0.240	0.320	0.400
	无石棉橡胶板 高压 δ1~6	kg	1.200	1.400	1.600	1.800
	其他材料费	%	5.00	5.00	5.00	5.00
机械	载货汽车 – 普通货车 10t	台班	1.500	1.500	2.000	2.500
	汽车式起重机 16t	台班	3.000	4.000	4.000	4.000
	汽车式起重机 30t	台班	5.000	6.000	9.000	11.000
	汽车式起重机 50t	台班	2.000	2.000	2.500	2.500
	汽车式起重机 100t	台班	1.500	2.000	2.000	2.500
	弧焊机 21kV·A	台班	2.000	2.000	2.500	2.500

八、刨床、插床、拉床

工作内容: 开箱清点、场内运输、外观检查、设备清洗、吊装、联结、安装就位、调整、
固定、单体调试。

计量单位:台

编　号			1-1-106	1-1-107	1-1-108	1-1-109	1-1-110	1-1-111
项　目			设备重量(t 以内)					
			1	3	5	7	10	15
名　称		单位	消　耗　量					
人工	合计工日	工日	5.391	13.142	19.848	25.217	35.912	52.480
	其中 普工	工日	1.078	2.628	3.969	5.043	7.182	10.496
	一般技工	工日	3.882	9.462	14.291	18.156	25.857	37.785
	高级技工	工日	0.431	1.052	1.588	2.017	2.873	4.198
材料	平垫铁(综合)	kg	2.820	5.820	7.760	11.640	17.460	23.850
	斜垫铁(综合)	kg	3.060	4.940	7.410	9.880	14.820	22.930
	热轧薄钢板 δ1.6~1.9	kg	0.200	0.450	0.650	1.000	1.000	1.600
	镀锌铁丝 φ2.8~4.0	kg	0.560	0.560	0.560	0.840	2.640	4.000
	低碳钢焊条 J427 φ3.2	kg	0.210	0.263	0.329	0.411	0.473	0.568
	黄铜板 δ0.08~0.30	kg	0.100	0.250	0.300	0.400	0.400	0.600
	木板	m³	0.013	0.018	0.031	0.036	0.056	0.095
	道木	m³	—	—	—	0.004	0.007	0.007
	煤油	kg	2.253	2.829	3.405	11.856	13.110	19.920
	机油	kg	0.152	0.152	0.202	0.505	0.808	1.010
	黄油钙基脂	kg	0.101	0.152	0.152	0.202	0.404	0.404
	其他材料费	%	5.00	5.00	5.00	5.00	5.00	5.00
机械	载货汽车-普通货车 10t	台班	—	—	0.300	0.500	0.500	0.500
	叉式起重机 5t	台班	0.200	0.500	—	—	—	—
	汽车式起重机 8t	台班	—	—	—	0.500	0.500	—
	汽车式起重机 16t	台班	—	—	—	—	—	0.500
	汽车式起重机 30t	台班	—	—	0.500	0.500	0.600	0.750
	弧焊机 21kV·A	台班	0.100	0.100	0.200	0.200	0.300	0.300

工作内容: 开箱清点、场内运输、外观检查、设备清洗、吊装、联结、安装就位、调整、
固定、单体调试。

计量单位:台

编　号		1-1-112	1-1-113	1-1-114	1-1-115	1-1-116	1-1-117
项　目		设备重量（t 以内）					
		20	25	35	50	70	100
名　称	单位	消 耗 量					
人工	合计工日	工日	62.060	71.415	91.797	125.564	170.939	239.379
其中 普工	工日	12.412	14.283	18.359	25.113	34.188	47.876
一般技工	工日	44.683	51.419	66.094	90.406	123.076	172.352
高级技工	工日	4.965	5.713	7.344	10.045	13.675	19.151
材料	平垫铁（综合）	kg	33.630	39.240	50.450	57.200	62.920	74.360
斜垫铁（综合）	kg	29.160	36.460	43.750	52.080	59.520	66.960
热轧薄钢板 δ1.6~1.9	kg	1.600	2.500	2.500	2.500	3.000	3.000
铜焊粉	kg	—	—	—	—	0.056	0.080
镀锌铁丝 φ2.8~4.0	kg	4.000	4.500	6.000	8.000	10.000	13.000
低碳钢焊条 J427 φ3.2	kg	0.682	0.818	1.178	1.697	2.245	2.582
黄铜板 δ0.08~0.30	kg	0.600	1.000	1.000	1.000	1.500	1.500
木板	m³	0.109	0.140	0.203	0.253	0.154	0.160
道木	m³	0.010	0.014	0.014	0.028	0.275	0.550
煤油	kg	22.020	27.474	38.586	49.596	60.810	77.070
机油	kg	1.515	1.818	2.222	2.828	3.535	4.545
黄油钙基脂	kg	0.505	0.606	0.808	1.212	1.515	1.818
无石棉橡胶板 高压 δ1~6	kg	—	0.150	0.200	0.300	0.300	0.400
其他材料费	%	5.00	5.00	5.00	5.00	5.00	5.00
机械	载货汽车－普通货车 10t	台班	0.500	0.500	1.000	1.000	1.500	1.500
汽车式起重机 8t	台班	1.500	1.500	—	—	—	—
汽车式起重机 16t	台班	—	0.500	1.000	2.000	3.000	4.000
汽车式起重机 30t	台班	—	—	—	—	1.500	2.500
汽车式起重机 50t	台班	0.500	—	—	—	—	—
汽车式起重机 75t	台班	—	0.500	1.000	—	—	—
汽车式起重机 100t	台班	—	—	—	1.000	1.000	1.500
弧焊机 21kV·A	台班	0.500	0.500	0.500	0.800	1.000	1.000

工作内容: 开箱清点、场内运输、外观检查、设备清洗、吊装、联结、安装就位、调整、
固定、单体调试。

计量单位: 台

编　号			单位	1-1-118	1-1-119	1-1-120	1-1-121	1-1-122	1-1-123
项　目				设备重量（t 以内）					
				150	200	250	300	350	400
名　称			单位	消　耗　量					
人工	合计工日		工日	356.151	455.867	549.798	644.976	721.557	818.598
	其中	普工	工日	71.230	91.173	109.960	128.995	144.311	163.720
		一般技工	工日	256.429	328.224	395.855	464.383	519.521	589.390
		高级技工	工日	28.492	36.469	43.984	51.598	57.724	65.488
材料	平垫铁（综合）		kg	80.080	120.120	125.840	143.000	160.160	177.320
	斜垫铁（综合）		kg	74.400	111.600	119.040	133.920	148.800	163.680
	热轧薄钢板 δ1.6~1.9		kg	4.000	4.000	4.200	4.400	4.840	5.324
	铜焊粉		kg	0.120	0.160	0.168	0.176	0.194	0.213
	镀锌铁丝 φ2.8~4.0		kg	16.000	19.000	19.950	20.900	22.990	25.289
	低碳钢焊条 J427 φ3.2		kg	2.969	3.414	3.926	4.515	5.192	5.971
	黄铜板 δ0.08~0.30		kg	2.000	2.000	2.100	2.200	2.420	2.662
	木板		m³	0.204	0.223	0.235	0.245	0.270	0.297
	道木		m³	0.688	0.688	0.723	0.757	0.832	0.916
	煤油		kg	110.100	132.120	138.730	145.332	159.865	175.852
	机油		kg	7.070	8.080	8.485	8.888	9.777	10.754
	黄油钙基脂		kg	2.424	3.030	3.182	3.333	3.666	4.033
	无石棉橡胶板 高压 δ1~6		kg	0.500	0.650	0.683	0.715	0.787	0.865
	其他材料费		%	5.00	5.00	5.00	5.00	5.00	5.00
机械	载货汽车 – 普通货车 10t		台班	1.500	1.500	2.000	2.000	2.500	2.500
	汽车式起重机 16t		台班	4.000	6.000	7.000	9.000	11.500	13.000
	汽车式起重机 30t		台班	2.500	2.500	3.000	3.500	3.500	4.000
	汽车式起重机 50t		台班	1.000	1.500	1.500	2.000	2.000	2.000
	汽车式起重机 100t		台班	2.000	2.000	2.500	2.500	2.500	2.500
	弧焊机 21kV·A		台班	1.500	1.500	2.000	2.000	2.000	2.500

九、超声波加工及电加工机床

工作内容：开箱清点、场内运输、外观检查、设备清洗、吊装、联结、安装就位、调整、
固定、单体调试。

计量单位：台

编　号			1-1-124	1-1-125	1-1-126	1-1-127	1-1-128
项　目			设备重量（t以内）				
			0.5	1	3	5	8
名　称		单位	消　耗　量				
人工	合计工日	工日	2.098	3.864	10.592	15.328	22.254
	其中 普工	工日	0.419	0.773	2.118	3.066	4.451
	一般技工	工日	1.511	2.782	7.626	11.036	16.023
	高级技工	工日	0.168	0.310	0.847	1.227	1.780
材料	平垫铁（综合）	kg	1.524	2.820	5.640	7.530	13.580
	斜垫铁（综合）	kg	2.358	3.060	6.120	7.640	12.350
	热轧薄钢板 δ1.6~1.9	kg	0.150	0.200	0.450	0.650	1.000
	镀锌铁丝 φ2.8~4.0	kg	0.420	0.560	0.560	0.840	0.840
	低碳钢焊条 J427 φ3.2	kg	0.158	0.210	0.263	0.329	0.420
	黄铜板 δ0.08~0.30	kg	0.075	0.100	0.250	0.300	0.400
	木板	m³	0.007	0.009	0.015	0.031	0.036
	煤油	kg	1.334	1.779	2.829	3.981	5.235
	机油	kg	0.076	0.101	0.152	0.202	0.303
	黄油钙基脂	kg	0.076	0.101	0.152	0.202	0.202
	其他材料费	%	5.00	5.00	5.00	5.00	5.00
机械	载货汽车-普通货车 10t	台班	—	—	—	0.300	0.500
	叉式起重机 5t	台班	0.100	0.200	0.500	—	—
	汽车式起重机 8t	台班	—	—	—	—	0.350
	汽车式起重机 16t	台班	—	—	—	0.500	—
	汽车式起重机 30t	台班	—	—	—	—	0.500
	弧焊机 21kV·A	台班	0.100	0.100	0.200	0.200	0.300

十、其他机床及金属材料试验机械

工作内容: 开箱清点、场内运输、外观检查、设备清洗、吊装、联结、安装就位、调整、
固定、单体调试。

计量单位:台

编　号			1-1-129	1-1-130	1-1-131	1-1-132	1-1-133
项　目			设备重量(t以内)				
			1	3	5	7	9
名　称		单位	消　耗　量				
人工	合计工日	工日	6.410	11.781	15.538	21.820	27.154
	其中 普工	工日	1.282	2.356	3.108	4.364	5.431
	一般技工	工日	4.615	8.482	11.187	15.711	19.551
	高级技工	工日	0.512	0.943	1.243	1.745	2.172
材料	平垫铁(综合)	kg	2.820	5.640	7.760	11.640	13.580
	斜垫铁(综合)	kg	3.060	6.120	7.410	9.880	12.350
	热轧薄钢板 δ1.6~1.9	kg	0.200	0.450	0.650	1.000	1.000
	镀锌铁丝 ϕ2.8~4.0	kg	0.560	0.560	0.840	0.840	1.120
	低碳钢焊条 J427 ϕ3.2	kg	0.210	0.263	0.329	0.411	0.426
	黄铜板 δ0.08~0.30	kg	0.100	0.250	0.300	0.400	0.400
	木板	m³	0.013	0.018	0.031	0.049	0.054
	煤油	kg	2.120	3.001	3.252	4.343	5.434
	机油	kg	0.152	0.152	0.202	0.202	0.303
	黄油钙基脂	kg	0.101	0.101	0.202	0.202	0.303
	其他材料费	%	5.00	5.00	5.00	5.00	5.00
机械	载货汽车 - 普通货车 10t	台班	—	—	0.300	0.500	0.800
	叉式起重机 5t	台班	0.200	0.500	—	—	—
	汽车式起重机 8t	台班	—	—	—	—	0.500
	汽车式起重机 16t	台班	—	—	0.500	0.500	0.500
	弧焊机 21kV·A	台班	0.100	0.100	0.200	0.200	0.300

工作内容: 开箱清点、场内运输、外观检查、设备清洗、吊装、联结、安装就位、调整、
固定、单体调试。

计量单位:台

编　号			1-1-134	1-1-135	1-1-136	1-1-137
项　目			设备重量(t以内)			
			12	15	20	25
名　称		单位	消　耗　量			
人工	合计工日	工日	35.899	44.505	53.814	66.709
	其中	普工	工日	7.180	8.901	10.763	13.342
		一般技工	工日	25.847	32.043	38.746	48.031
		高级技工	工日	2.872	3.561	4.305	5.336
材料	平垫铁(综合)	kg	20.700	31.050	34.500	62.920
	斜垫铁(综合)	kg	18.350	27.520	32.100	59.520
	热轧薄钢板 δ1.6~1.9	kg	1.600	1.600	1.600	2.500
	镀锌铁丝 φ2.8~4.0	kg	1.800	2.400	4.000	4.500
	低碳钢焊条 J427 φ3.2	kg	0.454	0.568	0.682	0.818
	黄铜板 δ0.08~0.30	kg	0.600	0.600	0.600	1.000
	木板	m³	0.086	0.094	0.121	0.134
	道木	m³	0.004	0.007	0.010	0.021
	煤油	kg	7.070	8.706	13.008	15.210
	机油	kg	0.303	0.404	0.404	0.505
	黄油钙基脂	kg	0.303	0.404	0.505	0.606
	其他材料费	%	5.00	5.00	5.00	5.00
机械	载货汽车-普通货车 10t	台班	0.500	0.500	0.500	0.500
	汽车式起重机 8t	台班	1.000	1.200	2.000	2.000
	汽车式起重机 30t	台班	0.500	0.500	—	—
	汽车式起重机 50t	台班	—	—	0.500	—
	汽车式起重机 75t	台班	—	—	—	0.500
	弧焊机 21kV·A	台班	0.300	0.300	0.500	0.500

工作内容: 开箱清点、场内运输、外观检查、设备清洗、吊装、联结、安装就位、调整、
固定、单体调试。

计量单位:台

	编　号		1-1-138	1-1-139	1-1-140	1-1-141
	项　目		设备重量(t 以内)			
			30	35	40	45
	名　称	单位	消　耗　量			
人工	合计工日	工日	79.554	91.598	104.261	116.156
	其中　普工	工日	15.911	18.320	20.852	23.231
	一般技工	工日	57.278	65.950	75.068	83.632
	高级技工	工日	6.364	7.328	8.341	9.292
材料	平垫铁(综合)	kg	72.200	80.880	86.660	98.210
	斜垫铁(综合)	kg	67.630	75.140	82.660	90.170
	热轧薄钢板 δ1.6~1.9	kg	2.500	2.500	2.500	2.500
	镀锌铁丝 φ2.8~4.0	kg	6.000	6.000	8.000	8.000
	低碳钢焊条 J427 φ3.2	kg	0.982	1.178	1.414	1.527
	黄铜板 δ0.08~0.30	kg	1.000	1.000	1.000	1.000
	木板	m³	0.159	0.225	0.238	0.278
	道木	m³	0.021	0.025	0.025	0.028
	煤油	kg	18.564	20.705	23.957	27.270
	机油	kg	0.505	0.606	0.707	0.808
	黄油钙基脂	kg	0.707	0.808	0.909	1.010
	其他材料费	%	5.00	5.00	5.00	5.00
机械	载货汽车 - 普通货车 10t	台班	0.500	1.000	1.000	1.000
	汽车式起重机 16t	台班	0.500	1.000	1.500	2.000
	汽车式起重机 75t	台班	1.000	1.000	1.000	1.000
	弧焊机 21kV·A	台班	0.500	0.800	0.800	0.800

十一、木 工 机 械

工作内容: 开箱清点、场内运输、外观检查、设备清洗、吊装、联结、安装就位、调整、
固定、单体调试。

计量单位:台

编　号			1-1-142	1-1-143	1-1-144	1-1-145	1-1-146	1-1-147
项　目			设备重量(t以内)					
			0.5	1	3	5	7	10
名　称		单位	消　耗　量					
人工	合计工日	工日	2.439	4.760	14.032	18.129	25.189	35.225
	其中 普工	工日	0.488	0.952	2.806	3.626	5.038	7.045
	一般技工	工日	1.756	3.427	10.102	13.053	18.136	25.361
	高级技工	工日	0.195	0.381	1.123	1.450	2.016	2.818
材料	平垫铁(综合)	kg	1.580	2.032	7.760	11.640	13.580	17.460
	斜垫铁(综合)	kg	2.100	3.144	7.410	9.880	12.350	14.820
	热轧薄钢板 δ1.6~1.9	kg	0.150	0.200	0.450	0.650	1.000	1.000
	镀锌铁丝 ϕ2.8~4.0	kg	0.420	0.560	0.560	0.840	0.840	1.800
	低碳钢焊条 J427 ϕ3.2	kg	0.158	0.210	0.263	0.329	0.411	0.473
	黄铜板 δ0.08~0.30	kg	0.075	0.100	0.250	0.300	0.400	0.400
	木板	m³	0.010	0.013	0.018	0.031	0.036	0.069
	道木	m³	—	—	—	—	—	0.007
	煤油	kg	2.046	2.727	5.403	7.554	9.756	11.856
	机油	kg	0.114	0.152	0.202	0.253	0.303	0.404
	黄油钙基脂	kg	0.114	0.152	0.202	0.253	0.303	0.404
	其他材料费	%	5.00	5.00	5.00	5.00	5.00	5.00
机械	载货汽车-普通货车 10t	台班	—	—	—	0.300	0.500	0.500
	叉式起重机 5t	台班	0.100	0.250	0.500	—	—	—
	汽车式起重机 16t	台班	—	—	—	0.600	0.800	1.000
	弧焊机 21kV·A	台班	0.100	0.100	0.100	0.200	0.200	0.300

十二、跑车带锯机

工作内容：开箱清点、场内运输、外观检查、设备清洗、吊装、联结、安装就位、调整、
固定、单体调试。

计量单位：台

编 号				1-1-148	1-1-149	1-1-150	1-1-151	1-1-152	1-1-153
项 目				设备重量（t 以内）					
				3	5	7	10	15	20
名 称			单位	消 耗 量					
人工	合计工日		工日	21.403	32.072	42.455	57.964	84.968	110.458
	其中	普工	工日	4.281	6.415	8.491	11.592	16.994	22.091
		一般技工	工日	15.410	23.092	30.567	41.734	61.176	79.530
		高级技工	工日	1.712	2.566	3.397	4.637	6.797	8.837
材料	平垫铁（综合）		kg	5.640	11.640	26.110	37.320	57.120	76.160
	斜垫铁（综合）		kg	6.120	9.880	22.810	32.590	53.820	71.760
	热轧薄钢板 δ1.6~1.9		kg	0.450	0.650	1.000	1.000	1.600	2.080
	镀锌铁丝 φ2.8~4.0		kg	0.560	0.840	2.670	3.000	4.000	5.200
	低碳钢焊条 J427 φ3.2		kg	0.263	0.329	0.411	0.473	0.568	0.682
	黄铜板 δ0.08~0.30		kg	0.250	0.300	0.400	0.400	0.600	0.780
	木板		m³	0.026	0.031	0.051	0.069	0.094	0.122
	道木		m³	—	—	—	0.007	0.010	0.013
	煤油		kg	4.404	6.504	8.910	11.010	13.314	17.308
	机油		kg	0.202	0.202	0.303	0.303	0.505	0.657
	黄油钙基脂		kg	0.152	0.202	0.303	0.303	0.505	0.657
	其他材料费		%	5.00	5.00	5.00	5.00	5.00	5.00
机械	载货汽车－普通货车 10t		台班	—	0.300	0.500	0.500	0.500	0.500
	叉式起重机 5t		台班	0.500	—	—	—	—	—
	汽车式起重机 16t		台班	—	0.500	—	—	0.500	0.500
	汽车式起重机 30t		台班	—	—	0.500	0.600	0.800	—
	汽车式起重机 50t		台班	—	—	—	—	—	0.500
	弧焊机 21kV·A		台班	0.100	0.200	0.200	0.300	0.300	0.500

十三、其他木工机械

工作内容:开箱清点、场内运输、外观检查、设备清洗、吊装、联结、安装就位、调整、固定、单体调试。

计量单位:台

编 号			1-1-154	1-1-155	1-1-156
项 目			气动拨料器	气动踢木器	
			0.1t 以内	单面卸木	双面卸木
名 称		单位	消 耗 量		
人工	合计工日	工日	5.564	9.369	11.917
	其中 普工	工日	1.112	1.874	2.383
	一般技工	工日	4.006	6.746	8.580
	高级技工	工日	0.445	0.749	0.953
材料	钢板垫板	kg	—	7.000	7.000
	镀锌铁丝 ϕ2.8~4.0	kg	—	0.560	0.560
	木板	m³	0.001	0.007	0.007
	煤油	kg	1.000	1.500	0.800
	机油	kg	0.100	0.150	0.150
	黄油钙基脂	kg	0.100	0.150	0.150
	其他材料费	%	5.00	5.00	5.00
机械	叉式起重机 5t	台班	0.200	0.200	0.200

十四、带锯机保护罩制作与安装

工作内容：施工准备、放样、下料、切割、组对、安装。 计量单位：个

编 号			1-1-157	1-1-158
项 目			规格	
			铁架圆形 42 英寸	铁架圆形 48 英寸
名 称		单位	消 耗 量	
人工	合计工日	工日	4.969	5.960
	其中 普工	工日	0.994	1.192
	一般技工	工日	3.577	4.291
	高级技工	工日	0.398	0.477
材料	角钢 60	kg	90.000	100.000
	扁钢 59 以内	kg	33.500	36.000
	木螺钉 $d6 \times 100$ 以下	10 个	18.000	21.000
	合页 75 以内	个	4.000	4.000
	低碳钢焊条 J427 $\phi4.0$	kg	1.350	1.620
	木板	m³	0.167	0.190
	其他材料费	%	5.00	5.00
机械	立式钻床 25mm	台班	1.300	1.560
	弧焊机 21kV·A	台班	0.300	0.400

第二章　锻压设备安装

说　　明

一、本章内容包括机械压力机、液压机、自动锻压机及锻机操作机、空气锤、模锻锤、自由锻锤及蒸汽锤、剪切机及弯曲校正机、锻造水压机等安装。

1. 机械压力机：包括固定台压力机、可倾压力机、传动开式压力机、闭式单（双）点压力机、闭式侧滑块压力机、单动（双动）机械压力机、切边压力机、切边机、拉伸压力机、摩擦压力机、精压机、模锻曲轴压力机、热模锻压力机、金属挤压机、冷挤压机、冲模回转头压力机、数控冲模回转压力机。

2. 液压机：包括薄板液压机、万能液压机、上移式液压机、校正压装液压机、校直液压机、手动液压机、粉末制品液压机、塑料制品液压机、金属打包液压机、粉末热压机、轮轴压装液压机、轮轴压装机、单臂油压机、电缆包覆液压机、油压机、电极挤压机、油压装配机、热切边液压机、拉伸矫正机、冷拔管机、金属挤压机。

3. 自动锻压机及锻机操作机：包括自动冷（热）镦机、自动切边机、自动搓丝机、滚丝机、滚圆机、自动冷成型机、自动卷簧机、多工位自动压力机、自动制钉机、平锻机、辊锻机、锻管机、扩孔机、锻轴机、镦轴机、镦机及镦机组、辊轧机、多工位自动锻造机、锻造操作机、无轨操作机。

4. 模锻锤：包括模锻锤，蒸汽、空气两用模锻锤，无砧模锻锤，液压模锻锤。

5. 自由锻锤及蒸汽锤：包括蒸汽、空气两用自由锻锤，单臂自由锻锤，气动薄板落锤。

6. 剪切机及弯曲校正机：包括剪板机、剪切机、联合冲剪机、剪断机、切割机、拉剪机、热锯机、热剪机、滚板机、弯板机、弯曲机、弯管机、校直机、校正机、校平机、校正弯曲压力机、切断机、折边机、滚坡纹机、折弯压力机、扩口机、卷圆机、滚圆机、滚形机、整形机、扭拧机、轮缘焊渣切割机。

二、本章包括以下工作内容：

1. 机械压力机、液压机、水压机的拉紧螺栓及立柱的热装。

2. 液压机及水压机液压系统钢管的酸洗。

3. 水压机本体安装：包括底座、立柱、横梁等全部设备部件安装，润滑装置和润滑管道安装，缓冲器、充液罐等附属设备安装，分配阀、充液阀、接力电机操纵台装置安装，梯子、栏杆、基础盖板安装，立柱、横梁等主要部件安装前的精度预检，活动横梁导套的检查和刮研，分配器、充液阀、安全阀等主要阀件的试压和研磨，机体补漆，操纵台、梯子、栏杆、盖板、支撑梁、立式液罐和低压缓冲器表面刷漆。

4. 水压机本体管道安装：包括设备本体至第一个法兰以内的高低压水管、压缩空气管等本体管道安装、试压、刷漆；高压阀门试压、高压管道焊口预热和应力消除，高低压管道的酸洗，公称直径 70mm 以内的管道揻弯。

5. 锻锤砧座周围敷设油毡、沥青、沙子等防腐层以及垫木排找正时表面精修。

三、本章不包括以下工作内容，应执行本册其他章节有关消耗量或规定。

1. 机械压力机、液压机、水压机拉紧大螺栓及立柱如需热装时所需的加热材料（如硅碳棒、电阻丝、石棉布、石棉绳等）。

2. 除水压机、液压机外，其他设备的管道酸洗。

3. 锻锤试运转中，锤头和锤杆的加热以及试冲击所需的枕木。

4. 水压机工作缸、高压阀等的垫料、填料。

5. 设备所需灌注的冷却液、液压油、乳化液等。

6. 蓄势站安装及水压机与蓄势站的联动试运转。

7. 锻锤砧座垫木排的制作、防腐、干燥等。

8. 设备润滑、液压和空气压缩管路系统的管子和管路附件的加工、焊接、揻弯和阀门的研磨。

9. 设备和管路的保温。

10. 水压机管道安装中的支架、法兰、紫铜垫圈、密封垫圈等管路附件的制作，管子和焊口无损检测和机械强度试验。

工程量计算规则

一、机械压力机、液压机、自动锻压机及锻机操作机、剪切机及弯曲校正机按设备重量以"台"为计量单位。

二、空气锤、模压锤、自由锻锤及蒸汽锤按设备落锤重量以"台"为计量单位。

三、锻造水压机按公称压力以"台"为计量单位。

一、机械压力机

工作内容： 开箱清点、场内运输、外观检查、设备清洗、吊装、联结、安装就位、调整、固定、单体调试。

计量单位：台

编　号			1-2-1	1-2-2	1-2-3	1-2-4	1-2-5	1-2-6
项　目			设备重量（t 以内）					
			1	3	5	7	10	15
名　称		单位	消　耗　量					
人工	合计工日		工日	6.794	13.429	21.166	27.066	37.253	54.330
	其中	普工	工日	1.359	2.686	4.234	5.413	7.450	10.866
		一般技工	工日	4.891	9.669	15.240	19.488	26.823	39.117
		高级技工	工日	0.543	1.074	1.693	2.165	2.980	4.346
材料	平垫铁（综合）		kg	6.240	10.400	17.805	19.040	21.880	35.760
	斜垫铁（综合）		kg	5.300	7.940	14.040	16.120	18.060	31.840
	镀锌铁丝 φ2.8~4.0		kg	0.650	0.800	0.800	2.000	2.000	3.000
	低碳钢焊条 J427 φ3.2		kg	0.263	0.329	0.411	0.514	0.643	0.772
	木板		m³	0.013	0.020	0.029	0.043	0.048	0.063
	道木		m³	—	—	—	0.021	0.021	0.041
	煤油		kg	2.202	2.778	3.303	3.879	4.929	0.830
	机油		kg	0.505	0.505	0.505	0.808	0.808	1.010
	黄油钙基脂		kg	0.152	0.202	0.202	0.253	0.253	0.303
	无石棉橡胶板 高压 δ1~6		kg	—	—	—	—	—	0.200
	其他材料费		%	5.00	5.00	5.00	5.00	5.00	5.00
机械	载货汽车－普通货车 10t		台班	—	—	0.300	0.500	0.500	0.500
	叉式起重机 5t		台班	0.300	0.400	—	—	—	—
	汽车式起重机 8t		台班	—	—	0.300	0.800	1.000	1.500
	汽车式起重机 12t		台班	—	—	—	0.500	—	—
	汽车式起重机 16t		台班	—	0.300	0.500	—	—	—
	汽车式起重机 25t		台班	—	—	—	—	0.500	0.800
	弧焊机 32kV·A		台班	0.100	0.100	0.200	0.200	0.300	0.300

工作内容: 开箱清点、场内运输、外观检查、设备清洗、吊装、联结、安装就位、调整、
固定、单体调试。

计量单位: 台

编　号			1-2-7	1-2-8	1-2-9	1-2-10	1-2-11	1-2-12
项　目			设备重量（t 以内）					
			20	30	40	50	70	100
名　称		单位	消　耗　量					
人工	合计工日	工日	61.250	91.928	101.757	124.767	166.900	223.008
	其中 普工	工日	12.250	18.386	20.352	24.953	33.380	44.602
	一般技工	工日	44.100	66.188	73.264	89.832	120.168	160.565
	高级技工	工日	4.900	7.354	8.141	9.982	13.352	17.841
材料	平垫铁（综合）	kg	58.080	69.040	78.080	87.320	109.600	135.560
	斜垫铁（综合）	kg	49.000	61.640	72.720	76.560	98.400	113.760
	铜焊粉 气剂 301 瓶装	kg	—	—	—	—	0.056	0.080
	镀锌铁丝 φ2.8~4.0	kg	3.000	4.500	4.500	4.500	4.500	5.000
	低碳钢焊条 J427 φ3.2	kg	0.926	1.333	1.920	2.304	3.048	3.505
	木板	m³	0.089	0.125	0.150	0.188	0.079	0.094
	道木	m³	0.069	0.069	0.138	0.172	0.241	0.344
	煤油	kg	8.706	12.060	15.720	18.330	23.040	28.800
	机油	kg	1.515	2.020	3.030	3.030	4.040	5.050
	黄油钙基脂	kg	0.404	0.606	1.010	1.515	2.020	3.030
	红钢纸 0.2~0.5	kg	0.500	1.000	1.000	1.200	1.200	1.500
	无石棉橡胶板 高压 δ1~6	kg	0.300	0.400	0.500	0.500	0.700	1.000
	其他材料费	%	5.00	5.00	5.00	5.00	5.00	5.00
机械	载货汽车 - 普通货车 10t	台班	0.500	0.500	1.000	1.000	1.500	1.500
	汽车式起重机 8t	台班	1.000	1.500	1.500	—	—	—
	汽车式起重机 16t	台班	—	—	1.500	2.000	2.800	5.500
	汽车式起重机 30t	台班	—	—	—	0.500	—	1.000
	汽车式起重机 50t	台班	0.800	—	—	—	—	0.500
	汽车式起重机 75t	台班	—	0.800	1.000	—	—	—
	汽车式起重机 100t	台班	—	—	—	1.000	1.000	1.000
	弧焊机 32kV·A	台班	0.500	0.500	0.500	0.800	1.000	1.000

工作内容：开箱清点、场内运输、外观检查、设备清洗、吊装、联结、安装就位、调整、固定、单体调试。

计量单位：台

编　号			1-2-13	1-2-14	1-2-15	1-2-16	1-2-17	1-2-18
项　目			设备重量（t 以内）					
			150	200	250	300	350	450
名　称		单位	消　耗　量					
人工	合计工日	工日	316.405	419.172	522.543	596.600	628.197	800.938
	其中 普工	工日	63.281	83.835	104.508	119.320	125.639	160.187
	一般技工	工日	227.812	301.803	376.232	429.552	452.302	576.676
	高级技工	工日	25.312	33.534	41.803	47.728	50.256	64.075
材料	平垫铁（综合）	kg	145.570	154.660	164.130	229.790	250.980	270.080
	斜垫铁（综合）	kg	125.904	132.960	146.364	217.950	230.080	256.320
	铜焊粉 气剂301 瓶装	kg	0.120	0.160	0.200	0.240	0.280	0.360
	镀锌铁丝 ϕ2.8~4.0	kg	5.000	5.000	5.000	5.500	5.500	5.500
	低碳钢焊条 J427 ϕ3.2	kg	4.031	4.636	5.331	6.131	7.051	9.325
	木板	m³	0.118	0.125	0.133	0.164	0.164	0.194
	道木	m³	0.516	0.688	0.859	1.031	1.203	1.547
	煤油	kg	40.860	46.080	62.325	72.270	85.680	109.350
	机油	kg	8.080	8.080	11.615	13.130	15.756	19.998
	黄油钙基脂	kg	4.040	5.050	6.565	7.777	9.191	11.716
	无石棉橡胶板 高压 δ1~6	kg	1.200	1.200	1.800	2.100	2.500	3.200
	红钢纸 0.2~0.5	kg	1.500	1.500	2.200	2.500	3.000	3.800
	其他材料费	%	5.00	5.00	5.00	5.00	5.00	5.00
机械	载货汽车-普通货车 10t	台班	2.000	2.000	2.000	2.000	2.500	2.500
	汽车式起重机 16t	台班	3.000	3.000	4.500	4.500	6.000	7.000
	汽车式起重机 30t	台班	5.000	6.000	7.500	8.000	8.000	10.000
	汽车式起重机 75t	台班	1.000	1.500	1.500	1.500	2.000	2.000
	汽车式起重机 100t	台班	1.500	1.500	1.500	1.500	2.000	2.000
	弧焊机 32kV·A	台班	1.500	1.500	2.000	2.000	2.000	2.500

工作内容：开箱清点、场内运输、外观检查、设备清洗、吊装、联结、安装就位、调整、

固定、单体调试。

计量单位：台

编　号			1-2-19	1-2-20	1-2-21	1-2-22	1-2-23
项　目			设备重量（t 以内）				
			550	650	750	850	950
名　称		单位	消　耗　量				
人工	合计工日	工日	974.537	1 108.222	1 267.293	1 428.087	1 582.962
	其中 普工	工日	194.907	221.644	253.459	285.617	316.593
	一般技工	工日	701.667	797.920	912.451	1 028.223	1 139.733
	高级技工	工日	77.963	88.658	101.384	114.247	126.637
材料	平垫铁（综合）	kg	283.400	339.550	395.700	401.530	409.720
	斜垫铁（综合）	kg	276.910	328.340	379.770	384.710	392.560
	铜焊粉 气剂 301 瓶装	kg	0.440	0.520	0.600	0.680	0.760
	镀锌铁丝 ϕ2.8~4.0	kg	6.000	6.000	6.000	6.500	6.500
	低碳钢焊条 J427 ϕ3.2	kg	11.976	13.361	15.196	17.329	22.274
	木板	m³	0.231	0.231	0.269	0.344	0.344
	道木	m³	1.891	2.234	2.578	2.922	3.266
	煤油	kg	134.070	158.265	182.670	206.970	231.375
	机油	kg	24.644	28.987	33.532	37.976	42.420
	黄油钙基脂	kg	14.342	16.968	19.594	22.220	24.745
	无石棉橡胶板 高压 δ1~6	kg	3.900	4.600	5.300	6.000	6.700
	红钢纸 0.2~0.5	kg	4.700	5.500	6.400	7.200	8.000
	其他材料费	%	5.00	5.00	5.00	5.00	5.00
机械	载货汽车 - 普通货车 10t	台班	2.500	2.500	2.500	2.500	2.500
	汽车式起重机 16t	台班	6.000	7.000	10.000	11.000	11.000
	汽车式起重机 30t	台班	13.000	15.000	16.000	17.000	18.000
	汽车式起重机 75t	台班	1.000	1.500	2.000	2.000	2.500
	汽车式起重机 100t	台班	2.500	3.000	3.000	3.500	4.000
	弧焊机 32kV·A	台班	2.500	3.000	3.500	4.000	4.500

二、液 压 机

工作内容：开箱清点、场内运输、外观检查、设备清洗、吊装、联结、安装就位、调整、
固定、单体调试。

计量单位：台

编　号				1-2-24	1-2-25	1-2-26	1-2-27	1-2-28
项　目				设备重量（t 以内）				
				1	3	5	7	10
名　称			单位	消　耗　量				
人工	合计工日		工日	7.357	13.508	21.289	25.866	36.657
	其中	普工	工日	1.472	2.701	4.258	5.173	7.332
		一般技工	工日	5.297	9.726	15.328	18.624	26.393
		高级技工	工日	0.588	1.081	1.703	2.069	2.932
材料	平垫铁（综合）		kg	6.240	8.320	14.410	19.990	25.200
	斜垫铁（综合）		kg	5.300	7.940	11.308	16.930	22.930
	镀锌铁丝 ϕ2.8~4.0		kg	0.650	0.800	0.800	2.000	2.000
	低碳钢焊条 J427 ϕ3.2		kg	0.263	0.329	0.411	0.514	0.643
	木板		m³	0.013	0.020	0.031	0.043	0.048
	道木		m³	—	—	—	0.007	0.007
	煤油		kg	2.508	3.849	4.680	5.511	7.290
	机油		kg	0.505	1.010	1.515	2.020	3.030
	黄油钙基脂		kg	0.202	0.303	0.404	0.505	0.606
	其他材料费		%	5.00	5.00	5.00	5.00	5.00
机械	载货汽车-普通货车 10t		台班	—	—	0.300	0.500	0.500
	叉式起重机 5t		台班	0.200	0.400	—	—	—
	汽车式起重机 8t		台班	—	—	—	0.500	1.000
	汽车式起重机 16t		台班	—	0.300	0.500	—	—
	汽车式起重机 30t		台班	—	—	—	0.500	0.500
	弧焊机 32kV·A		台班	0.100	0.100	0.200	0.200	0.300

工作内容: 开箱清点、场内运输、外观检查、设备清洗、吊装、联结、安装就位、调整、
固定、单体调试。

计量单位:台

编　号			1-2-29	1-2-30	1-2-31	1-2-32	1-2-33
项　目			设备重量(t以内)				
			15	20	30	40	50
名　称		单位	消　耗　量				
人工	合计工日	工日	53.687	67.218	97.156	119.866	148.321
	其中　普工	工日	10.737	13.444	19.432	23.973	29.664
	一般技工	工日	38.655	48.397	69.952	86.304	106.791
	高级技工	工日	4.295	5.377	7.773	9.589	11.866
材料	平垫铁(综合)	kg	28.410	44.350	69.430	88.410	107.390
	斜垫铁(综合)	kg	24.950	39.190	57.120	80.390	92.020
	镀锌铁丝 φ2.8~4.0	kg	3.500	3.600	5.100	5.200	6.700
	低碳钢焊条 J427 φ3.2	kg	0.784	0.956	1.423	2.118	2.584
	木板	m³	0.069	0.088	0.125	0.250	0.181
	道木	m³	0.007	0.069	0.069	0.138	0.275
	煤油	kg	12.510	16.170	21.900	29.160	35.400
	机油	kg	8.080	10.100	12.120	14.140	15.150
	黄油钙基脂	kg	0.808	0.808	1.010	1.212	1.515
	盐酸31%合成	kg	10.000	15.000	15.000	18.000	18.000
	无石棉橡胶板 高压 δ1~6	kg	0.350	0.450	0.550	0.700	0.800
	焊接钢管 DN15	m	0.350	0.350	—	0.630	1.300
	螺纹球阀 DN15	个	0.300	0.300	0.500	—	—
	红钢纸 0.2~0.5	kg	0.300	0.400	0.600	0.800	0.900
	热轧厚钢板 δ21~30	kg	—	—	—	150.000	160.000
	氧气	m³	—	—	—	6.120	6.120
	乙炔气	kg	—	—	—	2.350	2.350
	螺纹球阀 DN20	个	—	—	—	0.500	0.500
	其他材料费	%	5.00	5.00	5.00	5.00	5.00
机械	载货汽车-普通货车 10t	台班	0.500	0.500	0.500	1.000	1.500
	汽车式起重机 8t	台班	1.000	0.700	—	—	—
	汽车式起重机 16t	台班	—	—	1.700	1.700	2.200
	汽车式起重机 50t	台班	0.500	1.000	1.000	—	—
	汽车式起重机 75t	台班	—	—	—	1.000	1.000
	弧焊机 32kV·A	台班	0.300	0.500	0.500	0.800	0.800

工作内容: 开箱清点、场内运输、外观检查、设备清洗、吊装、联结、安装就位、调整、
固定、单体调试。

计量单位:台

编　号			1-2-34	1-2-35	1-2-36	1-2-37	1-2-38
项　目			设备重量（t以内）				
			70	100	150	200	250
名　称		单位	消　耗　量				
人工	合计工日	工日	197.368	252.207	376.224	488.620	601.579
	其中 普工	工日	39.474	50.441	75.245	97.724	120.316
	一般技工	工日	142.105	181.589	270.882	351.806	433.137
	高级技工	工日	15.789	20.177	30.098	39.090	48.126
材料	平垫铁（综合）	kg	116.890	120.920	145.360	173.840	202.680
	斜垫铁（综合）	kg	103.660	108.950	126.920	150.190	173.460
	镀锌铁丝 ϕ2.8~4.0	kg	8.300	8.900	9.000	9.700	10.400
	低碳钢焊条 J427 ϕ3.2	kg	3.537	4.138	4.841	5.664	6.627
	木板	m³	0.075	0.090	0.113	0.120	0.128
	道木	m³	0.241	0.344	0.516	0.688	0.859
	煤油	kg	48.900	71.730	106.160	142.522	177.822
	机油	kg	18.180	24.240	37.421	49.328	61.964
	黄油钙基脂	kg	2.020	2.828	4.282	5.686	7.121
	盐酸31%合成	kg	20.000	25.000	39.700	51.760	65.330
	无石棉橡胶板 高压 δ1~6	kg	1.060	1.400	2.170	2.860	3.590
	焊接钢管 DN15	m	1.300	—	—	—	—
	红钢纸 0.2~0.5	kg	1.200	1.300	2.210	2.800	3.580
	热轧厚钢板 δ21~30	kg	250.000	380.000	400.000	400.000	420.000
	铜焊粉	kg	0.056	0.080	0.120	0.160	0.200
	型钢（综合）	kg	52.770	75.380	113.080	450.770	188.460
	焊接钢管 DN20	m	1.630	2.000	2.000	2.500	2.500
	氧气	m³	8.160	9.180	12.240	15.300	18.360
	乙炔气	kg	3.138	3.531	4.708	5.885	7.062
	螺纹球阀 DN20	个	0.500	0.800	0.800	1.000	1.000
	其他材料费	%	5.00	5.00	5.00	5.00	5.00
机械	载货汽车－普通货车 10t	台班	1.500	2.000	2.000	2.000	2.000
	汽车式起重机 16t	台班	2.100	4.000	4.000	4.000	5.000
	汽车式起重机 25t	台班	3.100	5.500	6.000	6.000	6.000
	汽车式起重机 50t	台班	—	0.500	0.500	1.000	1.000
	汽车式起重机 75t	台班	1.000	—	1.000	1.000	1.500
	汽车式起重机 100t	台班	—	1.000	1.500	2.000	2.500
	弧焊机 32kV·A	台班	1.000	1.000	1.500	1.500	2.000

工作内容： 开箱清点、场内运输、外观检查、设备清洗、吊装、联结、安装就位、调整、
固定、单体调试。

计量单位：台

	编　　号		1-2-39	1-2-40	1-2-41	1-2-42
	项　　目		设备重量（t 以内）			
			350	500	700	950
	名　　称	单位	消　耗　量			
人工	合计工日	工日	810.078	1 118.907	1 525.774	1 998.555
	其中 普工	工日	162.016	223.781	305.155	399.711
	一般技工	工日	583.257	805.614	1 098.557	1 438.960
	高级技工	工日	64.806	89.513	122.062	159.884
材料	平垫铁（综合）	kg	230.790	249.770	284.480	319.200
	斜垫铁（综合）	kg	196.730	220.000	248.560	277.030
	镀锌铁丝 $\phi2.8\sim4.0$	kg	11.100	12.000	14.400	18.000
	低碳钢焊条 J427 $\phi3.2$	kg	9.072	14.529	19.889	27.633
	木板	m³	0.158	0.188	0.263	0.338
	道木	m³	1.203	1.719	2.406	3.266
	煤油	kg	249.148	355.806	498.196	676.393
	机油	kg	86.557	123.765	173.205	235.098
	黄油钙基脂	kg	9.959	14.231	19.917	27.038
	盐酸 31% 合成	kg	91.070	130.330	182.330	247.520
	无石棉橡胶板 高压 $\delta1\sim6$	kg	5.020	7.170	10.040	13.620
	红钢纸 0.2~0.5	kg	4.960	7.120	9.950	13.510
	热轧厚钢板 $\delta21\sim30$	kg	420.000	450.000	480.000	500.000
	铜焊粉	kg	0.280	0.400	0.560	0.760
	型钢（综合）	kg	263.850	376.920	527.690	716.150
	焊接钢管 DN20	m	3.000	3.000	3.500	3.500
	氧气	m³	24.480	33.660	45.900	61.200
	乙炔气	kg	9.415	12.946	17.654	23.538
	螺纹球阀 DN20	个	1.500	1.500	2.000	2.000
	其他材料费	%	5.00	5.00	5.00	5.00
机械	载货汽车 - 普通货车 10t	台班	2.500	2.500	2.500	2.500
	汽车式起重机 16t	台班	6.500	6.500	7.500	8.000
	汽车式起重机 30t	台班	10.000	13.000	15.000	18.000
	汽车式起重机 50t	台班	2.000	2.000	2.000	—
	汽车式起重机 75t	台班	—	—	—	2.000
	汽车式起重机 100t	台班	3.000	3.500	4.000	4.500
	弧焊机 32kV·A	台班	2.000	2.500	3.000	4.500

三、自动锻压机及锻机操作机

工作内容: 开箱清点、场内运输、外观检查、设备清洗、吊装、联结、安装就位、
调整、固定、单体调试。

计量单位:台

编　号			1-2-43	1-2-44	1-2-45	1-2-46	1-2-47
项　目			设备重量(t 以内)				
			1	3	5	7	10
名　称		单位	消　耗　量				
人工	合计工日	工日	5.929	12.439	17.835	21.822	30.416
	其中 普工	工日	1.186	2.487	3.567	4.364	6.083
	一般技工	工日	4.269	8.956	12.841	15.712	21.899
	高级技工	工日	0.474	0.995	1.427	1.746	2.434
材料	平垫铁(综合)	kg	6.240	10.560	16.630	19.660	42.270
	斜垫铁(综合)	kg	5.300	9.360	14.740	18.020	36.540
	镀锌铁丝 φ2.8~4.0	kg	0.650	0.800	0.800	2.000	2.000
	低碳钢焊条 J427 φ3.2	kg	0.263	0.329	0.411	0.514	0.643
	木板	m³	0.014	0.030	0.035	0.058	0.080
	道木	m³	—	—	—	0.006	0.006
	煤油	kg	2.202	2.753	3.303	3.828	6.555
	机油	kg	0.505	0.505	0.505	0.808	1.010
	黄油钙基脂	kg	0.152	0.152	0.202	0.253	0.404
	其他材料费	%	5.00	5.00	5.00	5.00	5.00
机械	载货汽车-普通货车 10t	台班	—	—	0.300	0.500	0.500
	叉式起重机 5t	台班	0.200	0.500	—	—	—
	汽车式起重机 30t	台班	—	—	0.500	0.900	1.100
	弧焊机 32kV·A	台班	0.100	0.100	0.200	0.200	0.300

工作内容: 开箱清点、场内运输、外观检查、设备清洗、吊装、联结、安装就位、调整、固定、单体调试。

计量单位: 台

编 号				1-2-48	1-2-49	1-2-50	1-2-51	1-2-52
项 目				设备重量（t以内）				
				15	20	25	35	50
名 称			单位	消 耗 量				
人工	合计工日		工日	45.518	60.643	74.453	98.570	131.564
	其中	普工	工日	9.104	12.129	14.891	19.714	26.313
		一般技工	工日	32.773	43.663	53.606	70.970	94.726
		高级技工	工日	3.641	4.852	5.956	7.886	10.526
材料	平垫铁（综合）		kg	48.280	63.190	69.430	88.410	107.020
	斜垫铁（综合）		kg	44.250	51.830	57.120	80.390	92.020
	镀锌铁丝 ϕ2.8~4.0		kg	3.000	3.000	3.000	4.500	6.500
	低碳钢焊条 J427 ϕ3.2		kg	0.784	0.956	1.166	1.736	2.584
	木板		m³	0.093	0.143	0.155	0.225	0.315
	道木		m³	0.006	0.011	0.011	0.011	0.012
	煤油		kg	7.656	9.807	10.908	13.212	17.718
	机油		kg	1.010	1.515	1.515	2.020	3.030
	黄油钙基脂		kg	0.505	0.505	0.707	0.909	1.515
	其他材料费		%	5.00	5.00	5.00	5.00	5.00
机械	载货汽车－普通货车 10t		台班	0.500	0.500	0.500	1.000	1.000
	汽车式起重机 16t		台班	—	—	0.500	1.500	—
	汽车式起重机 50t		台班	0.800	1.000	—	—	1.500
	汽车式起重机 75t		台班	—	—	0.800	1.000	1.000
	弧焊机 32kV·A		台班	0.300	0.500	0.500	0.800	0.800

工作内容: 开箱清点、场内运输、外观检查、设备清洗、吊装、联结、安装就位、调整、
固定、单体调试。

计量单位: 台

编　号			1-2-53	1-2-54	1-2-55	1-2-56
项　目			设备重量（t 以内）			
			70	100	150	200
名　称		单位	消　耗　量			
人工	合计工日	工日	181.811	231.866	318.003	410.709
	其中 普工	工日	36.362	46.374	63.601	82.142
	一般技工	工日	130.904	166.944	228.961	295.710
	高级技工	工日	14.545	18.549	25.441	32.857
材料	平垫铁（综合）	kg	137.110	184.630	195.835	224.200
	斜垫铁（综合）	kg	122.560	165.480	177.110	198.580
	镀锌铁丝 ϕ2.8~4.0	kg	8.900	12.600	18.900	25.200
	低碳钢焊条 J427 ϕ3.2	kg	3.537	4.138	4.841	5.664
	木板	m³	0.225	0.285	0.300	0.338
	道木	m³	0.241	0.344	0.516	0.688
	煤油	kg	24.324	32.928	44.040	61.656
	机油	kg	4.040	5.050	6.060	8.888
	黄油钙基脂	kg	2.525	3.535	4.040	6.060
	铜焊粉	kg	0.056	0.080	0.120	0.160
	其他材料费	%	5.00	5.00	5.00	5.00
机械	载货汽车 – 普通货车 10t	台班	1.000	1.500	2.000	2.000
	汽车式起重机 16t	台班	2.000	2.500	3.500	4.000
	汽车式起重机 30t	台班	1.000	2.500	3.000	3.500
	汽车式起重机 75t	台班	0.500	1.000	1.500	2.000
	汽车式起重机 100t	台班	1.000	1.500	2.000	1.500
	弧焊机 32kV·A	台班	1.000	1.000	1.500	1.500

四、空 气 锤

工作内容: 开箱清点、场内运输、外观检查、设备清洗、吊装、联结、安装就位、调整、
固定、单体调试。

计量单位:台

编 号			1-2-57	1-2-58	1-2-59	1-2-60	1-2-61
项 目			落锤重量（kg 以内）				
			150	250	400	560	750
名 称		单位	消 耗 量				
人工	合计工日	工日	32.942	43.776	70.447	86.805	103.501
	其中 普工	工日	6.588	8.755	14.090	17.361	20.700
	一般技工	工日	23.718	31.519	50.721	62.500	74.521
	高级技工	工日	2.636	3.502	5.636	6.945	8.280
材料	平垫铁（综合）	kg	28.410	35.740	68.665	88.770	95.460
	斜垫铁（综合）	kg	24.950	25.518	65.668	80.940	89.830
	圆钢 ϕ10~14	kg	2.500	3.000	4.000	4.500	5.000
	镀锌铁丝 ϕ2.8~4.0	kg	2.000	2.670	3.000	6.000	8.000
	低碳钢焊条 J427 ϕ3.2	kg	0.630	0.630	0.735	0.840	0.840
	木板	m³	0.045	0.051	0.078	0.093	0.128
	道木	m³	0.004	0.004	0.006	0.006	0.006
	煤油	kg	9.390	11.475	16.680	21.390	27.120
	汽缸油	kg	1.300	1.500	2.000	2.000	2.500
	机油	kg	4.040	4.545	6.565	7.575	8.585
	黄油钙基脂	kg	2.020	2.525	3.030	3.030	3.535
	无石棉橡胶板 高压 δ1~6	kg	2.500	3.000	6.000	8.000	8.000
	无石棉编绳 ϕ11~25 烧失量 24%	kg	1.400	1.600	2.200	2.500	3.000
	红钢纸 0.2~0.5	kg	0.130	0.160	0.180	0.200	0.250
	其他材料费	%	5.00	5.00	5.00	5.00	5.00
机械	载货汽车 - 普通货车 10t	台班	—	0.500	0.500	0.500	0.500
	汽车式起重机 8t	台班	0.800	1.100	0.900	1.050	1.200
	汽车式起重机 16t	台班	0.500	0.500	0.500	0.500	0.500
	汽车式起重机 25t	台班	—	—	0.500	—	—
	汽车式起重机 30t	台班	—	—	—	1.000	—
	汽车式起重机 50t	台班	—	—	—	—	1.000
	弧焊机 32kV·A	台班	0.500	0.500	0.800	1.000	1.000

五、模 锻 锤

工作内容：开箱清点、场内运输、外观检查、设备清洗、吊装、联结、安装就位、调整、固定、单体调试。

计量单位：台

编　号				1-2-62	1-2-63	1-2-64	1-2-65	1-2-66
项　目				落锤重量（t 以内）				
				1	3	5	10	16
名　称			单位	消　耗　量				
人工	合计工日		工日	103.895	226.030	388.099	590.501	855.563
	其中	普工	工日	20.779	45.206	77.620	118.100	171.113
		一般技工	工日	74.805	162.741	279.431	425.161	616.005
		高级技工	工日	8.312	18.082	31.048	47.241	68.445
材料	铜焊粉		kg	—	—	0.250	0.400	0.500
	木板		m³	0.050	0.073	0.118	0.164	0.194
	道木		m³	0.012	0.275	0.540	1.073	1.455
	煤油		kg	29.160	43.740	55.200	76.110	99.000
	汽缸油		kg	2.200	3.000	3.500	4.500	6.000
	机油		kg	2.020	4.040	5.050	6.565	8.080
	黄油钙基脂		kg	3.030	8.080	10.100	12.120	15.150
	无石棉橡胶板 高压 δ1~6		kg	5.000	7.060	8.470	10.580	14.000
	油浸无石棉盘根 编制 φ6~10（450℃）		kg	2.000	3.000	3.000	5.000	8.000
	无石棉编绳 φ6~10 烧失量 24%		kg	3.000	3.600	4.400	5.800	8.000
	砂子		m³	0.675	1.080	1.080	1.350	1.350
	石油沥青 10#		kg	150.000	240.000	280.000	350.000	450.000
	煤焦油		kg	30.000	50.000	65.000	85.000	120.000
	石油沥青油毡 400g		m²	10.000	20.000	20.000	25.000	25.000
	红钢纸 0.2~0.5		kg	0.380	0.770	0.900	1.790	3.000
	其他材料费		%	5.00	5.00	5.00	5.00	5.00
机械	载货汽车 - 普通货车 10t		台班	1.000	1.500	2.000	2.000	3.000
	载货汽车 - 平板拖车组 15t		台班	—	—	—	—	0.500
	汽车式起重机 8t		台班	2.650	5.050	6.100	7.800	11.000
	汽车式起重机 16t		台班	—	2.000	2.000	2.500	3.000
	汽车式起重机 25t		台班	1.000	—	—	—	—
	汽车式起重机 50t		台班	—	1.000	1.000	1.000	—
	汽车式起重机 75t		台班	—	—	—	—	1.000

六、自由锻锤及蒸汽锤

工作内容: 开箱清点、场内运输、外观检查、设备清洗、吊装、联结、安装就位、调整、
　　　　　固定、单体调试。

计量单位:台

编　号			1-2-67	1-2-68	1-2-69
项　目			落锤重量（t 以内）		
			1	3	5
名　称		单位	消　耗　量		
人工	合计工日	工日	86.142	221.939	341.469
	其中 普工	工日	17.228	44.388	68.294
	一般技工	工日	62.022	159.796	245.858
	高级技工	工日	6.892	17.755	27.318
材料	圆钢 ϕ10~14	kg	16.000	30.000	50.000
	铜焊粉	kg	—	0.064	0.112
	镀锌铁丝 ϕ2.8~4.0	kg	0.500	0.800	0.900
	木板	m³	0.063	0.078	0.116
	道木	m³	0.096	0.275	0.527
	煤油	kg	28.650	46.800	68.460
	汽缸油	kg	2.200	3.000	3.500
	机油	kg	2.020	4.040	5.050
	黄油钙基脂	kg	3.030	8.080	10.100
	无石棉橡胶板 高压 δ1~6	kg	4.230	6.350	7.760
	油浸无石棉盘根 编制 ϕ6~10（450℃）	kg	2.000	3.000	3.000
	无石棉编绳 ϕ6~10 烧失量 24%	kg	2.800	3.400	4.000
	砂子	m³	0.675	1.080	1.080
	石油沥青 10#	kg	150.000	240.000	280.000
	煤焦油	kg	25.000	45.000	60.000
	石油沥青油毡 400g	m²	10.000	20.000	20.000
	红钢纸 0.2~0.5	kg	0.260	0.640	0.960
	其他材料费	%	5.00	5.00	5.00
机械	载货汽车－普通货车 10t	台班	0.500	1.000	1.500
	汽车式起重机 8t	台班	2.350	4.850	6.400
	汽车式起重机 16t	台班	0.500	0.500	0.500
	汽车式起重机 30t	台班	0.500	—	—
	汽车式起重机 50t	台班	—	1.000	1.000
	汽车式起重机 100t	台班	—	0.500	1.000

七、剪切机及弯曲校正机

工作内容:开箱清点、场内运输、外观检查、设备清洗、吊装、联结、安装就位、调整、固定、单体调试。

计量单位:台

编 号			1-2-70	1-2-71	1-2-72	1-2-73
项 目			设备重量(t以内)			
			1	3	5	7
名 称		单位	消 耗 量			
人工	合计工日	工日	6.041	13.696	18.411	22.369
	其中 普工	工日	1.208	2.739	3.682	4.474
	一般技工	工日	4.350	9.861	13.256	16.105
	高级技工	工日	0.483	1.096	1.473	1.790
材料	平垫铁(综合)	kg	6.240	14.360	19.158	21.120
	斜垫铁(综合)	kg	5.300	13.050	16.390	19.070
	镀锌铁丝 ϕ2.8~4.0	kg	0.650	0.800	0.800	2.000
	低碳钢焊条 J427 ϕ3.2	kg	0.263	0.329	0.411	0.514
	木板	m³	0.013	0.026	0.031	0.050
	道木	m³	—	—	—	0.007
	煤油	kg	2.151	2.202	3.252	3.303
	机油	kg	0.152	0.152	0.202	0.253
	黄油钙基脂	kg	0.101	0.152	0.152	0.202
	其他材料费	%	5.00	5.00	5.00	5.00
机械	载货汽车-普通货车 10t	台班	—	—	0.300	0.500
	叉式起重机 5t	台班	0.200	0.500	—	—
	汽车式起重机 8t	台班	—	—	0.300	1.000
	汽车式起重机 16t	台班	—	—	0.500	0.500
	弧焊机 32kV·A	台班	0.200	0.200	0.300	0.400

工作内容： 开箱清点、场内运输、外观检查、设备清洗、吊装、联结、安装就位、调整、
固定、单体调试。

计量单位：台

编　号				1-2-74	1-2-75	1-2-76	1-2-77
项　目				设备重量（t 以内）			
				10	12	15	20
名　称			单位	消　耗　量			
人工	合计工日		工日	29.928	34.778	44.645	53.944
	其中	普工	工日	5.985	6.956	8.929	10.789
		一般技工	工日	21.548	25.040	32.145	38.840
		高级技工	工日	2.394	2.782	3.572	4.316
材料	平垫铁（综合）		kg	24.480	26.930	28.920	36.560
	斜垫铁（综合）		kg	22.280	24.510	26.400	33.200
	镀锌铁丝 ϕ2.8~4.0		kg	2.000	2.500	3.000	3.000
	低碳钢焊条 J427 ϕ3.2		kg	0.643	0.707	0.772	0.926
	木板		m³	0.055	0.069	0.075	0.125
	道木		m³	0.007	0.009	0.007	0.069
	煤油		kg	4.353	5.441	5.454	6.555
	机油		kg	0.303	0.379	0.404	0.606
	黄油钙基脂		kg	0.253	0.316	0.253	0.455
	其他材料费		%	5.00	5.00	5.00	5.00
机械	载货汽车 - 普通货车 10t		台班	0.500	0.500	0.500	0.500
	汽车式起重机 8t		台班	1.500	2.000	2.000	2.000
	汽车式起重机 30t		台班	0.500	0.500	0.700	—
	汽车式起重机 50t		台班	—	—	—	0.600
	弧焊机 32kV·A		台班	0.400	0.500	0.500	0.500

工作内容： 开箱清点、场内运输、外观检查、设备清洗、吊装、联结、安装就位、调整、
固定、单体调试。

计量单位：台

编　号				1-2-78	1-2-79	1-2-80	1-2-81
项　目				设备重量（t 以内）			
				30	40	50	70
名　称			单位	消　耗　量			
人工	合计工日		工日	80.896	104.784	127.987	178.730
	其中	普工	工日	16.179	20.956	25.597	35.746
		一般技工	工日	58.245	75.444	92.150	128.686
		高级技工	工日	6.471	8.383	10.239	14.299
材料	平垫铁（综合）		kg	48.280	52.440	58.440	70.460
	斜垫铁（综合）		kg	44.350	47.000	54.810	62.620
	镀锌铁丝 ϕ2.8~4.0		kg	4.500	4.500	5.500	5.500
	低碳钢焊条 J427 ϕ3.2		kg	1.333	1.920	2.304	3.048
	木板		m³	0.188	0.213	0.288	0.229
	道木		m³	0.069	0.138	0.172	0.241
	煤油		kg	10.806	14.007	16.158	20.358
	机油		kg	0.808	1.010	1.515	2.020
	黄油钙基脂		kg	0.707	1.010	1.515	2.020
	铜焊粉		kg	—	—	—	0.056
	其他材料费		%	5.00	5.00	5.00	5.00
机械	载货汽车 - 普通货车 10t		台班	0.500	1.000	1.500	2.000
	汽车式起重机 16t		台班	1.500	1.500	2.000	2.000
	汽车式起重机 75t		台班	1.000	—	—	—
	汽车式起重机 100t		台班	—	1.000	1.000	1.000
	弧焊机 32kV·A		台班	1.000	1.000	1.500	1.500

工作内容: 开箱清点、场内运输、外观检查、设备清洗、吊装、联结、安装就位、调整、
固定、单体调试。

计量单位:台

编　号				1-2-82	1-2-83	1-2-84	1-2-85
项　目				设备重量(t以内)			
				100	140	180	200
名　称			单位	消　耗　量			
人工	合计工日		工日	236.744	329.685	368.171	408.148
	其中	普工	工日	47.349	65.937	73.634	81.630
		一般技工	工日	170.456	237.374	265.083	293.867
		高级技工	工日	18.939	26.374	29.454	32.652
材料	平垫铁(综合)		kg	86.330	107.390	116.890	129.870
	斜垫铁(综合)		kg	77.740	92.020	103.660	115.170
	镀锌铁丝 ϕ2.8~4.0		kg	7.000	7.000	8.500	10.625
	低碳钢焊条 J427 ϕ3.2		kg	3.505	3.762	4.172	4.636
	木板		m³	0.289	0.305	0.305	0.381
	道木		m³	0.344	0.481	0.550	0.688
	煤油		kg	25.710	34.110	38.310	47.888
	机油		kg	4.040	6.060	6.060	7.575
	黄油钙基脂		kg	3.030	4.040	4.040	5.050
	铜焊粉		kg	0.080	0.112	0.128	0.160
	其他材料费		%	5.00	5.00	5.00	5.00
机械	载货汽车-普通货车 10t		台班	1.500	1.500	1.500	1.500
	汽车式起重机 16t		台班	3.000	4.000	5.000	6.000
	汽车式起重机 30t		台班	3.000	5.000	6.500	7.000
	汽车式起重机 50t		台班	0.500	0.500	1.500	1.500
	汽车式起重机 100t		台班	1.000	1.500	1.500	1.500
	弧焊机 32kV·A		台班	1.500	2.000	2.000	2.000

工作内容: 开箱清点、场内运输、外观检查、设备清洗、吊装、联结、安装就位、调整、固定、单体调试。

计量单位:台

编 号				1-2-86	1-2-87	1-2-88	1-2-89	1-2-90
项 目				设备重量(t以内)				
				250	300	350	400	450
名 称			单位	消 耗 量				
人工	合计工日		工日	506.846	570.396	626.049	673.870	699.687
	其中	普工	工日	101.369	114.079	125.210	134.774	139.937
		一般技工	工日	364.929	410.684	450.755	485.186	503.775
		高级技工	工日	40.547	45.632	50.084	53.909	55.975
材料	平垫铁(综合)		kg	135.870	142.660	149.800	157.290	165.150
	斜垫铁(综合)		kg	115.290	121.050	127.110	133.460	140.140
	镀锌铁丝 φ2.8~4.0		kg	13.281	16.602	20.752	25.940	32.425
	低碳钢焊条 J427 φ3.2		kg	5.331	6.131	7.051	8.109	10.724
	木板		m³	0.477	0.596	0.745	0.931	1.163
	道木		m³	0.859	1.074	1.343	1.678	2.098
	煤油		kg	59.860	74.822	93.530	116.912	146.141
	机油		kg	9.469	11.836	14.795	18.494	23.117
	黄油钙基脂		kg	6.313	7.891	9.863	12.329	15.411
	聚酯乙烯泡沫塑料		kg	0.859	1.074	1.343	1.678	2.098
	铜焊粉		kg	0.200	0.250	0.313	0.391	0.488
	其他材料费		%	5.00	5.00	5.00	5.00	5.00
机械	载货汽车-普通货车 10t		台班	2.000	2.000	2.000	2.500	2.500
	汽车式起重机 16t		台班	3.000	3.000	4.000	5.000	5.000
	汽车式起重机 30t		台班	7.000	8.000	9.000	10.000	12.000
	汽车式起重机 50t		台班	1.500	1.500	—	—	—
	汽车式起重机 75t		台班	—	—	1.500	1.500	1.500
	汽车式起重机 100t		台班	1.500	1.500	1.500	2.000	2.000
	弧焊机 32kV·A		台班	2.500	2.500	2.500	3.000	3.000

八、锻造水压机

工作内容：开箱清点、场内运输、外观检查、设备清洗、吊装、联结、安装就位、调整、
固定、单体调试。

计量单位：台

编　　号			1-2-91	1-2-92	1-2-93	1-2-94
项　　目			公称压力（t 以内）			
			500	800	1 600	2 000
名　　称		单位	消　耗　量			
人工	合计工日		工日	462.554	570.316	1 167.587	1 402.140
	其中	普工	工日	92.510	114.063	233.518	280.428
		一般技工	工日	333.039	410.628	840.663	1 009.540
		高级技工	工日	37.004	45.625	93.407	112.172
材料	平垫铁（综合）		kg	412.310	431.020	454.150	535.220
	斜垫铁（综合）		kg	396.700	422.420	448.130	528.490
	镀锌铁丝 φ2.8~4.0		kg	60.000	75.000	100.000	120.000
	低碳钢焊条 J427 φ3.2		kg	78.750	126.000	204.750	294.000
	木板		m³	0.306	0.375	0.856	1.031
	道木		m³	0.880	1.265	1.650	2.035
	煤油		kg	85.740	104.550	148.440	219.600
	机油		kg	30.300	45.450	60.600	101.000
	黄油钙基脂		kg	18.180	25.250	35.350	40.400
	钢板垫板		kg	400.000	700.000	1 100.000	1 200.000
	圆钢 φ10~14		kg	100.000	150.000	200.000	250.000
	热轧薄钢板 δ1.6~1.9		kg	5.000	5.000	5.000	10.000
	钢板 δ4.5~7.0		kg	10.000	15.000	15.000	20.000
	热轧厚钢板 δ8.0~20.0		kg	15.000	20.000	25.000	30.000
	热轧厚钢板 δ21~30		kg	40.000	60.000	75.000	85.000
	热轧厚钢板 δ31 以外		kg	85.000	120.000	180.000	300.000
	型钢（综合）		kg	60.000	200.000	300.000	500.000
	无缝钢管 D42.5×3.5		m	6.000	8.000	12.000	15.000
	无缝钢管 D57×4		m	1.500	2.000	3.000	4.500
	焊接钢管 DN20		m	3.000	4.000	8.000	8.000
	骑马钉 20×2		kg	10.000	10.000	15.000	20.000
	紫铜电焊条 T107 φ3.2		kg	1.000	1.000	2.000	2.500
	碳钢气焊条 φ2 以内		kg	12.000	15.000	20.000	30.000
	铜焊粉 气剂 301 瓶装		kg	0.100	0.156	0.384	0.570
	黄铜板 δ0.08~0.30		kg	1.500	2.000	2.500	2.500
	溶剂汽油 200#		kg	4.000	6.000	8.000	9.000

续前

计量单位：台

编　号		1-2-91	1-2-92	1-2-93	1-2-94
项　目		公称压力（t 以内）			
		500	800	1 600	2 000
名　称	单位	消　耗　量			
材料	盐酸 31% 合成	kg	70.000	80.000	100.000	150.000
	碳酸钠（纯碱）	kg	15.090	18.000	20.000	30.000
	亚硝酸钠	kg	65.000	70.000	80.000	120.000
	乌洛托品	kg	1.500	2.000	2.100	3.200
	氧气	m³	122.400	153.000	204.000	255.000
	乙炔气	kg	47.077	58.846	78.462	98.077
	铅油（厚漆）	kg	2.000	2.500	3.000	5.000
	调和漆	kg	13.000	32.500	50.000	70.000
	防锈漆 C53-1	kg	12.000	15.000	20.000	25.000
	银粉漆	kg	1.000	1.500	2.000	2.500
	无石棉橡胶板 高压 δ1~6	kg	8.000	10.000	15.000	22.000
	橡胶板 δ5~10	kg	15.000	18.000	30.000	40.000
	石墨粉 高碳	kg	3.000	3.000	8.000	8.000
	螺纹球阀 DN50	个	1.000	2.000	3.000	4.000
	铁砂布 0#~2#	张	40.000	50.000	60.000	80.000
	锯条（各种规格）	根	35.000	40.000	45.000	75.000
	红钢纸 0.2~0.5	kg	1.500	2.000	3.000	3.000
	焦炭	kg	500.000	800.000	1 000.000	1 200.000
	木柴	kg	180.000	200.000	250.000	380.000
	研磨膏	盒	2.000	2.000	3.000	3.000
	水	t	—	0.600	1.000	1.200
	其他材料费	%	5.00	5.00	5.00	5.00
机械	载货汽车 - 普通货车 10t	台班	1.000	1.500	2.000	3.000
	汽车式起重机 16t	台班	8.000	10.360	15.480	19.080
	汽车式起重机 30t	台班	0.500	1.500	1.500	1.500
	汽车式起重机 50t	台班	1.000	—	1.000	1.000
	汽车式起重机 75t	台班	—	0.500	—	—
	汽车式起重机 100t	台班	—	—	0.500	1.000
	摇臂钻床 50mm	台班	6.000	9.000	16.000	20.000
	电动空气压缩机 6m³/min	台班	6.000	8.000	14.000	18.000
	试压泵 60MPa	台班	6.000	8.000	14.000	18.000
	鼓风机 18m³/min	台班	3.000	5.000	10.000	12.000
	弧焊机 32kV·A	台班	25.000	30.000	60.000	67.000

工作内容: 开箱清点、场内运输、外观检查、设备清洗、吊装、联结、安装就位、调整、固定、单体调试。

计量单位:台

编　号				1-2-95	1-2-96	1-2-97	1-2-98
项　目				公称压力（t以内）			
				2 500	3 150	6 000	8 000
名　称			单位	消　耗　量			
人工	合计工日		工日	1 628.315	2 440.160	5 207.785	6 014.533
	其中	普工	工日	325.663	488.032	1 041.557	1 202.907
		一般技工	工日	1 172.387	1 756.915	3 749.605	4 330.463
		高级技工	工日	130.265	195.213	416.623	481.163
材料	平垫铁（综合）		kg	617.240	629.160	645.270	672.830
	斜垫铁（综合）		kg	608.150	615.500	630.000	700.580
	镀锌铁丝 ϕ2.8~4.0		kg	140.000	150.000	195.000	253.500
	低碳钢焊条 J427 ϕ3.2		kg	378.000	472.500	614.250	798.525
	木板		m³	1.156	1.348	1.752	2.278
	道木		m³	2.420	2.833	3.683	4.788
	煤油		kg	288.720	334.800	435.240	565.812
	机油		kg	121.200	141.400	183.820	238.966
	黄油钙基脂		kg	60.600	85.850	111.605	145.087
	钢板垫板		kg	1 400.000	1 600.000	2 080.000	2 704.000
	圆钢 ϕ10~14		kg	300.000	450.000	585.000	760.500
	热轧薄钢板 δ1.6~1.9		kg	10.000	15.000	19.500	25.350
	钢板 δ4.5~7.0		kg	20.000	25.000	32.500	42.250
	热轧厚钢板 δ8.0~20.0		kg	35.000	40.000	52.000	67.600
	热轧厚钢板 δ21~30		kg	100.000	130.000	169.000	219.700
	热轧厚钢板 δ31以外		kg	400.000	480.000	624.000	811.200
	型钢（综合）		kg	600.000	700.000	910.000	1 183.000
	无缝钢管 D42.5×3.5		m	18.000	20.000	26.000	33.800
	无缝钢管 D57×4		m	5.000	5.000	6.500	8.450
	焊接钢管 DN20		m	10.000	10.000	13.000	16.900
	骑马钉 20×2		kg	25.000	40.000	52.000	67.600
	紫铜电焊条 T107 ϕ3.2		kg	3.000	3.500	4.550	5.915
	碳钢气焊条 ϕ2以内		kg	35.000	40.000	52.000	67.600
	铜焊粉 气剂301瓶装		kg	0.700	0.870	1.131	1.470
	黄铜板 δ0.08~0.30		kg	3.000	3.000	3.900	5.070
	溶剂汽油 200#		kg	12.000	15.000	19.500	25.350
	盐酸31%合成		kg	180.000	200.000	260.000	338.000

续前

计量单位：台

编号			1-2-95	1-2-96	1-2-97	1-2-98
项目			公称压力（t 以内）			
			2 500	3 150	6 000	8 000
名称		单位	消耗量			
材料	碳酸钠（纯碱）	kg	36.000	40.000	52.000	67.600
	亚硝酸钠	kg	145.000	160.000	208.000	270.400
	乌洛托品	kg	4.000	4.000	5.200	6.760
	氧气	m^3	357.000	459.000	596.700	775.710
	乙炔气	kg	137.308	176.538	229.500	298.350
	铅油（厚漆）	kg	6.000	6.000	7.800	10.140
	调和漆	kg	80.000	99.000	128.700	167.310
	防锈漆 C53-1	kg	30.000	40.000	52.000	67.600
	银粉漆	kg	3.000	3.500	4.550	5.915
	无石棉橡胶板 高压 δ1~6	kg	26.000	28.000	36.400	47.320
	橡胶板 δ5~10	kg	40.000	45.000	58.500	76.050
	石墨粉 高碳	kg	10.000	10.000	13.000	16.900
	螺纹球阀 *DN*50	个	4.000	5.000	6.500	8.450
	铁砂布 $0^{\#}$~$2^{\#}$	张	100.000	120.000	156.000	202.800
	锯条（各种规格）	根	80.000	80.000	104.000	135.200
	红钢纸 0.2~0.5	kg	3.600	4.000	5.200	6.760
	焦炭	kg	1 500.000	2 000.000	2 600.000	3 380.000
	木柴	kg	480.000	500.000	650.000	845.000
	研磨膏	盒	4.000	4.000	5.200	6.760
	水	t	1.400	1.600	2.080	2.704
	其他材料费	%	5.00	5.00	5.00	5.00
机械	载货汽车－普通货车 10t	台班	3.800	3.800	4.800	4.800
	汽车式起重机 16t	台班	22.000	24.000	—	—
	汽车式起重机 30t	台班	1.500	2.000	5.000	7.000
	汽车式起重机 50t	台班	1.500	—	—	—
	汽车式起重机 75t	台班	—	1.000	2.600	3.400
	汽车式起重机 100t	台班	1.000	1.500	4.000	5.000
	摇臂钻床 50mm	台班	23.500	—	—	—
	摇臂钻床 63mm	台班	—	29.000	78.000	102.000
	电动空气压缩机 $6m^3/min$	台班	20.000	26.000	70.500	9.000
	试压泵 60MPa	台班	20.000	25.000	68.000	88.000
	鼓风机 $18m^3/min$	台班	13.500	17.500	47.000	61.000
	弧焊机 32kV·A	台班	78.500	106.500	287.000	373.000

第三章　铸造设备安装

说　明

一、本章内容包括砂处理设备、造型及造芯设备、落砂及清理设备、抛丸清理室、金属型铸造设备、材料准备设备、铸铁平台等安装。

1. 砂处理设备：包括混砂机、碾砂机、松砂机、筛砂机等。

2. 造型及造芯设备：包括震压式造型机、震实式造型机、震实式制芯机、吹芯机、射芯机等。

3. 落砂及清理设备：包括震动落砂机、型芯落砂机、圆形清理滚筒、喷砂机、喷丸器、喷丸清理转台、抛丸机等。

4. 抛丸清理室：包括室体组焊，电动台车及旋转台安装，抛丸喷丸器安装，铁丸分配，输送及回收装置安装，悬挂链轨道及吊钩安装，除尘风管和铁丸输送管敷设，平台、梯子、栏杆等安装，设备单机试运转。

5. 金属型铸造设备：包括卧式冷室压铸机、立式冷室压铸机、卧式离心铸造机等。

6. 材料准备设备：包括 C246 及 C246A 球磨机、碾沙机、蜡模成型机械、生铁裂断机、涂料搅拌机等。

二、本章不包括以下工作内容：

1. 地轨安装；

2. 垫木排制作、防腐；

3. 抛丸清理室的除尘机及除尘器与风机间的风管安装。

三、抛丸清理室安装消耗量单位为"室"，是指除设备基础等土建工程及电气箱、开关、敷设电气管线等电气工程外，成套供应的抛丸机、回转台、斗式提升机、螺旋输送机、电动小车等设备以及框架、平台、梯子、栏杆、漏斗、漏管等金属结构件安装。设备重量是指上述全套设备加金属结构件的总重量。

工程量计算规则

一、抛丸清理室的安装以"室"为计量单位，以室所含设备重量"t"分列项目。

二、铸铁平台安装以"t"为计量单位，按方形平台或铸梁式平台的安装方式（安装在基础上或支架上）及安装时灌浆与不灌浆分列项目。

一、砂处理设备

工作内容: 开箱清点、场内运输、外观检查、设备清洗、吊装、联结、安装就位、调整、固定、单体调试。

计量单位:台

编　号			1-3-1	1-3-2	1-3-3	1-3-4
项　目			设备重量（t以内）			
			2	4	6	8
名　称		单位	消　耗　量			
人工	合计工日	工日	8.567	12.255	16.727	20.423
	其中	普工	工日	1.713	2.451	3.345	4.084
		一般技工	工日	6.169	8.824	12.044	14.704
		高级技工	工日	0.685	0.980	1.338	1.634
材料	平垫铁（综合）	kg	4.700	7.530	17.460	19.400
	斜垫铁（综合）	kg	4.590	7.640	14.810	17.290
	热轧薄钢板 $\delta 1.6\sim1.9$	kg	1.100	1.430	1.430	1.650
	镀锌铁丝 $\phi 2.8\sim4.0$	kg	0.616	0.616	0.924	0.924
	木板	m³	0.012	0.020	0.022	0.054
	煤油	kg	2.137	3.003	3.465	3.511
	机油	kg	0.144	0.222	0.222	0.333
	黄油钙基脂	kg	0.089	0.167	0.167	0.222
	其他材料费	%	5.00	5.00	5.00	5.00
机械	载货汽车 - 普通货车 10t	台班	—	0.200	0.300	0.300
	叉式起重机 5t	台班	0.250	—	—	—
	汽车式起重机 16t	台班	—	0.500	0.500	0.900

注:表中人工列的"其中"三项(普工、一般技工、高级技工)共用一个单位列及数值列。

工作内容: 开箱清点、场内运输、外观检查、设备清洗、吊装、联结、安装就位、调整、
固定、单体调试。

计量单位:台

编　号			1-3-5	1-3-6	1-3-7	1-3-8
项　目			设备重量（t以内）			
			10	12	15	20
名　称		单位	消　耗　量			
人工	合计工日	工日	25.488	30.201	37.449	49.436
	其中 普工	工日	5.097	6.040	7.490	9.887
	一般技工	工日	18.352	21.745	26.963	35.594
	高级技工	工日	2.039	2.416	2.996	3.955
材料	平垫铁（综合）	kg	25.230	41.400	48.290	59.840
	斜垫铁（综合）	kg	22.230	36.690	45.860	55.040
	热轧薄钢板 $\delta 1.6\sim1.9$	kg	1.650	2.030	2.200	2.500
	镀锌铁丝 $\phi 2.8\sim4.0$	kg	1.232	1.515	2.400	3.000
	木板	m^3	0.059	0.073	0.083	0.090
	道木	m^3	—	—	0.062	0.069
	煤油	kg	4.620	5.683	6.825	7.350
	机油	kg	0.333	0.410	0.707	0.707
	黄油钙基脂	kg	0.333	0.410	0.354	0.354
	其他材料费	%	5.00	5.00	5.00	5.00
机械	载货汽车-普通货车 10t	台班	0.300	0.300	0.400	0.500
	汽车式起重机 8t	台班	—	0.500	0.700	0.600
	汽车式起重机 16t	台班	0.500	—	—	—
	汽车式起重机 25t	台班	0.500	0.500	—	—
	汽车式起重机 30t	台班	—	—	0.500	—
	汽车式起重机 50t	台班	—	—	—	0.500

二、造型及造芯设备

工作内容：开箱清点、场内运输、外观检查、设备清洗、吊装、联结、安装就位、调整、
固定、单体调试。

计量单位：台

编　号			1-3-9	1-3-10	1-3-11	1-3-12	1-3-13
项　目			设备重量（t 以内）				
			1	2	4	6	8
名　称		单位	消　耗　量				
人工	合计工日	工日	6.841	12.936	21.441	32.056	41.766
	其中　普工	工日	1.368	2.587	4.288	6.412	8.353
	一般技工	工日	4.925	9.314	15.438	23.080	30.072
	高级技工	工日	0.547	1.035	1.715	2.564	3.342
材料	平垫铁（综合）	kg	2.820	5.820	20.700	27.600	31.050
	斜垫铁（综合）	kg	3.060	4.940	18.300	22.800	27.500
	热轧薄钢板 δ1.6~1.9	kg	0.750	1.000	1.260	1.540	1.600
	镀锌铁丝 φ2.8~4.0	kg	0.420	0.560	0.720	1.320	1.200
	木板	m³	0.020	0.026	0.028	0.054	0.054
	煤油	kg	3.139	4.185	4.712	7.491	9.420
	机油	kg	0.152	0.202	0.273	0.333	0.404
	黄油钙基脂	kg	0.152	0.202	0.273	0.333	0.404
	橡胶板 δ5~10	kg	5.250	7.000	8.100	—	—
	其他材料费	%	5.00	5.00	5.00	5.00	5.00
机械	载货汽车－普通货车 10t	台班	—	—	0.200	0.500	0.500
	叉式起重机 5t	台班	0.200	0.300	—	—	—
	汽车式起重机 16t	台班	—	—	0.500	0.500	0.800

工作内容: 开箱清点、场内运输、外观检查、设备清洗、吊装、联结、安装就位、调整、
固定、单体调试。

计量单位:台

编　号			1-3-14	1-3-15	1-3-16	1-3-17
项　目			设备重量（t以内）			
			10	15	20	25
名　称		单位	消　耗　量			
人工	合计工日	工日	47.625	67.257	79.590	96.293
	其中 普工	工日	9.525	13.452	15.919	19.259
	一般技工	工日	34.290	48.424	57.305	69.331
	高级技工	工日	3.810	5.381	6.367	7.704
材料	平垫铁（综合）	kg	34.790	37.950	44.840	48.290
	斜垫铁（综合）	kg	32.100	36.690	41.280	45.860
	热轧薄钢板 δ1.6~1.9	kg	1.600	2.000	2.000	2.500
	镀锌铁丝 ϕ2.8~4.0	kg	2.400	2.400	3.600	3.600
	木板	m³	0.075	0.083	0.103	0.134
	道木	m³	0.062	0.062	0.069	0.069
	煤油	kg	11.520	13.080	14.640	19.890
	机油	kg	0.606	0.808	1.010	1.010
	黄油钙基脂	kg	0.404	0.505	0.505	0.505
	其他材料费	%	5.00	5.00	5.00	5.00
机械	载货汽车－普通货车 10t	台班	0.500	0.500	0.500	0.500
	汽车式起重机 30t	台班	1.000	—	—	—
	汽车式起重机 50t	台班	—	0.800	0.900	1.000

三、落砂及清理设备

工作内容：开箱清点、场内运输、外观检查、设备清洗、吊装、联结、安装就位、调整、
固定、单体调试。

计量单位：台

编　号			1-3-18	1-3-19	1-3-20	1-3-21	1-3-22	1-3-23
项　目			设备重量（t 以内）					
			0.5	1	3	5	8	12
名　称		单位	消　耗　量					
人工	合计工日	工日	2.346	3.775	10.887	15.797	25.134	37.372
	其中 普工	工日	0.469	0.755	2.178	3.160	5.027	7.475
	一般技工	工日	1.689	2.718	7.839	11.374	18.097	26.908
	高级技工	工日	0.188	0.302	0.871	1.263	2.011	2.989
材料	平垫铁（综合）	kg	2.820	5.820	19.400	25.230	32.300	35.120
	斜垫铁（综合）	kg	3.060	4.940	17.640	22.230	30.580	32.100
	热轧薄钢板 δ1.6~1.9	kg	0.750	1.000	1.300	1.300	1.800	3.000
	镀锌铁丝 ϕ2.8~4.0	kg	0.420	0.560	0.560	0.840	1.120	1.800
	木板	m³	0.011	0.014	0.018	0.031	0.054	0.063
	道木	m³	—	—	—	—	—	0.004
	煤油	kg	0.788	1.050	2.100	3.150	6.300	8.400
	机油	kg	0.076	0.101	0.202	0.202	0.505	0.808
	黄油钙基脂	kg	0.076	0.101	0.152	0.303	0.404	0.606
	其他材料费	%	5.00	5.00	5.00	5.00	5.00	5.00
机械	载货汽车 - 普通货车 10t	台班	—	—	—	0.500	0.500	0.500
	叉式起重机 5t	台班	0.200	0.300	0.500	—	—	—
	汽车式起重机 8t	台班	—	—	0.300	0.800	0.500	1.000
	汽车式起重机 16t	台班	—	—	—	—	0.500	0.500

四、抛丸清理室

工作内容: 开箱清点、场内运输、外观检查、设备清洗、吊装、联结、安装就位、调整、
固定、单体调试。

计量单位:台

	编　号		1-3-24	1-3-25	1-3-26	1-3-27
	项　目		设备重量(t以内)			
			5	10	15	20
	名　称	单位	消　耗　量			
人工	合计工日	工日	46.257	87.160	124.513	170.494
	其中 普工	工日	9.251	17.432	24.903	34.099
	一般技工	工日	33.306	62.755	89.650	122.755
	高级技工	工日	3.701	6.973	9.961	13.640
材料	平垫铁(综合)	kg	10.530	21.060	23.850	27.220
	斜垫铁(综合)	kg	9.880	19.750	21.576	25.200
	角钢 60	kg	2.000	2.800	4.000	5.000
	热轧薄钢板 δ1.6~1.9	kg	2.000	2.800	4.000	5.000
	热轧厚钢板 δ8.0~20.0	kg	4.000	7.000	10.000	10.000
	镀锌铁丝 φ2.8~4.0	kg	2.000	2.100	3.000	3.000
	低碳钢焊条 J427 φ3.2	kg	5.250	8.820	12.600	13.650
	低碳钢焊条 J427 φ4.0	kg	16.800	32.340	46.200	47.250
	木板	m³	0.020	0.034	0.048	0.061
	道木	m³	0.007	0.005	0.007	0.007
	煤油	kg	4.680	5.817	8.310	9.870
	机油	kg	1.010	1.061	1.515	1.515
	黄油钙基脂	kg	0.404	0.354	0.505	0.505
	凡士林	kg	0.500	0.490	0.700	0.800
	氧气	m³	6.120	8.568	12.240	14.280
	乙炔气	kg	2.354	3.295	4.708	5.492
	铅油(厚漆)	kg	1.000	1.400	2.000	2.200
	调和漆	kg	0.300	0.350	0.500	0.600
	防锈漆 C53-1	kg	0.300	0.350	0.500	0.600
	黑铅粉	kg	0.500	0.700	1.000	1.200
	无石棉橡胶板 高压 δ1~6	kg	2.000	1.540	2.200	3.400
	无石棉松绳 φ13~19	kg	1.100	1.400	2.000	2.500
	橡胶板 δ5~10	kg	1.500	1.820	2.600	4.600
	其他材料费	%	5.00	5.00	5.00	5.00
机械	载货汽车-普通货车 10t	台班	—	0.200	0.300	0.500
	汽车式起重机 16t	台班	0.850	1.300	1.500	1.700
	汽车式起重机 25t	台班	—	0.300	—	—
	汽车式起重机 30t	台班	—	—	0.300	0.300
	弧焊机 21kV·A	台班	5.000	6.500	8.000	8.500

工作内容：开箱清点、场内运输、外观检查、设备清洗、吊装、联结、安装就位、调整、
固定、单体调试。

计量单位：台

编　号		1-3-28	1-3-29	1-3-30
项　目		设备重量（t以内）		
		35	40	50
名　称	单位	消　耗　量		
人工　合计工日	工日	289.197	319.799	375.433
其中　普工	工日	57.840	63.960	75.087
一般技工	工日	208.222	230.255	270.312
高级技工	工日	23.136	25.584	30.035
平垫铁（综合）	kg	29.700	35.640	39.600
斜垫铁（综合）	kg	27.720	30.240	32.760
角钢60	kg	6.000	10.000	12.000
热轧薄钢板 δ1.6~1.9	kg	7.000	14.000	16.000
热轧厚钢板 δ8.0~20.0	kg	16.000	24.000	28.000
镀锌铁丝 φ2.8~4.0	kg	5.000	8.500	10.000
低碳钢焊条 J427 φ3.2	kg	14.700	16.800	18.900
低碳钢焊条 J427 φ4.0	kg	50.400	56.700	57.750
木板	m³	0.121	0.169	0.169
道木	m³	0.007	0.007	0.007
煤油	kg	12.480	27.120	31.260
机油	kg	2.020	3.535	4.040
黄油钙基脂	kg	0.808	1.212	1.616
凡士林	kg	1.000	1.200	1.200
氧气	m³	21.420	24.480	26.520
乙炔气	kg	8.238	9.415	10.200
铅油（厚漆）	kg	2.500	3.000	3.000
调和漆	kg	0.750	1.000	1.200
防锈漆 C53-1	kg	0.750	1.000	1.200
黑铅粉	kg	1.500	1.600	1.600
无石棉橡胶板 高压 δ1~6	kg	5.500	7.000	7.300
无石棉松绳 φ13~19	kg	3.500	4.400	4.600
橡胶板 δ5~10	kg	6.700	8.200	8.500
其他材料费	%	5.00	5.00	5.00
载货汽车-普通货车10t	台班	0.500	0.800	0.800
汽车式起重机16t	台班	3.800	4.200	6.300
汽车式起重机50t	台班	0.400	—	—
汽车式起重机75t	台班	—	0.400	—
汽车式起重机100t	台班	—	—	0.600
弧焊机21kV·A	台班	11.500	14.000	16.000

五、金属型铸造设备

工作内容: 开箱清点、场内运输、外观检查、设备清洗、吊装、联结、安装就位、调整、
固定、单体调试。

计量单位:台

编　号			1-3-31	1-3-32	1-3-33	1-3-34	1-3-35
项　目			设备重量（t 以内）				
			1	3	5	7	9
名　称		单位	消　耗　量				
人工	合计工日	工日	6.949	19.211	26.477	35.250	43.009
	其中 普工	工日	1.389	3.842	5.296	7.050	8.602
	一般技工	工日	5.003	13.833	19.064	25.380	30.967
	高级技工	工日	0.556	1.537	2.118	2.820	3.440
材料	平垫铁（综合）	kg	2.820	7.760	11.640	13.580	20.690
	斜垫铁（综合）	kg	3.060	7.410	9.880	12.350	18.350
	热轧厚钢板 δ31 以外	kg	20.000	31.200	40.000	60.000	45.000
	镀锌铁丝 ϕ2.8~4.0	kg	0.560	0.874	0.840	1.260	0.840
	紫铜板（综合）	kg	0.100	0.156	0.200	0.300	0.200
	木板	m³	0.015	0.023	0.031	0.047	0.053
	煤油	kg	2.412	3.309	3.910	5.184	5.964
	机油	kg	0.152	0.237	0.202	0.303	0.303
	黄油钙基脂	kg	0.101	0.158	0.202	0.303	0.202
	橡胶板 δ5~10	kg	0.200	0.312	0.200	0.300	—
	其他材料费	%	5.00	5.00	5.00	5.00	5.00
机械	载货汽车 - 普通货车 10t	台班	—	—	0.300	0.300	0.500
	叉式起重机 5t	台班	0.300	0.400	—	—	—
	汽车式起重机 12t	台班	—	—	0.500	—	—
	汽车式起重机 16t	台班	—	—	—	0.500	0.650

工作内容: 开箱清点、场内运输、外观检查、设备清洗、吊装、联结、安装就位、调整、
固定、单体调试。

计量单位:台

编　号				1-3-36	1-3-37	1-3-38	1-3-39	1-3-40
项　目				设备重量(t 以内)				
				12	15	20	25	30
名　称			单位	消　耗　量				
人工	合计工日		工日	57.051	70.816	85.624	106.201	122.519
	其中	普工	工日	11.410	14.163	17.125	21.240	24.504
		一般技工	工日	41.077	50.988	61.650	76.464	88.214
		高级技工	工日	4.564	5.666	6.850	8.496	9.801
材料	平垫铁(综合)		kg	24.150	31.050	56.060	61.660	72.870
	斜垫铁(综合)		kg	22.930	27.520	51.040	58.330	65.620
	热轧厚钢板 δ31 以外		kg	50.000	50.000	60.000	60.000	60.000
	镀锌铁丝 φ2.8~4.0		kg	1.800	2.400	3.600	3.600	4.000
	紫铜板(综合)		kg	0.200	0.300	0.500	0.800	0.800
	木板		m³	0.075	0.083	0.121	0.134	0.156
	道木		m³	—	0.021	0.021	0.021	0.028
	煤油		kg	7.320	9.420	11.520	16.770	23.040
	机油		kg	0.303	0.404	0.505	0.707	1.010
	黄油钙基脂		kg	0.202	0.303	0.303	0.404	0.404
	其他材料费		%	5.00	5.00	5.00	5.00	5.00
机械	载货汽车-普通货车 10t		台班	0.400	0.500	0.500	0.500	0.500
	汽车式起重机 16t		台班	—	0.500	0.500	1.000	1.500
	汽车式起重机 30t		台班	0.900	0.500	—	—	—
	汽车式起重机 50t		台班	—	—	0.500	0.500	0.600

工作内容： 开箱清点、场内运输、外观检查、设备清洗、吊装、联结、安装就位、调整、
固定、单体调试。

计量单位：台

编　号			1-3-41	1-3-42	1-3-43	1-3-44
项　目			设备重量（t 以内）			
			40	45	50	55
名　称		单位	消　耗　量			
人工	合计工日		工日	163.299	177.056	195.416	215.323
	其中	普工	工日	32.660	35.411	39.083	43.065
		一般技工	工日	117.575	127.480	140.700	155.032
		高级技工	工日	13.064	14.164	15.633	17.226
材料	平垫铁（综合）		kg	78.480	82.400	86.520	95.300
	斜垫铁（综合）		kg	72.910	76.560	80.380	87.490
	热轧厚钢板 δ31 以外		kg	80.000	96.000	105.600	80.000
	镀锌铁丝 ϕ2.8~4.0		kg	5.000	6.000	6.600	6.000
	紫铜板（综合）		kg	1.000	1.200	1.320	1.000
	木板		m³	0.163	0.196	0.215	0.188
	道木		m³	0.069	0.083	0.091	0.069
	煤油		kg	28.560	33.948	37.343	34.560
	机油		kg	1.212	1.454	1.600	1.515
	黄油钙基脂		kg	0.606	0.727	0.800	0.909
	其他材料费		%	5.00	5.00	5.00	5.00
机械	载货汽车－普通货车 10t		台班	1.000	1.000	1.000	1.000
	汽车式起重机 16t		台班	2.000	3.000	3.500	2.000
	汽车式起重机 75t		台班	0.650	0.750	—	—
	汽车式起重机 100t		台班	—	—	0.500	0.800

六、材料准备设备

工作内容：开箱清点、场内运输、外观检查、设备清洗、吊装、联结、安装就位、调整、固定、单体调试。

计量单位：台

编　号			1-3-45	1-3-46	1-3-47	1-3-48
项　目			设备重量（t 以内）			
			1	3	5	8
名　称		单位	消 耗 量			
人工	合计工日	工日	10.274	23.937	35.555	48.216
	其中 普工	工日	2.055	4.787	7.111	9.643
	一般技工	工日	7.397	17.235	25.600	34.715
	高级技工	工日	0.822	1.915	2.845	3.857
材料	平垫铁（综合）	kg	5.640	11.640	17.280	31.990
	斜垫铁（综合）	kg	6.120	9.880	15.990	30.580
	热轧厚钢板 δ8.0~20.0	kg	18.000	30.000	35.000	40.000
	镀锌铁丝 ϕ2.8~4.0	kg	1.500	2.500	3.000	3.000
	低碳钢焊条 J427 ϕ3.2	kg	0.210	0.263	0.411	0.587
	木板	m³	0.001	0.018	0.031	0.036
	煤油	kg	3.150	5.250	6.300	7.350
	机油	kg	0.505	1.010	1.010	1.212
	黄油钙基脂	kg	0.505	0.707	1.010	1.010
	氧气	m³	—	—	1.020	2.040
	乙炔气	kg	—	—	0.392	0.785
	其他材料费	%	5.00	5.00	5.00	5.00
机械	载货汽车 – 普通货车 10t	台班	—	—	—	0.500
	叉式起重机 5t	台班	0.250	0.500	0.400	—
	汽车式起重机 12t	台班	—	—	0.300	—
	汽车式起重机 30t	台班	—	—	—	0.450
	弧焊机 21kV·A	台班	0.200	0.400	0.500	0.500

七、铸 铁 平 台

工作内容：开箱清点、场内运输、外观检查、吊装、联结、安装就位、调整、固定。　　　　　计量单位：10t

编　号			1-3-49	1-3-50	1-3-51	1-3-52	1-3-53
项　目			方形平台			铸梁式平台	
			基础上灌浆	基础上不灌浆	支架上	基础上灌浆	基础上不灌浆
名　称		单位	消　耗　量				
人工	合计工日	工日	44.357	25.898	20.601	100.704	59.403
	其中 普工	工日	8.871	5.180	4.120	20.141	11.881
	一般技工	工日	31.937	18.646	14.833	72.507	42.770
	高级技工	工日	3.549	2.072	1.648	8.056	4.752
材料	斜垫铁（综合）	kg	—	—	—	50.000	80.000
	平垫铁（综合）	kg	—	—	—	50.000	80.000
	木板	m³	0.273	0.080	0.070	1.106	0.465
	道木 250×200×2 500	根	—	—	0.280	—	—
	煤油	kg	2.360	2.360	1.790	1.320	1.320
	机油	kg	0.500	0.340	0.350	0.160	0.160
	其他材料费	%	5.00	5.00	5.00	5.00	5.00
机械	载货汽车-普通货车 10t	台班	0.400	0.300	0.600	1.000	0.500
	汽车式起重机 8t	台班	0.600	0.600	0.700	0.800	0.700

第四章　起重设备安装

说　明

　　一、本章内容包括桥式起重机、吊钩门式起重机、梁式起重机、电动壁行悬臂挂式起重机、旋臂壁式起重机、悬臂立柱式起重机、电动葫芦、单轨小车安装。

　　二、本章内容包括工业用的起重设备安装，起重量为 0.5~400t，以及不同结构、不同用途的电动（手动）起重机安装。

　　三、本章不包括试运转所需重物的供应和搬运。

工程量计算规则

起重机安装按照型号规格选用项目以"台"为计量单位,同时有主副钩时以主钩额定起重量为准。

一、桥式起重机

1. 电动双梁桥式起重机

工作内容: 施工准备,吊装就位,安装找正,端梁铆接,起重机现场组装,起重机静负荷、动负荷及超负荷试运转,配合检查验收。

计量单位:台

编 号			1-4-1	1-4-2	1-4-3	1-4-4	1-4-5	1-4-6
项 目			起重量(t 以内)					
			5		10		15/3	
			跨距(m 以内)					
			19.5	31.5	19.5	31.5	19.5	31.5
名 称		单位	消 耗 量					
人工	合计工日	工日	52.549	61.186	60.548	72.968	63.150	75.905
	其中 普工	工日	10.510	12.237	12.109	14.593	12.630	15.181
	一般技工	工日	31.529	36.712	36.329	43.781	37.890	45.543
	高级技工	工日	10.510	12.237	12.110	14.594	12.630	15.181
材料	钢板 δ4.5~7.0	kg	0.460	0.460	0.575	0.575	0.575	0.575
	木板	m³	0.048	0.080	0.053	0.080	0.071	0.080
	道木	m³	0.258	0.258	0.258	0.258	0.258	0.258
	煤油	kg	7.875	8.676	11.223	12.416	15.724	17.194
	机油	kg	2.644	2.922	3.699	4.089	5.278	5.833
	黄油钙基脂	kg	4.861	5.214	6.186	6.451	8.131	8.838
	氧气	m³	2.978	3.295	3.029	3.315	3.488	7.405
	乙炔气	kg	1.145	1.267	1.165	1.275	1.342	2.848
	低碳钢焊条 J427(综合)	kg	4.988	5.513	5.985	6.615	7.329	7.802
	其他材料费	%	3.00	3.00	3.00	3.00	3.00	3.00
机械	载货汽车-平板拖车组 20t	台班	0.500	0.500	0.500	0.500	0.500	0.500
	汽车式起重机 16t	台班	1.500	1.000	1.000	1.000	1.000	1.500
	汽车式起重机 25t	台班	—	1.000	0.500	—	0.500	—
	汽车式起重机 50t	台班	—	—	—	1.000	—	1.000
	电动单筒慢速卷扬机 50kN	台班	1.000	1.000	1.000	1.500	2.000	2.000
	弧焊机 21kV·A	台班	1.250	1.250	1.250	1.250	1.600	1.750

工作内容: 施工准备,吊装就位,安装找正,端梁铆接,起重机现场组装,起重机
　　　　　静负荷、动负荷及超负荷试运转,配合检查验收。

计量单位:台

编　号			1-4-7	1-4-8	1-4-9	1-4-10	1-4-11	1-4-12
项　目			起重量（t以内）					
			20/5		30/5		50/10	
			跨距（m以内）					
			19.5	31.5	19.5	31.5	19.5	31.5
名　称		单位	消　耗　量					
人工	合计工日	工日	71.540	80.275	85.848	95.386	103.011	114.464
	其中 普工	工日	14.308	16.055	17.169	19.077	20.602	22.893
	一般技工	工日	42.924	48.165	51.509	57.232	61.807	68.678
	高级技工	工日	14.308	16.055	17.170	19.077	20.602	22.893
材料	钢板 δ4.5~7.0	kg	0.690	0.690	0.920	0.920	1.495	1.495
	木板	m³	0.075	0.113	0.093	0.138	0.125	0.163
	道木	m³	0.258	0.258	0.258	0.258	0.516	0.516
	煤油	kg	17.444	18.638	18.993	20.685	29.610	32.734
	机油	kg	6.333	6.999	7.389	8.166	9.500	10.500
	黄油钙基脂	kg	9.721	10.252	10.605	11.754	12.373	12.991
	氧气	m³	3.978	4.396	4.417	4.498	4.519	4.600
	乙炔气	kg	1.530	1.691	1.699	1.730	1.738	1.769
	低碳钢焊条 J427（综合）	kg	8.022	8.075	9.083	9.324	9.482	10.479
	其他材料费	%	3.00	3.00	3.00	3.00	3.00	3.00
机械	载货汽车－平板拖车组 20t	台班	0.500	0.500	0.500	0.500	0.500	0.500
	汽车式起重机 25t	台班	0.500	—	1.000	1.000	1.000	1.000
	汽车式起重机 50t	台班	0.500	1.000	0.500	—	1.000	—
	汽车式起重机 75t	台班	—	—	0.500	—	1.000	—
	汽车式起重机 100t	台班	—	1.000	—	1.000	—	1.000
	电动单筒慢速卷扬机 50kN	台班	2.000	2.000	2.000	2.000	2.000	2.000
	弧焊机 21kV·A	台班	1.750	1.750	1.750	1.750	1.750	2.000

工作内容：施工准备,吊装就位,安装找正,端梁铆接,起重机现场组装,起重机
静负荷、动负荷及超负荷试运转,配合检查验收。

计量单位：台

编　号			1-4-13	1-4-14	1-4-15	1-4-16	1-4-17	1-4-18
项　目			起重量（t 以内）					
			75/20		100/20		150/30	
			跨距（m 以内）					
			19.5	31.5	22	31	22	31
名　称		单位	消　耗　量					
人工	合计工日	工日	123.325	141.278	160.087	176.578	245.945	276.807
	其中 普工	工日	24.665	28.255	32.018	35.315	49.189	55.362
	一般技工	工日	73.995	84.767	96.052	105.947	147.567	166.084
	高级技工	工日	24.665	28.256	32.017	35.316	49.189	55.361
材料	钢板 δ4.5~7.0	kg	1.955	1.955	2.070	2.070	2.530	2.530
	木板	m³	0.175	0.225	0.288	0.363	0.400	0.488
	道木	m³	0.516	0.516	0.773	0.773	0.773	0.773
	煤油	kg	40.294	44.954	49.875	51.765	56.110	57.790
	机油	kg	11.855	12.587	15.554	16.020	18.887	19.454
	黄油钙基脂	kg	16.791	17.675	19.796	20.326	30.048	30.931
	氧气	m³	6.089	6.467	9.486	9.690	12.750	13.464
	乙炔气	kg	2.342	2.487	3.648	3.727	4.904	5.178
	低碳钢焊条 J427（综合）	kg	11.498	12.212	13.472	13.881	15.089	15.330
	其他材料费	%	3.00	3.00	3.00	3.00	3.00	3.00
机械	载货汽车－普通货车 8t	台班	0.500	0.500	0.500	0.500	0.500	0.500
	载货汽车－平板拖车组 20t	台班	0.500	—	—	—	—	—
	载货汽车－平板拖车组 30t	台班	—	0.500	0.500	0.500	1.000	1.000
	汽车式起重机 25t	台班	0.500	0.500	0.500	0.500	0.500	0.500
	汽车式起重机 50t	台班	0.500	0.500	1.000	1.500	2.000	2.000
	汽车式起重机 100t	台班	1.000	1.500	1.000	2.000	1.500	2.500
	电动单筒慢速卷扬机 50kN	台班	2.000	2.500	2.500	3.000	3.000	4.000
	弧焊机 21kV·A	台班	2.500	2.840	3.130	3.300	3.500	3.930

工作内容：施工准备,吊装就位,安装找正,端梁铆接,起重机现场组装,起重机
　　　　静负荷、动负荷及超负荷试运转,配合检查验收。

计量单位:台

编　号			1-4-19	1-4-20	1-4-21	1-4-22
项　目			起重量（t 以内）			
			200/30		250/30	
			跨距（m 以内）			
			22	31	22	31
名　称		单位	消　耗　量			
人工	合计工日	工日	296.986	327.564	376.150	420.014
	其中 普工	工日	59.397	65.513	75.230	84.003
	一般技工	工日	178.192	196.538	225.690	252.008
	高级技工	工日	59.397	65.513	75.230	84.003
材料	钢板 δ4.5~7.0	kg	2.530	2.530	2.645	2.645
	木板	m³	0.425	0.525	0.500	0.625
	道木	m³	0.773	0.773	1.031	1.031
	煤油	kg	62.344	64.221	68.579	70.639
	机油	kg	22.220	22.887	25.553	26.320
	黄油钙基脂	kg	33.583	38.001	42.420	43.304
	氧气	m³	26.143	26.928	28.234	29.080
	乙炔气	kg	10.055	10.357	10.859	11.185
	木柴	kg	14.000	14.000	20.000	20.000
	低碳钢焊条 J427（综合）	kg	16.706	17.210	18.323	18.869
	其他材料费	%	3.00	3.00	3.00	3.00
机械	载货汽车－普通货车 8t	台班	1.500	1.500	1.500	1.500
	载货汽车－平板拖车组 15t	台班	—	—	0.500	0.500
	载货汽车－平板拖车组 40t	台班	1.000	1.000	1.000	1.000
	汽车式起重机 25t	台班	2.000	1.500	2.000	3.500
	汽车式起重机 50t	台班	2.500	2.000	2.500	2.000
	汽车式起重机 100t	台班	2.000	3.500	3.000	3.500
	电动单筒慢速卷扬机 50kN	台班	4.000	5.000	6.000	6.000
	弧焊机 21kV·A	台班	4.280	4.410	4.690	4.840

工作内容: 施工准备,吊装就位,安装找正,端梁铆接,起重机现场组装,起重机
静负荷、动负荷及超负荷试运转,配合检查验收。 计量单位:台

	编　号		1-4-23	1-4-24	1-4-25
	项　目		起重量（t 以内）		
			300/50		400/80
			跨距（m 以内）		
			22	31	
	名　称	单位	消　耗　量		
人工	合计工日	工日	417.446	474.375	558.601
	其中 普工	工日	83.489	94.875	111.720
	一般技工	工日	250.468	284.625	335.161
	高级技工	工日	83.489	94.875	111.720
材料	钢板 δ4.5~7.0	kg	3.450	3.450	5.750
	木板	m³	0.563	0.625	1.000
	道木	m³	1.031	1.031	1.388
	煤油	kg	74.118	77.058	81.375
	机油	kg	27.775	28.609	33.330
	黄油钙基脂	kg	54.793	56.560	91.910
	氧气	m³	29.284	30.161	33.150
	乙炔气	kg	11.263	11.600	12.750
	木柴	kg	24.000	24.000	25.000
	低碳钢焊条 J427（综合）	kg	20.475	21.945	26.780
	其他材料费	%	3.00	3.00	3.00
机械	载货汽车 – 普通货车 8t	台班	1.500	1.500	2.000
	载货汽车 – 普通货车 15t	台班	1.000	1.000	1.000
	载货汽车 – 平板拖车组 15t	台班	0.500	0.500	1.000
	载货汽车 – 平板拖车组 40t	台班	1.000	1.500	2.000
	汽车式起重机 25t	台班	2.000	3.500	5.000
	汽车式起重机 50t	台班	3.000	2.500	2.000
	汽车式起重机 100t	台班	3.500	4.000	5.000
	电动单筒慢速卷扬机 50kN	台班	7.000	7.000	8.000
	弧焊机 21kV·A	台班	5.250	5.630	6.870

2.吊钩抓斗电磁铁三用桥式起重机

工作内容:施工准备,吊装就位,安装找正,端梁铆接,起重机现场组装,起重机
静负荷、动负荷及超负荷试运转,配合检查验收。　　　　　　　　　　**计量单位:**台

编　号				1-4-26	1-4-27	1-4-28	1-4-29
项　目				起重量(t以内)			
				5		10	
				跨距(m以内)			
				19.5	31.5	19.5	31.5
名　称			单位	消　耗　量			
人工	合计工日		工日	60.095	79.155	79.906	86.108
	其中	普工	工日	12.019	15.831	15.981	17.221
		一般技工	工日	36.057	47.493	47.944	51.665
		高级技工	工日	12.019	15.831	15.981	17.222
材料	钢板 δ4.5~7.0		kg	1.027	1.027	1.208	1.208
	木板		m³	0.066	0.110	0.092	0.131
	道木		m³	0.351	0.351	0.351	0.351
	煤油		kg	10.385	11.483	12.199	13.483
	机油		kg	4.550	5.016	5.542	6.125
	黄油钙基脂		kg	7.489	8.287	10.142	10.199
	氧气		m³	3.127	3.460	3.203	3.674
	乙炔气		kg	1.203	1.331	1.232	1.413
	低碳钢焊条 J427(综合)		kg	4.719	5.215	5.767	6.318
	其他材料费		%	3.00	3.00	3.00	3.00
机械	载货汽车-平板拖车组 10t		台班	0.591	0.686	0.651	0.730
	汽车式起重机 16t		台班	0.740	0.886	0.886	0.886
	汽车式起重机 25t		台班	0.886	1.050	1.050	1.050
	弧焊机 21kV·A		台班	1.323	1.323	1.897	1.897

工作内容: 施工准备,吊装就位,安装找正,端梁铆接,起重机现场组装,起重机
静负荷、动负荷及超负荷试运转,配合检查验收。　　　　　　　　　　计量单位:台

编　号			1-4-30	1-4-31	1-4-32	1-4-33
项　目			起重量（t 以内）			
			15		20	
			跨距（m 以内）			
			19.5	31.5	19.5	31.5
名　称		单位	消　耗　量			
人工	合计工日	工日	89.723	102.171	104.577	118.135
	其中 普工	工日	17.944	20.434	20.916	23.627
	一般技工	工日	53.834	61.303	62.746	70.881
	高级技工	工日	17.945	20.434	20.915	23.627
材料	钢板 δ4.5~7.0	kg	1.328	1.328	1.328	1.328
	木板	m³	0.126	0.184	0.158	0.210
	道木	m³	0.351	0.351	0.351	0.351
	煤油	kg	13.718	15.176	15.187	15.187
	机油	kg	6.159	6.742	6.765	6.999
	黄油钙基脂	kg	11.461	12.667	11.878	12.806
	氧气	m³	3.567	3.781	3.749	4.070
	乙炔气	kg	1.372	1.454	1.442	1.565
	低碳钢焊条 J427（综合）	kg	6.328	6.946	7.056	7.166
	其他材料费	%	3.00	3.00	3.00	3.00
机械	载货汽车－平板拖车组 20t	台班	0.591	0.591	0.656	0.730
	汽车式起重机 16t	台班	1.000	—	—	—
	汽车式起重机 25t	台班	0.866	0.866	0.866	0.866
	汽车式起重机 50t	台班	—	1.050	1.050	—
	汽车式起重机 75t	台班	—	—	—	1.050
	弧焊机 21kV·A	台班	1.935	1.935	2.084	2.084

3.双小车吊钩桥式起重机

工作内容: 施工准备,吊装就位,安装找正,端梁铆接,起重机现场组装,起重机
静负荷、动负荷及超负荷试运转,配合检查验收。

计量单位:台

编 号				1-4-34	1-4-35	1-4-36	1-4-37	1-4-38	1-4-39
项 目				起重量(t 以内)					
				5+5		10+10		2×50/10	2×75/10
				跨距(m 以内)					
				19.5	31.5	19.5	31.5	22	
名 称			单位	消 耗 量					
人工	合计工日		工日	63.045	78.805	72.869	87.717	144.215	172.663
	其中	普工	工日	12.609	15.761	14.574	17.544	28.843	34.532
		一般技工	工日	37.827	47.283	43.721	52.630	86.529	103.598
		高级技工	工日	12.609	15.761	14.574	17.543	28.843	34.533
材料	钢板 δ4.5~7.0		kg	0.920	0.920	0.920	1.035	1.898	1.955
	木板		m³	0.050	0.050	0.068	0.080	0.250	0.275
	道木		m³	0.258	0.258	0.258	0.258	0.516	0.516
	煤油		kg	11.235	11.235	12.416	13.466	42.329	43.641
	机油		kg	4.755	4.755	5.255	6.333	11.855	12.221
	黄油钙基脂		kg	8.404	8.404	9.288	10.075	24.887	25.629
	氧气		m³	2.978	2.978	3.040	3.295	6.089	6.273
	乙炔气		kg	1.145	1.145	1.169	1.267	2.342	2.413
	低碳钢焊条 J427(综合)		kg	4.494	4.494	4.967	5.492	10.629	12.361
	其他材料费		%	3.00	3.00	3.00	3.00	3.00	3.00
机械	载货汽车-普通货车 8t		台班	0.500	0.500	0.500	0.500	1.000	1.000
	载货汽车-平板拖车组 10t		台班	0.500	0.500	0.500	0.500	—	—
	载货汽车-平板拖车组 20t		台班	—	—	—	—	1.000	1.000
	汽车式起重机 16t		台班	1.000	1.000	1.000	1.000	1.500	1.000
	汽车式起重机 25t		台班	0.500	—	1.000	—	—	—
	汽车式起重机 50t		台班	—	0.500	—	1.000	—	1.000
	汽车式起重机 100t		台班	—	—	—	—	2.000	2.500
	电动单筒慢速卷扬机 50kN		台班	1.000	1.000	1.000	1.500	4.000	4.000
	弧焊机 21kV·A		台班	1.000	1.000	1.500	1.500	2.000	2.500

工作内容: 施工准备,吊装就位,安装找正,端梁铆接,起重机现场组装,起重机

静负荷、动负荷及超负荷试运转,配合检查验收。　　　　　　　　　计量单位:台

编　号			1-4-40	1-4-41	1-4-42	1-4-43	1-4-44	1-4-45
项　目			起重量（t 以内）					
			2×100/20	2×125/25	2×150/25	2×200/40	2×250/40	2×300/50
			跨距（m 以内）					
			22	25				
名　称		单位	消　耗　量					
人工	合计工日	工日	223.493	246.942	270.539	326.659	413.754	459.182
	其中 普工	工日	44.698	49.389	54.108	65.332	82.751	91.837
	一般技工	工日	134.096	148.165	162.323	195.995	248.252	275.509
	高级技工	工日	44.699	49.388	54.108	65.332	82.751	91.836
材料	钢板 δ4.5~7.0	kg	2.875	3.335	4.600	5.175	5.405	6.325
	木板	m³	0.320	0.375	0.388	0.500	0.563	0.588
	道木	m³	0.773	0.773	0.773	0.773	1.031	1.031
	煤油	kg	49.875	57.881	59.719	64.706	70.875	78.449
	机油	kg	15.554	19.554	19.998	22.998	26.331	28.886
	黄油钙基脂	kg	28.280	38.001	38.885	53.555	61.863	81.323
	氧气	m³	12.240	20.400	25.500	27.030	29.172	30.600
	乙炔气	kg	4.708	7.846	9.808	10.396	11.220	11.769
	低碳钢焊条 J427（综合）	kg	14.095	14.720	15.435	17.125	19.005	22.050
	其他材料费	%	3.00	3.00	3.00	3.00	3.00	3.00
机械	载货汽车-普通货车 8t	台班	1.500	1.500	1.500	2.000	2.500	3.000
	载货汽车-平板拖车组 40t	台班	0.500	0.500	0.500	0.500	1.000	1.500
	汽车式起重机 16t	台班	2.000	2.500	3.000	2.000	2.000	2.500
	汽车式起重机 50t	台班	1.000	1.500	1.500	2.000	2.000	2.000
	汽车式起重机 100t	台班	2.000	2.000	2.000	2.000	2.500	3.000
	电动单筒慢速卷扬机 50kN	台班	4.000	5.000	5.000	5.000	6.000	7.000
	弧焊机 21kV·A	台班	3.000	3.000	3.500	4.000	4.500	4.500

4. 加料及双钩挂梁桥式起重机

工作内容: 施工准备,吊装就位,安装找正,端梁铆接,起重机现场组装,起重机静负荷、动负荷及超负荷试运转,配合检查验收。　　　　　　　　　　计量单位:台

编　号			1-4-46	1-4-47	1-4-48	1-4-49	1-4-50	1-4-51
项　目			起重量(t 以内)					
			3/10	5/20	5+5		20+20	
			跨距(m 以内)					
			16.5	19	19.5	31.5	19	28
名　称		单位	消 耗 量					
人工	合计工日	工日	160.809	183.346	90.298	101.247	134.844	153.732
	其中 普工	工日	32.162	36.669	18.059	20.250	26.969	30.747
	一般技工	工日	96.485	110.008	54.179	60.748	80.906	92.239
	高级技工	工日	32.162	36.669	18.060	20.249	26.969	30.746
材料	钢板 δ4.5~7.0	kg	3.795	3.910	0.920	0.920	1.495	1.610
	木板	m³	0.200	0.250	0.070	0.100	0.250	0.275
	道木	m³	0.516	0.516	0.258	0.258	0.258	0.258
	煤油	kg	45.150	45.281	3.413	12.311	15.488	23.901
	机油	kg	12.221	12.665	4.666	5.222	6.444	8.333
	黄油钙基脂	kg	24.126	25.452	8.396	9.279	12.373	13.698
	氧气	m³	6.120	6.528	2.958	3.264	3.468	3.978
	乙炔气	kg	2.354	2.511	1.138	1.255	1.334	1.530
	低碳钢焊条 J427(综合)	kg	11.498	12.600	4.410	4.935	6.510	6.825
	其他材料费	%	3.00	3.00	3.00	3.00	3.00	3.00
机械	载货汽车-普通货车 8t	台班	0.500	0.500	0.500	0.500	0.500	0.500
	载货汽车-平板拖车组 20t	台班	—	—	0.500	0.500	0.500	0.500
	载货汽车-平板拖车组 30t	台班	0.500	0.500	—	—	—	—
	汽车式起重机 16t	台班	1.000	1.000	0.500	0.500	1.000	1.000
	汽车式起重机 25t	台班	—	—	1.000	—	1.000	—
	汽车式起重机 50t	台班	0.500	0.500	—	1.000	—	1.000
	汽车式起重机 100t	台班	1.000	2.000	—	—	—	—
	电动单筒慢速卷扬机 50kN	台班	3.000	3.000	1.000	1.500	2.000	3.000
	弧焊机 21kV·A	台班	2.500	2.500	1.000	1.500	1.500	1.500

二、吊钩门式起重机

工作内容: 施工准备, 吊装就位, 安装找正, 端梁铆接, 起重机现场组装, 起重机
静负荷、动负荷及超负荷试运转, 配合检查验收。　　　　　　　　　　**计量单位**: 台

编　号			1-4-52	1-4-53	1-4-54	1-4-55
项　目			起重量（t 以内）			
			5		10	
			跨距（m 以内）			
			26	35	26	35
名　称		单位	消　耗　量			
人工	合计工日	工日	120.299	131.656	132.904	143.219
	其中 普工	工日	24.060	26.331	26.581	28.644
	一般技工	工日	72.179	78.994	79.742	85.931
	高级技工	工日	24.060	26.331	26.581	28.644
材料	钢板 δ4.5~7.0	kg	0.575	0.575	0.690	0.690
	木板	m³	0.094	0.125	0.113	0.146
	道木	m³	0.258	0.258	0.258	0.258
	煤油	kg	15.724	17.194	17.325	18.559
	机油	kg	5.278	5.833	6.333	6.999
	黄油钙基脂	kg	8.131	8.838	9.721	10.252
	氧气	m³	3.488	3.703	3.978	4.396
	乙炔气	kg	1.342	1.424	1.530	1.691
	低碳钢焊条 J427（综合）	kg	14.658	15.603	14.910	16.149
	其他材料费	%	3.00	3.00	3.00	3.00
机械	载货汽车－平板拖车组 10t	台班	0.500	0.500	0.500	0.500
	汽车式起重机 25t	台班	0.500	0.500	0.500	0.500
	汽车式起重机 50t	台班	1.000	1.000	1.500	1.500
	弧焊机 21kV·A	台班	3.500	3.500	3.500	3.500

工作内容：施工准备，吊装就位，安装找正，端梁铆接，起重机现场组装，起重机
　　　静负荷、动负荷及超负荷试运转，配合检查验收。

计量单位：台

编　号			1-4-56	1-4-57	1-4-58	1-4-59
项　目			起重量（t以内）			
			15/3		20/5	
			跨距（m以内）			
			26	35	26	35
名　称		单位	消　耗　量			
人工	合计工日	工日	140.944	160.499	164.276	185.578
	其中　普工	工日	28.189	32.100	32.855	37.115
	一般技工	工日	84.566	96.299	98.566	111.347
	高级技工	工日	28.189	32.100	32.855	37.116
材料	钢板 δ4.5~7.0	kg	0.920	0.920	1.380	1.380
	木板	m³	0.140	0.173	0.151	0.190
	道木	m³	0.258	0.258	0.258	0.258
	煤油	kg	21.551	21.893	24.360	28.206
	机油	kg	7.389	8.166	8.888	9.999
	黄油钙基脂	kg	10.605	11.754	12.373	12.991
	氧气	m³	4.039	4.498	4.182	4.600
	乙炔气	kg	1.553	1.730	1.608	1.769
	低碳钢焊条 J427（综合）	kg	17.070	18.648	18.963	20.475
	其他材料费	%	3.00	3.00	3.00	3.00
机械	载货汽车－普通货车 8t	台班	1.000	1.000	1.000	1.000
	载货汽车－平板拖车组 20t	台班	0.500	0.500	1.000	1.000
	汽车式起重机 16t	台班	1.500	1.500	1.500	1.000
	汽车式起重机 25t	台班	—	—	—	1.000
	汽车式起重机 75t	台班	1.000	—	—	—
	汽车式起重机 100t	台班	—	1.000	1.000	1.500
	弧焊机 21kV·A	台班	4.000	4.000	4.000	4.500

三、梁式起重机

工作内容：施工准备，吊装就位，安装找正，端梁铆接，起重机现场组装，起重机静负荷、动负荷及超负荷试运转，配合检查验收。　　　　　　**计量单位**：台

编　号		1-4-60	1-4-61	1-4-62	1-4-63	1-4-64	1-4-65
项　目		电动单梁起重机		手动单梁起重机		电动单梁悬挂起重机	手动单梁悬挂起重机
		起重机重量（t 以内）					
		3	5	3	10	3	
		跨距（m 以内）					
		17		14		12	
名　称	单位	消　耗　量					
人工	合计工日	工日	19.982	24.485	13.268	18.258	12.391	10.915
	其中　普工	工日	3.997	4.897	2.653	3.651	2.478	2.183
	一般技工	工日	11.989	14.691	7.961	10.955	7.435	6.549
	高级技工	工日	3.996	4.897	2.654	3.652	2.478	2.183
材料	木板	m³	0.010	0.019	0.004	0.006	0.008	0.005
	道木	m³	0.104	0.104	0.104	0.104	0.104	0.104
	煤油	kg	3.873	5.381	4.174	5.959	3.938	3.938
	机油	kg	1.278	1.667	1.222	1.667	0.945	0.945
	黄油钙基脂	kg	1.944	2.651	1.944	2.651	1.989	1.989
	其他材料费	%	3.00	3.00	3.00	3.00	3.00	3.00
机械	载货汽车 - 普通货车 8t	台班	0.200	0.500	0.200	0.200	0.200	0.200
	汽车式起重机 8t	台班	0.500	—	0.500	—	0.500	0.500
	汽车式起重机 16t	台班	—	0.500	—	0.500	—	—

工作内容: 施工准备,吊装就位,安装找正,端梁铆接,起重机现场组装,起重机
静负荷、动负荷及超负荷试运转,配合检查验收。

计量单位:台

	编　号		1-4-66	1-4-67	1-4-68	1-4-69
	项　目		手动双梁起重机			
			起重机重量(t以内)			
			10		20	
			跨距(m以内)			
			13	17	13	17
	名　称	单位	消　耗　量			
人工	合计工日	工日	20.928	24.960	27.159	28.680
	其中　普工	工日	4.185	4.992	5.432	5.736
	一般技工	工日	12.557	14.976	16.295	17.208
	高级技工	工日	4.186	4.992	5.432	5.736
材料	木板	m³	0.013	0.015	0.016	0.025
	道木	m³	0.104	0.104	0.104	0.104
	煤油	kg	5.775	5.868	6.064	7.219
	机油	kg	1.078	1.111	1.778	1.778
	黄油钙基脂	kg	1.061	1.149	1.326	1.414
	其他材料费	%	3.00	3.00	3.00	3.00
机械	载货汽车-普通货车 8t	台班	0.400	0.400	0.500	0.500
	载货汽车-平板拖车组 10t	台班	0.200	0.300	0.200	0.300
	汽车式起重机 16t	台班	0.500	1.000	1.000	1.000

四、电动壁行悬臂挂式起重机

工作内容: 施工准备,吊装就位,安装找正,端梁铆接,起重机现场组装,起重机
静负荷、动负荷及超负荷试运转,配合检查验收。

计量单位:台

编 号			1-4-70	1-4-71
项 目			电动壁行悬臂挂式起重机(臂长6m以内)	
			起重量(t以内)	
			1	5
名 称		单位	消 耗 量	
人工	合计工日	工日	17.176	25.012
	其中 普工	工日	3.435	5.003
	一般技工	工日	10.306	15.007
	高级技工	工日	3.435	5.002
材料	木板	m³	0.014	0.030
	道木	m³	0.041	0.041
	煤油	kg	2.231	3.426
	机油	kg	1.111	1.333
	黄油钙基脂	kg	1.591	2.209
	其他材料费	%	3.00	3.00
机械	载货汽车-普通货车 8t	台班	0.200	0.300
	汽车式起重机 8t	台班	0.200	—
	汽车式起重机 16t	台班	—	0.500

五、旋臂壁式起重机

工作内容: 施工准备,吊装就位,安装找正,端梁铆接,起重机现场组装,起重机
静负荷、动负荷及超负荷试运转,配合检查验收。   计量单位:台

编 号			1-4-72	1-4-73
项 目			电动旋臂壁式起重机(臂长6m以内)	
			起重量(t以内)	
			1	5
名 称		单位	消 耗 量	
人工	合计工日	工日	11.343	15.788
	其中 普工	工日	2.268	3.157
	一般技工	工日	6.806	9.473
	高级技工	工日	2.269	3.158
材料	木板	m³	0.005	0.006
	道木	m³	0.041	0.041
	煤油	kg	2.494	3.938
	机油	kg	1.222	1.667
	黄油钙基脂	kg	1.856	2.209
	其他材料费	%	3.00	3.00
机械	载货汽车-普通货车 8t	台班	0.200	0.300
	汽车式起重机 8t	台班	0.300	—
	汽车式起重机 16t	台班	—	0.500

工作内容： 施工准备,吊装就位,安装找正,端梁铆接,起重机现场组装,起重机
静负荷、动负荷及超负荷试运转,配合检查验收。

计量单位：台

编　号			1-4-74	1-4-75
项　目			手动旋臂壁式起重机（臂长6m以内）	
			起重量（t以内）	
			0.5	3
名　称		单位	消　耗　量	
人工	合计工日	工日	9.250	10.638
	其中　普工	工日	1.850	2.127
	一般技工	工日	5.550	6.383
	高级技工	工日	1.850	2.128
材料	木板	m³	0.003	0.005
	道木	m³	0.041	0.041
	煤油	kg	1.575	3.426
	机油	kg	0.667	1.667
	黄油钙基脂	kg	0.972	1.768
	其他材料费	%	3.00	3.00
机械	载货汽车－普通货车 8t	台班	0.200	0.200
	汽车式起重机 8t	台班	0.200	0.400

工作内容： 施工准备,吊装就位,安装找正,端梁铆接,起重机现场组装,起重机
静负荷、动负荷及超负荷试运转,配合检查验收。

六、悬臂立柱式起重机

工作内容：施工准备，吊装就位，安装找正，端梁铆接，起重机现场组装，起重机
静负荷、动负荷及超负荷试运转，配合检查验收。　　　　　　　　　计量单位：台

编　号			1-4-76	1-4-77
项　目			电动悬臂立柱式起重机（臂长6m以内）	
			起重量（t以内）	
			1	5
名　称		单位	消　耗　量	
人工	合计工日	工日	13.219	17.838
	其中　普工	工日	2.644	3.567
	一般技工	工日	7.931	10.703
	高级技工	工日	2.644	3.568
材料	木板	m³	0.005	0.009
	道木	m³	0.041	0.041
	煤油	kg	3.281	4.463
	机油	kg	1.411	1.922
	黄油钙基脂	kg	2.139	2.545
	其他材料费	%	3.00	3.00
机械	载货汽车－普通货车 8t	台班	0.100	0.500
	汽车式起重机 8t	台班	0.200	—
	汽车式起重机 16t	台班	—	0.500

工作内容: 施工准备,吊装就位,安装找正,端梁铆接,起重机现场组装,起重机
静负荷、动负荷及超负荷试运转,配合检查验收。　　　　计量单位:台

编　号			1-4-78	1-4-79
项　目			手动悬臂立柱式起重机（臂长6m以内）	
			起重量（t以内）	
			0.5	3
名　称		单位	消　耗　量	
人工	合计工日	工日	10.431	14.231
	其中 普工	工日	2.086	2.846
	一般技工	工日	6.259	8.539
	高级技工	工日	2.086	2.846
材料	木板	m³	0.005	0.008
	道木	m³	0.041	0.041
	煤油	kg	1.365	3.281
	机油	kg	0.667	1.667
	黄油钙基脂	kg	1.017	1.944
	其他材料费	%	3.00	3.00
机械	载货汽车-普通货车8t	台班	0.100	0.300
	汽车式起重机8t	台班	0.200	0.400

七、电 动 葫 芦

工作内容：施工准备，吊装就位，安装找正，散件现场组装，起重机静负荷、动负荷及超负荷试运转，配合检查验收。

计量单位：台

编　号			1-4-80	1-4-81
项　目			起重量（t 以内）	
			2	10
名　　称		单位	消　耗　量	
人工	合计工日	工日	5.313	9.698
	其中 普工	工日	1.062	1.939
	一般技工	工日	3.188	5.819
	高级技工	工日	1.063	1.940
材料	木板	m³	0.002	0.004
	煤油	kg	1.975	2.179
	机油	kg	0.935	0.989
	黄油钙基脂	kg	1.269	1.326
	其他材料费	%	5.00	5.00
机械	载货汽车－普通货车 8t	台班	0.100	0.100
	汽车式起重机 8t	台班	0.300	—
	汽车式起重机 16t	台班	—	0.400
	电动单筒慢速卷扬机 50kN	台班	1.000	1.000

八、单 轨 小 车

工作内容：施工准备，吊装就位，安装找正，散件现场组装，起重机静负荷、动负荷及
超负荷试运转，配合检查验收。　　　　　　　　　　　　　　　　　计量单位：台

编　号			1-4-82	1-4-83
项　目			起重量（t 以内）	
			5	10
名　称		单位	消　耗　量	
人工	合计工日	工日	4.479	5.745
	其中 普工	工日	0.896	1.149
	一般技工	工日	2.687	3.447
	高级技工	工日	0.896	1.149
材料	木板	m³	0.005	0.004
	煤油	kg	1.544	1.800
	机油	kg	0.707	0.800
	黄油钙基脂	kg	1.313	1.400
	其他材料费	%	5.00	5.00
机械	汽车式起重机 16t	台班	0.300	0.300

第五章　起重机轨道安装

说　明

一、本章内容包括钢梁上安装轨道〔钢统1001〕、混凝土梁上安装轨道〔G325〕、GB110鱼腹式混凝土梁上安装轨道、C7221鱼腹式混凝土梁上安装轨道〔C7224〕、混凝土梁上安装轨道〔DJ46〕、电动壁行及悬臂起重机轨道安装、地平面上安装轨道、电动葫芦及单轨小车工字钢轨道安装、悬挂工字钢轨道及"8"字形轨道安装和车挡制作与安装。

二、本章内容包括工业用起重输送设备的轨道安装、地轨安装。

三、本章不包括以下工作内容：

1. 吊车梁调整及轨道枕木干燥、加工、制作；

2. "8"字形轨道加工制作；

3. "8"字形轨道工字钢轨的立柱、吊架、支架、辅助梁等的制作与安装。

四、轨道附属的各种垫板、连接板、压板、固定板、鱼尾板、连接螺栓、垫圈、垫板、垫片等部件配件均按随钢轨定货考虑（主材）。

工程量计算规则

起重机轨道安装按照轨道型号规格及安装方式选用项目,以"10m"为计量单位。

一、钢梁上安装轨道［钢统 1001］

工作内容：施工准备、测量、领料、下料、矫正、钻孔、吊装、组对安装、调整、连接
固定、配合检查验收。

计量单位：10m

编　号			1-5-1	1-5-2	1-5-3	1-5-4	1-5-5	1-5-6
固 定 形 式			焊接式		弯钩螺栓式			
纵向孔距 A（mm），横向孔距 B（mm）			每 750mm 焊 120mm		$A=675$			
轨 道 型 号			□50×50	□60×60	24kg/m	38kg/m	43kg/m	50kg/m
名　称		单位	消　耗　量					
人工	合计工日	工日	4.208	4.422	4.304	4.831	5.006	5.200
	其中 普工	工日	0.841	0.885	0.861	0.966	1.001	1.040
	一般技工	工日	2.525	2.653	2.582	2.899	3.004	3.120
	高级技工	工日	0.842	0.884	0.861	0.966	1.001	1.040
材料	钢轨	m	（10.800）	（10.800）	（10.800）	（10.800）	（10.800）	（10.800）
	氧气	m³	0.408	0.510	0.408	0.612	0.663	0.816
	乙炔气	kg	0.157	0.196	0.157	0.235	0.255	0.314
	低碳钢焊条 J427（综合）	kg	4.000	4.000	0.250	0.250	0.250	0.250
	其他材料费	%	5.00	5.00	5.00	5.00	5.00	5.00
机械	载货汽车－平板拖车组 10t	台班	0.060	0.060	0.060	0.060	0.065	0.065
	汽车式起重机 16t	台班	0.110	0.110	0.110	0.120	0.120	0.120
	摩擦压力机 3 000kN	台班	0.070	0.080	0.080	0.120	0.120	0.160
	弧焊机 21kV·A	台班	0.480	0.480	0.100	0.100	0.100	0.100

工作内容：施工准备、测量、领料、下料、矫正、钻孔、吊装、组对安装、调整、连接固定、配合检查验收。

计量单位：10m

编　号			1-5-7	1-5-8	1-5-9	1-5-10	1-5-11	1-5-12
固　定　形　式			压板螺栓式					
纵向孔距A（mm），横向孔距B（mm）			A=600，B=220				A=600，B=260	
轨　道　型　号			38kg/m	43kg/m	QU70	QU80	QU100	QU120
名　称		单位	消　耗　量					
人工	合计工日	工日	5.318	5.463	5.600	5.940	6.026	7.307
	其中 普工	工日	1.063	1.092	1.120	1.188	1.205	1.462
	一般技工	工日	3.191	3.278	3.360	3.564	3.616	4.384
	高级技工	工日	1.064	1.093	1.120	1.188	1.205	1.461
材料	钢轨	m	（10.800）	（10.800）	（10.800）	（10.800）	（10.800）	（10.800）
	低碳钢焊条 J427（综合）	kg	7.780	7.780	7.780	7.780	9.550	9.550
	乙炔气	kg	0.235	0.255	0.353	0.392	0.471	0.588
	氧气	m³	0.612	0.663	0.918	1.020	1.224	1.530
	其他材料费	%	5.00	5.00	5.00	5.00	5.00	5.00
机械	载货汽车 - 平板拖车组 10t	台班	0.065	0.065	0.065	0.070	0.075	0.075
	汽车式起重机 16t	台班	0.120	0.120	0.120	0.120	0.130	0.130
	摩擦压力机 3 000kN	台班	0.120	0.120	0.120	0.160	0.200	0.240
	弧焊机 21kV·A	台班	0.940	0.940	0.940	0.940	1.140	1.140

二、混凝土梁上安装轨道［G325］

工作内容：施工准备、测量、领料、下料、矫正、钻孔、吊装、组对安装、调整、连接
固定、配合检查验收。　　　　　　　　　　　　　　　　　　　计量单位：10m

	编　号		1-5-13	1-5-14	1-5-15	1-5-16	1-5-17
	标　准　图　号		DGL-1、2、3			DGL-4、5、6	DGL-7、8、9、10
	固定形式（纵向孔距 A=600mm）		钢底板螺栓焊接式			压板螺栓式	
	横向孔距 B（mm）		240 以内			240 以内	260 以内
	轨　道　型　号		□ 40×40	□ 50×50	24kg/m	24kg/m	38kg/m
	名　称	单位	消　耗　量				
人工	合计工日	工日	6.175	6.291	6.467	5.932	7.052
	其中 普工	工日	1.235	1.258	1.294	1.187	1.411
	一般技工	工日	3.705	3.775	3.880	3.559	4.231
	高级技工	工日	1.235	1.258	1.293	1.186	1.410
材料	钢轨	m	（10.800）	（10.800）	（10.800）	（10.800）	（10.800）
	木板	m³	0.020	0.020	0.020	0.020	0.020
	氧气	m³	1.428	1.428	1.428	1.428	1.632
	乙炔气	kg	0.549	0.549	0.549	0.549	0.628
	低碳钢焊条 J427（综合）	kg	7.490	7.490	7.490	0.500	0.900
	其他材料费	%	5.00	5.00	5.00	5.00	5.00
机械	载货汽车 - 平板拖车组 10t	台班	0.050	0.060	0.060	0.060	0.065
	汽车式起重机 16t	台班	0.100	0.110	0.110	0.110	0.120
	摩擦压力机 3 000kN	台班	0.060	0.070	0.080	0.080	0.120
	弧焊机 21kV·A	台班	0.900	0.900	0.900	0.120	0.160

工作内容: 施工准备、测量、领料、下料、矫正、钻孔、吊装、组对安装、调整、连接
固定、配合检查验收。

计量单位: 10m

编　　号			1-5-18	1-5-19	1-5-20	1-5-21	1-5-22
标　准　图　号			DGL-11、12、13、14、15	DGL-16、17、18	DGL-19、20、21、22、23	DGL-24、25	DGL-26、27
固定形式（纵向孔距 A=600mm）			弹性（分段）垫压板螺栓式				
横向孔距 B（mm）			280以内				
轨　道　型　号			38kg/m	43kg/m	50kg/m	QU100	QU120
名　　称		单位	消　耗　量				
人工	合计工日	工日	7.305	7.500	7.792	6.737	7.271
	其中　普工	工日	1.461	1.500	1.559	1.348	1.454
	一般技工	工日	4.383	4.500	4.675	4.042	4.363
	高级技工	工日	1.461	1.500	1.558	1.347	1.454
材料	钢轨	m	（10.800）	（10.800）	（10.800）	（10.800）	（10.800）
	木板	m³	0.020	0.020	0.020	0.020	0.020
	氧气	m³	1.632	1.683	1.836	2.244	2.550
	乙炔气	kg	0.628	0.647	0.706	0.863	0.981
	低碳钢焊条 J427（综合）	kg	0.900	1.700	1.700	1.700	1.700
	其他材料费	%	5.00	5.00	5.00	5.00	5.00
机械	载货汽车-平板拖车组 10t	台班	0.065	0.065	0.065	0.075	0.075
	汽车式起重机 16t	台班	0.120	0.120	0.120	0.130	0.130
	摩擦压力机 3 000kN	台班	0.120	0.120	0.160	0.200	0.240
	弧焊机 21kV·A	台班	0.160	0.230	0.230	0.230	0.230

三、GB110 鱼腹式混凝土梁上安装轨道

工作内容：施工准备、测量、领料、下料、矫正、钻孔、吊装、组对安装、调整、连接
固定、配合检查验收。

计量单位：10m

编　号			1-5-23	1-5-24	1-5-25	1-5-26	1-5-27	1-5-28	1-5-29
标准图号 GB 109			DGL-1	DGL-2	DGL-3	DGL-4	DGL-5	DGL-6	DGL-7
固定形式（纵向孔距 A=750mm）			弹性（分段）垫压板螺栓式		弹性（全长）垫压板螺栓式			弹性（分段）垫压板螺栓式	
横向孔距 B（mm）			230 以内					250 以内	
轨道型号			38kg/m	43kg/m	38kg/m	43kg/m	50kg/m	QU100	QU120
名　称		单位	消 耗 量						
人工	合计工日	工日	6.915	7.060	6.876	7.071	7.353	8.269	8.999
	其中 普工	工日	1.383	1.412	1.375	1.414	1.470	1.654	1.800
	一般技工	工日	4.149	4.236	4.126	4.243	4.412	4.961	5.399
	高级技工	工日	1.383	1.412	1.375	1.414	1.471	1.654	1.800
材料	钢轨	m	(10.800)	(10.800)	(10.800)	(10.800)	(10.800)	(10.800)	(10.800)
	木板	m³	0.020	0.020	0.020	0.020	0.020	0.020	0.010
	氧气	m³	1.632	1.683	1.632	1.683	1.836	2.244	2.550
	乙炔气	kg	0.628	0.647	0.628	0.647	0.706	0.863	0.981
	低碳钢焊条 J427（综合）	kg	0.400	0.400	0.400	0.400	0.400	0.400	0.400
	其他材料费	%	5.00	5.00	5.00	5.00	5.00	5.00	5.00
机械	载货汽车-平板拖车组 10t	台班	0.060	0.060	0.065	0.065	0.065	0.075	0.075
	汽车式起重机 16t	台班	0.120	0.120	0.120	0.130	0.130	0.130	0.130
	摩擦压力机 3 000kN	台班	0.160	0.120	0.120	0.120	0.160	0.200	0.240
	弧焊机 21kV·A	台班	0.100	0.100	0.100	0.100	0.100	0.100	0.100

四、C7221 鱼腹式混凝土梁上安装轨道［C7224］

工作内容：施工准备、测量、领料、下料、矫正、钻孔、吊装、组对安装、调整、连接固定、配合检查验收。

计量单位：10m

编　号			1-5-30	1-5-31	1-5-32	1-5-33	1-5-34	1-5-35
标准图号			DGL-1、2、3	DGL-4	DGL-5、6	DGL-7	DGL-26、27	DGL-9
固定形式（纵向孔距 A=600mm）			弹性（分段）垫压板螺栓式			全长	弹性（分段）垫压板螺栓式	
横向孔距 B（mm）			250 以内	220 以内	250 以内			
轨道型号			38kg/m	43kg/m	50kg/m		QU100	QU120
名　称		单位	消　耗　量					
人工	合计工日	工日	6.963	7.158	7.411	7.597	8.288	9.018
	其中 普工	工日	1.392	1.431	1.482	1.520	1.657	1.803
	一般技工	工日	4.178	4.295	4.447	4.558	4.973	5.411
	高级技工	工日	1.393	1.432	1.482	1.519	1.658	1.804
材料	钢轨	m	(10.800)	(10.800)	(10.800)	(10.800)	(10.800)	(10.800)
	木板	m³	0.020	0.020	0.020	0.020	0.020	0.020
	氧气	m³	1.632	1.683	1.836	2.100	2.244	2.550
	乙炔气	kg	0.628	0.647	0.706	0.808	0.863	0.981
	低碳钢焊条 J427（综合）	kg	0.900	1.700	1.700	1.700	1.700	1.700
	其他材料费	%	5.00	5.00	5.00	5.00	5.00	5.00
机械	载货汽车 - 平板拖车组 10t	台班	0.065	0.065	0.065	0.065	0.075	0.075
	汽车式起重机 16t	台班	0.120	0.120	0.120	0.130	0.130	0.130
	摩擦压力机 3 000kN	台班	0.120	0.120	0.160	0.160	0.200	0.240
	弧焊机 21kV·A	台班	0.160	0.230	0.230	0.230	0.230	0.230

五、混凝土梁上安装轨道［DJ46］

工作内容：施工准备、测量、领料、下料、矫正、钻孔、吊装、组对安装、调整、连接
固定、配合检查验收。

计量单位：10m

编　号			1-5-36	1-5-37	1-5-38
标准图号			DGN-1、2	DGN-3	
固定形式（纵向孔距A=600mm）			弹性（分段）垫压板螺栓式		
横向孔距 B（mm）			240以内	260以内	
轨道型号			38kg/m	43kg/m	QU70
名　称		单位	消耗量		
人工	合计工日	工日	7.246	7.402	9.018
	其中　普工	工日	1.449	1.481	1.803
	一般技工	工日	4.348	4.441	5.411
	高级技工	工日	1.449	1.480	1.804
材料	钢轨	m	（10.800）	（10.800）	（10.800）
	木板	m³	0.020	0.020	0.020
	氧气	m³	1.632	1.683	1.938
	乙炔气	kg	0.628	0.647	0.745
	低碳钢焊条 J427（综合）	kg	0.900	0.900	0.900
	其他材料费	%	5.00	5.00	5.00
机械	载货汽车 - 平板拖车组 10t	台班	0.060	0.060	0.060
	汽车式起重机 16t	台班	0.120	0.120	0.120
	摩擦压力机 3 000kN	台班	0.120	0.120	0.120
	弧焊机 21kV·A	台班	0.160	0.160	0.160

工作内容: 施工准备、测量、领料、下料、矫正、钻孔、吊装、组对安装、调整、连接固定、配合检查验收。

计量单位:10m

编　号			1-5-39	1-5-40	1-5-41	1-5-42	1-5-43	1-5-44
标 准 图 号			DGN-4		DGN-5		DGN-6	DGN-7
固定形式（纵向孔距 A=600mm）			弹性（分段）垫压板螺栓式					
横向孔距 B（mm）			280 以内					
轨 道 型 号			50kg/m	QU80	50kg/m	QU80	QU100	QU120
名　称		单位	消　耗　量					
人工	合计工日	工日	7.744	8.045	7.840	8.121	8.620	9.340
	其中　普工	工日	1.549	1.609	1.568	1.624	1.724	1.868
	一般技工	工日	4.646	4.827	4.704	4.873	5.172	5.604
	高级技工	工日	1.549	1.609	1.568	1.624	1.724	1.868
材料	钢轨	m	（10.800）	（10.800）	（10.800）	（10.800）	（10.800）	（10.800）
	木板	m³	0.020	0.020	0.020	0.020	0.020	0.020
	氧气	m³	1.800	2.040	1.836	2.100	2.244	2.550
	乙炔气	kg	0.692	0.785	0.706	0.808	0.863	0.981
	低碳钢焊条 J427（综合）	kg	0.900	0.900	0.900	0.900	0.900	0.900
	其他材料费	%	5.00	5.00	5.00	5.00	5.00	5.00
机械	载货汽车－平板拖车组 10t	台班	0.060	0.070	0.065	0.070	0.075	0.075
	汽车式起重机 16t	台班	0.120	0.120	0.120	0.120	0.130	0.130
	摩擦压力机 3 000kN	台班	0.160	0.160	0.160	0.160	0.200	0.240
	弧焊机 21kV·A	台班	0.160	0.160	0.160	0.160	0.160	0.160

六、电动壁行及悬臂起重机轨道安装

工作内容: 施工准备、测量、领料、下料、矫正、钻孔、吊装、组对安装、调整、连接
固定、配合检查验收。　　　　　　　　　　　　　　　　　　计量单位:10m

编　号			1-5-45	1-5-46	1-5-47	1-5-48	1-5-49	1-5-50
安装部位			在上部钢梁上 安装侧轨		在下部混凝土梁上 安装平轨		在下部混凝土梁上 安装侧轨	
固定形式			角钢焊接螺栓式		L型钢垫板焊接式		钢垫板焊接式	
轨道型号			□50×50	□60×60	□50×50	□60×60	□50×50	□60×60
名　称		单位	消　耗　量					
人工	合计工日	工日	4.733	5.074	5.785	6.087	5.795	6.126
	其中　普工	工日	0.946	1.015	1.157	1.218	1.159	1.225
	一般技工	工日	2.840	3.044	3.471	3.652	3.477	3.676
	高级技工	工日	0.947	1.015	1.157	1.217	1.159	1.225
材料	钢轨	m	(10.800)	(10.800)	(10.800)	(10.800)	(10.800)	(10.800)
	木板	m³	0.005	0.005	0.010	0.010	0.010	0.010
	氧气	m³	0.612	0.663	0.612	0.663	0.612	0.663
	乙炔气	kg	0.235	0.255	0.235	0.255	0.235	0.255
	低碳钢焊条 J427(综合)	kg	13.300	14.850	17.200	18.940	17.200	18.940
	其他材料费	%	5.00	5.00	5.00	5.00	5.00	5.00
机械	载货汽车-平板拖车组 10t	台班	0.060	0.060	0.060	0.060	0.060	0.060
	汽车式起重机 16t	台班	0.110	0.110	0.110	0.110	0.110	0.110
	摩擦压力机 3 000kN	台班	0.070	0.080	0.070	0.080	0.070	0.080
	弧焊机 21kV·A	台班	1.600	1.820	2.060	2.270	2.060	2.270

七、地平面上安装轨道

工作内容：施工准备、测量、领料、下料、矫正、钻孔、吊装、组对安装、调整、连接
固定、配合检查验收。

计量单位：10m

编　　　号			1-5-51	1-5-52	1-5-53	1-5-54	1-5-55	1-5-56
固 定 形 式			预埋钢底板焊接式			预埋螺栓式		
轨 道 型 号			24kg/m	38kg/m	43kg/m	24kg/m	38kg/m	43kg/m
名　　　称		单位	消　　耗　　量					
人工	合计工日	工日	4.831	5.932	6.077	4.480	5.444	5.785
	其中 普工	工日	0.966	1.187	1.216	0.896	1.089	1.157
	一般技工	工日	2.899	3.559	3.646	2.688	3.266	3.471
	高级技工	工日	0.966	1.186	1.215	0.896	1.089	1.157
材料	钢轨	m	（10.800）	（10.800）	（10.800）	（10.800）	（10.800）	（10.800）
	氧气	m³	0.408	0.612	0.663	0.408	0.612	0.663
	乙炔气	kg	0.157	0.235	0.255	0.157	0.235	0.255
	低碳钢焊条 J427（综合）	kg	4.000	4.000	4.000	—	—	—
	其他材料费	%	5.00	5.00	5.00	5.00	5.00	5.00
机械	载货汽车－平板拖车组 10t	台班	0.060	0.060	0.060	0.060	0.060	0.060
	汽车式起重机 8t	台班	0.110	0.110	0.110	0.110	0.110	0.110
	摩擦压力机 3 000kN	台班	0.080	0.120	0.120	0.080	0.120	0.120
	弧焊机 21kV·A	台班	0.480	0.480	0.480	—	—	—

八、电动葫芦及单轨小车工字钢轨道安装

工作内容：施工准备、测量、领料、下料、矫正、钻孔、吊装、组对安装、调整、连接
固定、配合检查验收。

计量单位：10m

编 号				1-5-57	1-5-58	1-5-59	1-5-60	1-5-61	1-5-62
项 目				轨道型号					
				I 12.6	I 14	I 16	I 18	I 20	I 22
名 称			单位	消 耗 量					
人工	合计工日		工日	3.993	4.324	4.519	4.772	4.957	5.357
	其中	普工	工日	0.798	0.865	0.904	0.955	0.992	1.072
		一般技工	工日	2.396	2.594	2.711	2.863	2.974	3.214
		高级技工	工日	0.799	0.865	0.904	0.954	0.991	1.071
材料	钢轨		m	(10.800)	(10.800)	(10.800)	(10.800)	(10.800)	(10.800)
	氧气		m³	2.683	2.846	2.938	3.488	4.682	6.426
	钢板 δ4.5~7.0		kg	0.720	0.720	0.720	1.030	1.030	1.030
	乙炔气		kg	1.032	1.095	1.130	1.342	1.801	2.472
	低碳钢焊条 J427（综合）		kg	1.320	1.690	2.410	2.670	2.810	3.920
	其他材料费		%	5.00	5.00	5.00	5.00	5.00	5.00
机械	载货汽车–平板拖车组 10t		台班	0.050	0.050	0.060	0.060	0.060	0.060
	汽车式起重机 8t		台班	0.100	0.100	0.110	0.110	0.110	0.110
	摩擦压力机 3 000kN		台班	0.090	0.100	0.120	0.140	0.170	0.190
	弧焊机 21kV·A		台班	0.240	0.300	0.460	0.500	0.500	0.710

工作内容: 施工准备、测量、领料、下料、矫正、钻孔、吊装、组对安装、调整、连接
固定、配合检查验收。

计量单位:10m

编　号			1-5-63	1-5-64	1-5-65	1-5-66	1-5-67
项　目			轨道型号				
			I 25	I 28	I 32	I 36	I 40
名　称		单位	消　耗　量				
人工	合计工日		工日	5.610	5.980	6.720	6.866	7.616
	其中	普工	工日	1.122	1.196	1.344	1.373	1.523
		一般技工	工日	3.366	3.588	4.032	4.120	4.570
		高级技工	工日	1.122	1.196	1.344	1.373	1.523
材料	钢轨		m	(10.800)	(10.800)	(10.800)	(10.800)	(10.800)
	氧气		m³	6.610	8.262	8.486	10.465	10.741
	钢板 δ4.5~7.0		kg	1.030	1.540	1.540	2.600	2.600
	乙炔气		kg	2.542	3.178	3.264	4.025	4.131
	低碳钢焊条 J427(综合)		kg	4.550	4.950	7.080	7.840	8.550
	其他材料费		%	5.00	5.00	5.00	5.00	5.00
机械	载货汽车-平板拖车组 10t		台班	0.050	0.050	0.060	0.060	0.060
	汽车式起重机 8t		台班	0.100	0.100	0.110	0.110	0.110
	摩擦压力机 3 000kN		台班	0.220	0.240	0.280	0.310	0.350
	弧焊机 21kV·A		台班	0.820	0.850	1.270	1.420	1.540

工作内容: 施工准备、测量、领料、下料、矫正、钻孔、吊装、组对安装、调整、连接
固定、配合检查验收。

计量单位: 10m

编　号				1-5-68	1-5-69	1-5-70	1-5-71
项　目				轨道型号			
				I 45	I 50	I 56	I 63
名　称			单位	消　耗　量			
人工	合计工日		工日	8.512	9.437	10.684	11.930
	其中	普工	工日	1.703	1.888	2.137	2.386
		一般技工	工日	5.107	5.662	6.410	7.158
		高级技工	工日	1.702	1.887	2.137	2.386
材料	钢轨		m	（10.800）	（10.800）	（10.800）	（10.800）
	氧气		m³	12.852	12.852	12.852	12.852
	钢板 δ4.5~7.0		kg	3.600	3.600	4.500	4.500
	乙炔气		kg	4.943	4.943	4.943	4.943
	低碳钢焊条 J427（综合）		kg	11.120	12.940	17.050	19.790
	其他材料费		%	5.00	5.00	5.00	5.00
机械	载货汽车 – 平板拖车组 10t		台班	0.070	0.075	0.075	0.075
	汽车式起重机 8t		台班	0.120	0.130	0.130	0.130
	摩擦压力机 3 000kN		台班	0.380	0.420	0.460	0.490
	弧焊机 21kV·A		台班	2.000	2.200	3.070	3.560

九、悬挂工字钢轨道及"8"字形轨道安装

工作内容: 施工准备、测量、领料、下料、矫正、钻孔、吊装、组对安装、调整、连接固定、配合检查验收。

计量单位:10m

编　号			1-5-72	1-5-73	1-5-74	1-5-75	1-5-76	1-5-77
项　目			悬挂输送链钢轨安装				单梁悬挂起重机钢轨安装	
			轨道型号					
			Ⅰ10	Ⅰ12.6	Ⅰ14	Ⅰ16		Ⅰ18
名　称		单位	消　耗　量					
人工	合计工日	工日	4.762	4.870	5.162	5.347	4.042	4.372
	其中　普工	工日	0.953	0.974	1.033	1.070	0.809	0.875
	一般技工	工日	2.857	2.922	3.097	3.208	2.425	2.623
	高级技工	工日	0.952	0.974	1.032	1.069	0.808	0.874
材料	钢轨	m	(10.800)	(10.800)	(10.800)	(10.800)	(10.800)	(10.800)
	钢板 δ4.5~7.0	kg	0.720	0.720	0.720	0.720	0.720	1.030
	氧气	m³	2.683	2.683	2.846	2.938	2.938	3.488
	乙炔气	kg	1.032	1.032	1.095	1.130	1.130	1.342
	低碳钢焊条 J427(综合)	kg	1.140	1.320	1.690	2.410	2.410	2.670
	其他材料费	%	5.00	5.00	5.00	5.00	5.00	5.00
机械	载货汽车-平板拖车组 10t	台班	0.050	0.050	0.050	0.060	0.060	0.060
	汽车式起重机 8t	台班	0.100	0.100	0.100	0.110	0.110	0.110
	摩擦压力机 3 000kN	台班	0.070	0.080	0.100	0.120	0.120	0.140
	弧焊机 21kV·A	台班	0.200	0.240	0.300	0.430	0.430	0.480

工作内容： 施工准备、测量、领料、下料、矫正、钻孔、吊装、组对安装、调整、连接
固定、配合检查验收。

计量单位：10m

编　号			1-5-78	1-5-79	1-5-80	1-5-81	1-5-82	1-5-83
项　目			单梁悬挂起重机钢轨安装					
			轨道型号					
			Ⅰ20	Ⅰ22	Ⅰ25	Ⅰ28	Ⅰ32	Ⅰ36
名　称		单位	消　耗　量					
人工	合计工日	工日	4.470	4.918	5.200	5.668	6.380	6.681
	其中 普工	工日	0.894	0.983	1.040	1.133	1.276	1.336
	一般技工	工日	2.682	2.951	3.120	3.401	3.828	4.009
	高级技工	工日	0.894	0.984	1.040	1.134	1.276	1.336
材料	钢轨	m	（10.800）	（10.800）	（10.800）	（10.800）	（10.800）	（10.800）
	钢板 δ4.5~7.0	kg	1.030	1.030	1.030	1.540	1.540	2.600
	氧气	m³	4.682	6.426	6.610	8.262	8.486	10.465
	乙炔气	kg	1.801	2.472	2.542	3.178	3.264	4.025
	低碳钢焊条 J427（综合）	kg	2.810	3.920	4.550	4.950	7.080	7.840
	其他材料费	%	5.00	5.00	5.00	5.00	5.00	5.00
机械	载货汽车 - 平板拖车组 10t	台班	0.060	0.060	0.065	0.065	0.065	0.065
	汽车式起重机 8t	台班	0.110	0.110	0.120	0.120	0.120	0.120
	摩擦压力机 3 000kN	台班	0.170	0.190	0.220	0.240	0.280	0.310
	弧焊机 21kV·A	台班	0.500	0.660	0.820	0.890	1.270	1.420

工作内容：施工准备、测量、领料、下料、矫正、钻孔、吊装、组对安装、调整、连接
固定、配合检查验收。

计量单位：10m

编　号			1-5-84	1-5-85	1-5-86	1-5-87
项　目			单梁悬挂起重机钢轨安装		浇铸"8"字形轨道安装	
			轨道型号			
			Ⅰ40	Ⅰ45	单排	双排
名　称		单位	消　耗　量			
人工	合计工日	工日	7.402	8.512	3.487	5.181
	其中 普工	工日	1.481	1.703	0.698	1.036
	一般技工	工日	4.441	5.107	2.092	3.109
	高级技工	工日	1.480	1.702	0.697	1.036
材料	钢轨	m	（10.800）	（10.800）	（10.800）	（10.800）
	钢板 δ4.5~7.0	kg	2.600	3.600	0.520	1.030
	氧气	m³	10.741	12.852	0.602	1.193
	乙炔气	kg	4.131	4.943	0.232	0.459
	低碳钢焊条 J427（综合）	kg	8.550	11.120	0.160	0.320
	其他材料费	%	5.00	5.00	5.00	5.00
机械	载货汽车－平板拖车组 10t	台班	0.070	0.070	0.070	0.070
	汽车式起重机 8t	台班	0.120	0.120	0.120	0.120
	摩擦压力机 3 000kN	台班	0.350	0.380	—	—
	弧焊机 21kV·A	台班	1.540	1.850	0.050	0.100

十、车挡制作与安装

工作内容：施工准备、领料、下料、调直、组装、焊接、配合检查验收。

编　号			1-5-88	1-5-89	1-5-90	1-5-91	1-5-92	1-5-93
项　目			车挡安装每组4个					车挡制作
			每个单重（t）					
			0.1	0.25	0.65	1	1.5	
			组					t
名　称		单位	消　耗　量					
人工	合计工日	工日	7.421	9.856	12.096	13.975	16.440	21.914
	其中 普工	工日	1.484	1.971	2.419	2.795	3.288	4.383
	一般技工	工日	4.453	5.914	7.258	8.385	9.864	13.148
	高级技工	工日	1.484	1.971	2.419	2.795	3.288	4.383
材料	钢材	kg	—	—	—	—	—	（1 100.000）
	木板	m³	0.020	0.020	0.020	0.020	0.020	—
	氧气	m³	—	—	—	—	—	5.661
	乙炔气	kg	—	—	—	—	—	2.177
	橡胶板 δ5~10	kg	—	—	—	—	—	41.580
	低碳钢焊条 J427（综合）	kg	—	—	—	—	—	19.810
	其他材料费	%	5.00	5.00	5.00	5.00	5.00	5.00
机械	载货汽车－普通货车 8t	台班	0.050	0.050	0.065	0.075	0.100	—
	汽车式起重机 8t	台班	0.100	0.100	0.150	0.200	0.250	—
	立式钻床 35mm	台班	—	—	—	—	—	0.850
	剪板机 20×2 000mm（安装用）	台班	—	—	—	—	—	0.060
	弧焊机 21kV·A	台班	—	—	—	—	—	4.020

第六章　输送设备安装

说　明

　　一、本章内容包括斗式提升机安装、刮板输送机安装、板（裙）式输送机安装、悬挂输送机安装、固定式胶带输送机安装、螺旋式输送机安装和皮带秤安装。

　　二、本章不包括以下工作内容：

　　1. 钢制外壳、刮板、漏斗制作；

　　2. 平台、梯子、栏杆制作；

　　3. 输送带接头的疲劳性试验、振动频率检测试验、滚筒无损检测、安全保护装置灵敏可靠性试验等特殊试验。

工程量计算规则

一、输送设备安装按型号规格以"台"为计量单位。

二、刮板输送机安装按型号规格以"台"为计量单位,消耗量单位是按一组驱动装置计算的,超过一组时,按输送长度除以驱动装置组数(即 m/ 组),以所得"m/ 组"数选用相应项目。

例如:某刮板输送机,宽为 420mm,输送长度为 250m,其中共有四组驱动装置,则其"m/ 组"为 250m 除以 4 组等于 62.5m/ 组,应选用"420mm 宽以内;80m/ 组以内"的项目,现该机有四组驱动装置,因此将该项目的消耗量乘以 4.0,即得该台刮板输送机的费用。

一、斗式提升机

工作内容：施工准备、设备开箱检验、基础处理、垫铁设置、设备吊装就位、设备部件清洗组装，与机械本体联接的冷却系统、润滑系统以及支架、防护罩等零件附件的安装、找平找正、垫铁点焊、油系统管线清洗、单机试车、配合检查验收。

计量单位：台

编 号			1-6-1	1-6-2	1-6-3	1-6-4	1-6-5	1-6-6
项 目			胶带式（D160、D250）			胶带式（D350、D450）		
			公称高度（m以内）					
			12	22	32	12	22	32
名 称		单位	消 耗 量					
人工	合计工日	工日	22.750	31.682	41.085	28.639	39.834	54.169
	其中 普工	工日	4.550	6.337	8.217	5.728	7.967	10.834
	一般技工	工日	13.650	19.009	24.651	17.183	23.900	32.501
	高级技工	工日	4.550	6.336	8.217	5.728	7.967	10.834
材料	平垫铁（综合）	kg	3.920	4.560	8.480	3.920	4.560	8.480
	斜垫铁（综合）	kg	4.460	4.460	8.160	4.460	4.460	8.160
	热轧薄钢板 δ0.50~0.65	kg	0.500	0.600	0.700	0.550	0.650	0.750
	木板	m³	0.010	0.011	0.014	0.016	0.021	0.028
	道木	m³	0.005	0.005	0.005	0.005	0.005	0.005
	煤油	kg	4.810	5.601	6.392	6.325	6.945	7.907
	机油	kg	0.619	0.774	0.866	0.928	1.039	1.175
	黄油钙基脂	kg	1.348	1.438	1.630	1.685	1.888	2.192
	低碳钢焊条 J427（综合）	kg	0.672	0.777	0.882	0.777	0.882	0.987
	其他材料费	%	5.00	5.00	5.00	5.00	5.00	5.00
机械	载货汽车-普通货车 8t	台班	—	—	0.300	—	0.300	0.400
	叉式起重机 5t	台班	0.400	0.600	0.700	0.400	0.600	0.700
	汽车式起重机 16t	台班	0.200	0.300	—	0.300	0.400	—
	汽车式起重机 25t	台班	—	—	0.400	—	—	0.500
	弧焊机 21kV·A	台班	0.250	0.300	0.300	0.300	0.350	0.400

工作内容：施工准备、设备开箱检验、基础处理、垫铁设置、设备吊装就位、设备
部件清洗组装，与机械本体联接的冷却系统、润滑系统以及支架、防
护罩等零件附件的安装、找平找正、垫铁点焊、油系统管线清洗、单机
试车、配合检查验收。

计量单位：台

编　号				1-6-7	1-6-8	1-6-9	1-6-10	1-6-11	1-6-12
项　目				链式（ZL25、ZL35）			链式（ZL45、ZL60）		
				公称高度（m以内）					
				12	22	32	12	22	32
名　称			单位	消　耗　量					
人工	合计工日		工日	28.774	39.570	51.605	34.058	48.966	64.716
	其中	普工	工日	5.755	7.914	10.321	6.811	9.793	12.943
		一般技工	工日	17.264	23.742	30.963	20.435	29.380	38.830
		高级技工	工日	5.755	7.914	10.321	6.812	9.793	12.943
材料	平垫铁（综合）		kg	3.920	4.560	8.480	3.920	4.560	8.480
	斜垫铁（综合）		kg	4.460	4.460	8.160	4.460	4.460	8.160
	热轧薄钢板 δ0.50~0.65		kg	0.500	0.600	0.700	0.550	0.600	0.750
	木板		m³	0.004	0.018	0.021	0.024	0.031	0.040
	道木		m³	0.005	0.005	0.005	0.005	0.005	0.005
	煤油		kg	5.535	6.325	7.116	7.393	7.854	8.764
	机油		kg	0.742	0.835	0.990	1.132	1.182	1.330
	黄油钙基脂		kg	1.630	1.855	2.135	2.135	2.529	2.866
	低碳钢焊条 J427（综合）		kg	0.735	0.840	0.924	0.798	0.924	1.029
	其他材料费		%	5.00	5.00	5.00	5.00	5.00	5.00
机械	载货汽车-普通货车 8t		台班	—	—	0.300	—	0.300	0.400
	汽车式起重机 16t		台班	0.200	0.300	—	0.200	0.400	—
	汽车式起重机 25t		台班	—	—	0.500	—	—	0.500
	弧焊机 21kV·A		台班	0.250	0.250	0.250	0.250	0.250	0.250

二、刮板输送机

工作内容：施工准备、设备开箱检验、基础处理、垫铁设置、设备吊装就位、设备部件清洗组装，与机械本体联接的冷却系统、润滑系统以及支架、防护罩等零件附件的安装、找平找正、垫铁点焊、油系统管线清洗、单机试车、配合检查验收。

计量单位：台

编　号			1-6-13	1-6-14	1-6-15	1-6-16	1-6-17	1-6-18
槽宽（mm 以内）			420			530		
输送长度 / 驱动装置组数（m/组）			30	50	80	50	80	120
名　称		单位	消　耗　量					
人工	合计工日	工日	42.180	70.126	98.355	81.455	111.567	140.701
	其中 普工	工日	8.436	14.025	19.671	16.291	22.314	28.140
	一般技工	工日	25.308	42.076	59.013	48.873	66.940	84.421
	高级技工	工日	8.436	14.025	19.671	16.291	22.313	28.140
材料	平垫铁（综合）	kg	54.744	78.542	114.240	78.542	114.240	161.840
	斜垫铁（综合）	kg	54.281	77.878	113.278	77.878	113.278	160.473
	热轧薄钢板 δ0.50~0.65	kg	0.700	0.900	1.100	0.900	1.100	160.480
	木板	m³	0.005	0.015	0.033	0.015	0.033	0.051
	煤油	kg	7.051	7.841	8.895	9.040	10.240	11.438
	机油	kg	1.330	1.763	2.196	1.955	2.518	3.081
	黄油钙基脂	kg	2.416	3.091	3.652	3.551	4.349	5.146
	低碳钢焊条 J427（综合）	kg	1.029	1.281	1.533	1.491	1.764	2.037
	其他材料费	%	5.00	5.00	5.00	5.00	5.00	5.00
机械	载货汽车 - 普通货车 8t	台班	—	0.200	0.400	0.300	0.500	1.000
	叉式起重机 5t	台班	0.600	0.300	—	0.300	—	—
	汽车式起重机 16t	台班	—	0.500	0.600	0.400	0.900	—
	汽车式起重机 25t	台班	—	—	—	—	—	0.600
	弧焊机 21kV·A	台班	0.500	0.500	1.000	1.000	1.000	1.000

工作内容：施工准备、设备开箱检验、基础处理、垫铁设置、设备吊装就位、设备部件清洗组装，与机械本体联接的冷却系统、润滑系统以及支架、防护罩等零件附件的安装、找平找正、垫铁点焊、油系统管线清洗、单机试车、配合检查验收。

计量单位：台

编　号			1-6-19	1-6-20	1-6-21	1-6-22	1-6-23	1-6-24
槽宽（mm以内）			620				800	
输送长度/驱动装置组数（m/组）			80	120	170	250	170	250
名　称		单位	消　耗　量					
人工	合计工日	工日	128.944	167.767	209.743	286.511	277.458	314.949
	其中 普工	工日	25.789	33.554	41.948	57.302	55.491	62.990
	一般技工	工日	77.366	100.660	125.846	171.907	166.475	188.969
	高级技工	工日	25.789	33.553	41.949	57.302	55.492	62.990
材料	平垫铁（综合）	kg	114.240	161.840	221.344	257.040	221.344	257.040
	斜垫铁（综合）	kg	113.278	160.473	219.480	254.881	219.480	254.881
	热轧薄钢板 δ0.50~0.65	kg	1.100	1.300	1.500	1.800	1.500	1.800
	木板	m³	0.040	0.098	0.199	0.335	0.204	0.366
	煤油	kg	11.781	13.098	14.416	16.459	16.512	18.831
	机油	kg	2.932	3.557	4.169	5.128	4.782	5.871
	黄油钙基脂	kg	4.988	5.887	6.786	8.191	7.786	9.315
	低碳钢焊条 J427（综合）	kg	2.037	2.352	2.646	3.108	2.982	3.486
	其他材料费	%	5.00	5.00	5.00	5.00	5.00	5.00
机械	载货汽车-普通货车 8t	台班	0.200	0.200	0.300	0.300	0.400	0.400
	汽车式起重机 16t	台班	0.300	0.300	—	—	—	—
	汽车式起重机 25t	台班	—	—	0.300	—	—	—
	汽车式起重机 50t	台班	—	—	—	0.350	0.500	0.500
	弧焊机 21kV·A	台班	1.000	1.200	1.300	1.500	1.500	1.800

三、板（裙）式输送机

工作内容： 施工准备、设备开箱检验、基础处理、垫铁设置、设备吊装就位、设备部件清洗组装，与机械本体联接的冷却系统、润滑系统以及支架、防护罩等零件附件的安装、找平找正、垫铁点焊、油系统管线清洗、单机试车、配合检查验收。

计量单位：台

编　号			1-6-25	1-6-26	1-6-27	1-6-28
链板宽度（mm 以内）			800		1 000	1 200
链轮中心距（m 以内）			6	10	3	5
名　称		单位	消　耗　量			
人工	合计工日	工日	15.987	19.859	14.773	18.153
	其中 普工	工日	3.198	3.972	2.954	3.630
	一般技工	工日	9.592	11.915	8.864	10.892
	高级技工	工日	3.197	3.972	2.955	3.631
材料	平垫铁（综合）	kg	12.728	16.964	14.840	15.009
	斜垫铁（综合）	kg	12.244	16.332	14.288	15.300
	热轧薄钢板 δ0.50~0.65	kg	1.100	1.600	1.000	1.160
	木板	m³	0.016	0.020	0.015	0.026
	煤油	kg	7.947	8.776	7.485	8.407
	机油	kg	2.369	2.574	2.586	3.031
	黄油钙基脂	kg	2.247	2.247	2.472	2.697
	氧气	m³	0.612	1.224	0.408	0.612
	乙炔气	kg	0.235	0.471	0.157	0.235
	低碳钢焊条 J427（综合）	kg	1.218	2.573	1.985	2.069
	其他材料费	%	5.00	5.00	5.00	5.00
机械	叉式起重机 5t	台班	0.500	0.600	0.400	0.500
	弧焊机 21kV·A	台班	0.500	1.000	0.500	0.850
	电动单筒慢速卷扬机 50kN	台班	0.150	0.200	0.200	0.300

工作内容: 施工准备、设备开箱检验、基础处理、垫铁设置、设备吊装就位、设备部件清洗组装,与机械本体联接的冷却系统、润滑系统以及支架、防护罩等零件附件的安装、找平找正、垫铁点焊、油系统管线清洗、单机试车、配合检查验收。

计量单位:台

编　号			1-6-29	1-6-30	1-6-31	1-6-32	1-6-33
链板宽度(mm 以内)			1 500		1 800	2 400	
链轮中心距(m 以内)			10	15	12	5	12
名　　称		单位	消　耗　量				
人工	合计工日	工日	41.159	65.555	71.192	61.040	81.111
	其中 普工	工日	8.232	13.111	14.239	12.208	16.222
	一般技工	工日	24.695	39.333	42.715	36.624	48.667
	高级技工	工日	8.232	13.111	14.238	12.208	16.222
材料	平垫铁(综合)	kg	16.960	18.024	18.024	14.842	19.088
	斜垫铁(综合)	kg	18.881	20.059	20.059	16.520	21.237
	热轧薄钢板 δ0.50~0.65	kg	1.650	2.170	3.050	2.160	3.150
	木板	m³	0.120	0.210	0.404	0.014	0.408
	煤油	kg	10.595	14.126	16.261	14.931	19.002
	机油	kg	4.157	4.899	5.351	5.246	6.205
	黄油钙基脂	kg	2.921	3.596	4.270	4.450	4.675
	氧气	m³	1.020	1.836	1.836	1.020	2.040
	乙炔气	kg	0.392	0.706	0.706	0.392	0.785
	低碳钢焊条 J427(综合)	kg	9.450	17.220	14.700	9.450	17.745
	其他材料费	%	5.00	5.00	5.00	5.00	5.00
机械	载货汽车-普通货车 8t	台班	—	0.300	0.300	—	0.400
	叉式起重机 5t	台班	0.300	0.300	—	0.500	—
	汽车式起重机 16t	台班	—	—	0.250	—	0.400
	弧焊机 21kV·A	台班	2.500	4.100	2.860	2.500	3.150
	电动单筒慢速卷扬机 50kN	台班	0.300	0.400	0.200	0.400	0.200

四、悬挂输送机

工作内容： 施工准备、设备开箱检验、基础处理、垫铁设置、设备吊装就位、设备部件清洗组装，与机械本体联接的冷却系统、润滑系统以及支架、防护罩等零件附件的安装、找平找正、垫铁点焊、油系统管线清洗、单机试车、配合检查验收。

计量单位：台

编 号			1-6-34	1-6-35	1-6-36	1-6-37	1-6-38	1-6-39
项 目			驱动装置			转向装置		
			重量（kg 以内）					
			200	700	1 500	150	220	320
名 称		单位	消 耗 量					
人工	合计工日	工日	2.646	4.008	5.649	1.049	1.338	1.626
	其中 普工	工日	0.529	0.801	1.130	0.210	0.267	0.325
	一般技工	工日	1.588	2.405	3.389	0.629	0.803	0.976
	高级技工	工日	0.529	0.802	1.130	0.210	0.268	0.325
材料	热轧薄钢板 δ0.50~0.65	kg	4.000	9.120	6.000	1.500	1.800	2.100
	木板	m³	0.001	0.001	0.004	0.001	0.001	0.001
	煤油	kg	1.977	2.636	3.294	0.198	0.264	0.330
	机油	kg	0.217	0.247	0.031	0.031	0.043	0.056
	黄油钙基脂	kg	0.225	0.225	0.225	0.281	0.304	0.326
	低碳钢焊条 J427（综合）	kg	0.315	0.336	0.378	0.336	0.483	0.630
	其他材料费	%	5.00	5.00	5.00	5.00	5.00	5.00
机械	叉式起重机 5t	台班	0.100	0.200	0.400	0.100	0.200	0.300
	弧焊机 21kV·A	台班	0.200	0.200	0.200	0.200	0.200	0.200
	电动单筒慢速卷扬机 50kN	台班	0.100	0.100	0.300	0.100	0.100	0.200

工作内容: 施工准备、设备开箱检验、基础处理、垫铁设置、设备吊装就位、设备部件清洗组装,与机械本体联接的冷却系统、润滑系统以及支架、防护罩等零件附件的安装、找平找正、垫铁点焊、油系统管线清洗、单机试车、配合检查验收。

计量单位:台

编　号			1-6-40	1-6-41	1-6-42
项　目			拉紧装置		
			重量(kg 以内)		
			200	500	1 000
名　称		单位	消　耗　量		
人工	合计工日	工日	1.492	2.442	3.977
	其中 普工	工日	0.299	0.489	0.796
	一般技工	工日	0.895	1.465	2.386
	高级技工	工日	0.298	0.488	0.795
材料	热轧薄钢板 δ0.50~0.65	kg	1.200	2.000	2.400
	木板	m³	0.001	0.001	0.003
	煤油	kg	0.527	0.791	1.581
	机油	kg	0.062	0.124	0.247
	黄油钙基脂	kg	0.337	0.562	0.674
	低碳钢焊条 J427(综合)	kg	0.300	0.315	0.336
	其他材料费	%	5.00	5.00	5.00
机械	叉式起重机 5t	台班	0.100	0.200	0.200
	弧焊机 21kV·A	台班	0.200	0.200	0.200
	电动单筒慢速卷扬机 50kN	台班	0.100	0.100	0.200

工作内容：施工准备、设备开箱检验、基础处理、垫铁设置、设备吊装就位、设备部件清洗组装，与机械本体联接的冷却系统、润滑系统以及支架、防护罩等零件附件的安装、找平找正、垫铁点焊、油系统管线清洗、单机试车、配合检查验收。

计量单位：台

编　号			1-6-43	1-6-44	1-6-45	1-6-46	1-6-47
项　目			链条安装				试运转
			分类及节距（mm 以内）				
			链片式（100）	链片式（160）	链板式	链环式	
名　称		单位	消　耗　量				
	合计工日	工日	24.327	18.449	30.388	33.223	2.670
人工	其中 普工	工日	4.866	3.690	6.077	6.644	0.534
	一般技工	工日	14.596	11.069	18.233	19.934	1.602
	高级技工	工日	4.865	3.690	6.078	6.645	0.534
材料	木板	m³	0.001	0.001	0.004	0.006	—
	煤油	kg	49.416	39.533	59.299	79.065	3.690
	机油	kg	5.568	3.712	5.568	7.424	1.929
	黄油钙基脂	kg	42.136	33.709	50.563	67.418	3.371
	其他材料费	%	5.00	5.00	5.00	5.00	5.00
机械	叉式起重机 5t	台班	0.100	0.100	0.200	0.200	—
	电动单筒慢速卷扬机 50kN	台班	0.100	0.100	0.100	0.100	—

五、固定式胶带输送机

工作内容：施工准备、设备开箱检验、基础处理、垫铁设置、设备吊装就位、设备部件清洗组装，与机械本体联接的冷却系统、润滑系统以及支架、防护罩等零件附件的安装、找平找正、垫铁点焊、油系统管线清洗、单机试车、配合检查验收。

计量单位：台

编　号			1-6-48	1-6-49	1-6-50	1-6-51	1-6-52	1-6-53	1-6-54
带宽（mm 以内）			650						
输送长度（m 以内）			20	50	80	110	150	200	250
名　称		单位	消　耗　量						
人工	合计工日	工日	36.517	53.420	78.647	92.357	111.798	134.437	164.818
	其中 普工	工日	7.304	10.684	15.730	18.472	22.359	26.888	32.963
	一般技工	工日	21.910	32.052	47.188	55.414	67.079	80.662	98.891
	高级技工	工日	7.303	10.684	15.729	18.471	22.360	26.887	32.964
材料	平垫铁（综合）	kg	26.180	29.751	33.320	36.890	41.650	47.589	53.548
	斜垫铁（综合）	kg	25.964	29.501	33.044	36.580	41.300	47.187	53.100
	热轧薄钢板 δ0.50~0.65	kg	2.500	3.240	5.000	6.270	8.070	10.720	13.480
	木板	m³	0.019	0.026	0.034	0.043	0.054	0.071	0.079
	道木	m³	0.011	0.011	0.011	0.011	0.011	0.011	0.011
	煤油	kg	9.883	13.836	18.844	24.247	31.890	42.959	54.555
	橡胶溶剂 120#	kg	4.040	4.040	7.630	7.630	11.440	15.250	15.250
	机油	kg	2.648	3.588	4.330	5.339	6.768	8.865	11.061
	黄油钙基脂	kg	5.900	9.270	11.518	13.629	16.619	21.023	25.563
	氧气	m³	6.548	7.058	7.640	8.140	9.078	10.220	11.108
	乙炔气	kg	2.518	2.715	2.938	3.131	3.492	3.931	4.272
	生胶	kg	0.690	0.690	1.300	1.300	1.950	2.600	2.600
	熟胶	kg	0.930	0.930	1.750	1.750	2.630	3.500	3.500
	低碳钢焊条 J427（综合）	kg	3.959	4.379	4.862	5.208	5.712	6.437	7.193
	其他材料费	%	5.00	5.00	5.00	5.00	5.00	5.00	5.00
机械	载货汽车 - 普通货车 8t	台班	—	0.200	0.300	0.400	0.500	0.500	0.800
	叉式起重机 5t	台班	0.300	0.200	0.300	0.300	0.400	0.500	0.600
	汽车式起重机 16t	台班		0.200	0.400	—	—	—	—
	汽车式起重机 25t	台班	—	—	—	0.400	0.400	0.500	0.700
	弧焊机 21kV·A	台班	1.200	1.500	2.000	2.000	2.000	2.500	2.600

工作内容：施工准备、设备开箱检验、基础处理、垫铁设置、设备吊装就位、设备部件清洗组装，与机械本体联接的冷却系统、润滑系统以及支架、防护罩等零件附件的安装、找平找正、垫铁点焊、油系统管线清洗、单机试车、配合检查验收。

计量单位：台

编　号			1-6-55	1-6-56	1-6-57	1-6-58	1-6-59	1-6-60	1-6-61
带宽（mm 以内）			1 000						
输送长度（m 以内）			20	50	80	110	150	200	250
名　称		单位	消　耗　量						
人工	合计工日	工日	46.753	68.818	99.275	123.752	151.633	178.585	221.890
	其中 普工	工日	9.350	13.763	19.855	24.751	30.326	35.717	44.378
	一般技工	工日	28.052	41.291	59.565	74.251	90.980	107.151	133.134
	高级技工	工日	9.351	13.764	19.855	24.750	30.327	35.717	44.378
材料	平垫铁（综合）	kg	30.936	34.510	37.810	41.654	46.091	52.361	58.314
	斜垫铁（综合）	kg	30.678	34.221	37.760	41.280	46.020	51.920	57.820
	热轧薄钢板 δ0.50~0.65	kg	4.050	5.850	7.850	9.850	12.750	16.650	21.060
	木板	m³	0.020	0.029	0.038	0.048	0.061	0.084	0.103
	道木	m³	0.011	0.011	0.011	0.011	0.011	0.011	0.011
	煤油	kg	11.201	16.604	23.324	30.045	39.407	52.578	67.601
	橡胶溶剂 120#	kg	10.150	10.150	19.250	19.250	28.880	38.500	38.500
	机油	kg	3.446	4.547	5.784	7.108	8.982	11.736	14.637
	黄油钙基脂	kg	10.506	14.214	17.821	21.080	25.709	32.506	39.585
	氧气	m³	7.895	13.280	14.321	15.320	16.646	19.788	21.461
	乙炔气	kg	3.037	5.108	5.508	5.892	6.402	7.611	8.254
	生胶	kg	2.380	2.380	3.150	3.150	4.730	6.300	6.300
	熟胶	kg	1.660	1.660	4.500	4.500	6.750	9.000	9.000
	低碳钢焊条 J427（综合）	kg	7.109	7.707	8.306	8.904	9.744	10.983	12.285
	其他材料费	%	5.00	5.00	5.00	5.00	5.00	5.00	5.00
机械	载货汽车 - 普通货车 8t	台班	0.200	0.200	0.300	0.300	0.400	0.800	0.800
	叉式起重机 5t	台班	0.200	0.200	0.200	0.200	0.300	1.000	1.000
	汽车式起重机 16t	台班	0.350	0.400	—	—	—	—	—
	汽车式起重机 25t	台班	—	—	0.350	0.400	—	—	—
	汽车式起重机 50t	台班	—	—	—	—	0.400	—	—
	汽车式起重机 75t	台班	—	—	—	—	—	0.500	0.500
	弧焊机 21kV·A	台班	2.500	2.500	2.650	2.800	3.000	3.000	3.500

工作内容：施工准备、设备开箱检验、基础处理、垫铁设置、设备吊装就位、设备部件清洗组装，与机械本体联接的冷却系统、润滑系统以及支架、防护罩等零件附件的安装、找平找正、垫铁点焊、油系统管线清洗、单机试车、配合检查验收。

计量单位：台

编　　号			1-6-62	1-6-63	1-6-64	1-6-65	1-6-66	1-6-67	1-6-68
带宽（mm 以内）			1 400						
输送长度（m 以内）			20	50	80	110	150	200	250
名　　称		单位	消　耗　量						
人工	合计工日	工日	61.977	90.251	130.486	157.813	193.022	232.050	287.385
	其中 普工	工日	12.396	18.050	26.097	31.562	38.605	46.410	57.477
	一般技工	工日	37.186	54.151	78.292	94.688	115.813	139.230	172.431
	高级技工	工日	12.395	18.050	26.097	31.563	38.604	46.410	57.477
材料	平垫铁（综合）	kg	36.720	42.840	48.960	55.080	63.240	73.440	83.640
	斜垫铁（综合）	kg	38.520	44.940	51.360	57.780	66.340	77.040	87.740
	热轧薄钢板 δ0.50~0.65	kg	5.500	8.410	11.710	14.120	18.200	24.200	30.310
	木板	m³	0.024	0.034	0.043	0.054	0.071	0.094	0.119
	道木	m³	0.011	0.011	0.011	0.011	0.011	0.011	0.011
	煤油	kg	15.154	20.571	28.859	37.029	48.625	52.578	83.677
	橡胶溶剂 120#	kg	21.700	21.700	41.000	41.000	61.500	82.000	82.000
	机油	kg	4.702	6.069	6.966	9.317	11.754	15.342	19.035
	黄油钙基脂	kg	17.753	20.293	25.506	30.226	36.855	46.518	56.631
	氧气	m³	10.098	20.604	22.950	24.602	27.030	30.600	34.109
	乙炔气	kg	3.884	7.925	8.827	9.462	10.396	11.769	13.119
	生胶	kg	3.550	3.550	5.750	5.750	8.630	11.500	11.500
	熟胶	kg	5.150	5.150	9.800	9.800	14.700	19.600	19.600
	低碳钢焊条 J427（综合）	kg	9.240	11.361	12.527	13.419	14.700	16.653	18.533
	其他材料费	%	5.00	5.00	5.00	5.00	5.00	5.00	5.00
机械	载货汽车 - 普通货车 8t	台班	0.200	0.200	0.300	0.300	0.400	0.800	0.800
	叉式起重机 5t	台班	1.300	1.400	1.500	1.800	2.000	1.000	1.000
	汽车式起重机 16t	台班	0.400	0.400	—	—	—	—	—
	汽车式起重机 25t	台班	—	—	0.400	0.600	—	—	—
	汽车式起重机 50t	台班	—	—	—	—	0.600	—	—
	汽车式起重机 75t	台班	—	—	—	—	—	0.650	0.650
	弧焊机 21kV·A	台班	2.600	2.850	3.000	3.400	3.600	3.700	4.000

工作内容：施工准备、设备开箱检验、基础处理、垫铁设置、设备吊装就位、设备部件清洗组装，与机械本体联接的冷却系统、润滑系统以及支架、防护罩等零件附件的安装、找平找正、垫铁点焊、油系统管线清洗、单机试车、配合检查验收。

计量单位：台

编　号			单位	1-6-69	1-6-70	1-6-71	1-6-72	1-6-73	1-6-74	1-6-75
带宽（mm 以内）				1 600						
输送长度（m 以内）				20	50	80	110	150	200	250
名　　称			单位	消　耗　量						
人工	合计工日		工日	93.124	129.151	178.581	214.228	259.433	315.960	380.179
	其中	普工	工日	18.625	25.830	35.716	42.845	51.886	63.192	76.036
		一般技工	工日	55.874	77.491	107.149	128.537	155.660	189.576	228.107
		高级技工	工日	18.625	25.830	35.716	42.846	51.887	63.192	76.036
材料	平垫铁（综合）		kg	75.902	86.254	93.500	106.950	120.749	138.012	155.234
	斜垫铁（综合）		kg	82.280	93.511	104.722	115.940	130.888	149.600	168.300
	热轧薄钢板 δ0.50~0.65		kg	7.150	10.930	15.200	18.000	24.000	32.000	39.000
	木板		m³	0.031	0.044	0.055	0.070	0.093	0.123	0.150
	道木		m³	0.014	0.014	0.014	0.014	0.014	0.014	0.014
	煤油		kg	19.766	26.355	38.215	48.757	63.252	68.523	109.373
	橡胶溶剂 120#		kg	28.200	28.200	53.000	53.000	80.000	107.000	107.000
	机油		kg	6.124	8.042	9.279	12.373	15.466	19.796	24.745
	黄油钙基脂		kg	23.034	26.405	33.709	39.327	48.316	60.676	74.159
	氧气		m³	13.158	26.826	29.886	31.620	35.700	39.780	44.880
	乙炔气		kg	5.061	10.318	11.495	12.162	13.731	15.300	17.262
	生胶		kg	4.620	4.620	7.500	7.500	11.000	15.000	15.000
	熟胶		kg	6.700	6.700	13.000	13.000	19.000	25.500	26.000
	低碳钢焊条 J427（综合）		kg	12.012	14.805	16.275	17.850	18.900	22.050	24.150
	其他材料费		%	5.00	5.00	5.00	5.00	5.00	5.00	5.00
机械	载货汽车 - 普通货车 8t		台班	0.300	0.400	0.500	0.600	1.000	1.000	1.500
	叉式起重机 5t		台班	3.000	3.300	3.500	4.000	4.000	4.300	4.500
	汽车式起重机 25t		台班	0.500	0.500	—	—	—	—	—
	汽车式起重机 50t		台班	—	—	0.500	—	—	—	—
	汽车式起重机 75t		台班	—	—	—	0.500	0.700	—	—
	汽车式起重机 100t		台班	—	—	—	—	—	0.800	0.900
	弧焊机 21kV·A		台班	3.200	3.500	4.100	4.500	5.000	5.500	6.000

工作内容: 施工准备、设备开箱检验、基础处理、垫铁设置、设备吊装就位、设备
部件清洗组装,与机械本体联接的冷却系统、润滑系统以及支架、防
护罩等零件附件的安装、找平找正、垫铁点焊、油系统管线清洗、单机
试车、配合检查验收。　　　　　　　　　　　　　　　　计量单位:台

编　号			1-6-76	1-6-77	1-6-78	1-6-79	1-6-80
带宽(mm 以内)			2 000				
输送长度(m 以内)			20	100	150	250	500
名　称		单位	消　耗　量				
人工	合计工日	工日	102.230	243.034	279.552	406.741	503.798
	其中 普工	工日	20.446	48.607	55.911	81.348	100.759
	一般技工	工日	61.338	145.820	167.731	244.045	302.279
	高级技工	工日	20.446	48.607	55.910	81.348	100.760
材料	平垫铁(综合)	kg	87.933	117.301	134.550	151.800	255.313
	斜垫铁(综合)	kg	97.240	127.160	145.864	164.563	276.760
	热轧薄钢板 δ0.50~0.65	kg	7.150	18.000	24.000	39.000	45.100
	木板	m³	0.031	0.070	0.093	0.150	0.200
	道木	m³	0.014	0.014	0.014	0.014	0.015
	橡胶溶剂 120#	kg	28.200	53.000	80.000	107.000	113.500
	煤油	kg	19.766	48.757	63.252	109.373	113.076
	机油	kg	6.124	12.373	15.466	24.745	27.979
	黄油钙基脂	kg	23.034	39.327	48.316	74.159	83.905
	氧气	m³	13.158	31.620	35.700	44.880	51.090
	乙炔气	kg	5.061	12.162	13.731	17.262	19.650
	生胶	kg	4.620	7.500	11.000	15.000	18.500
	熟胶	kg	6.700	13.000	19.000	26.000	30.500
	低碳钢焊条 J427(综合)	kg	12.012	17.850	18.900	24.150	29.460
	其他材料费	%	5.00	5.00	5.00	5.00	5.00
机械	载货汽车－普通货车 8t	台班	0.500	0.800	1.200	1.600	2.000
	叉式起重机 5t	台班	3.000	4.000	4.000	4.500	5.000
	汽车式起重机 16t	台班	0.700	—	—	—	—
	汽车式起重机 25t	台班	—	1.300	1.800	—	—
	汽车式起重机 50t	台班	—	—	—	1.400	1.700
	弧焊机 21kV·A	台班	4.000	5.500	6.000	7.000	8.000

六、螺旋式输送机

工作内容：施工准备、设备开箱检验、基础处理、垫铁设置、设备吊装就位、设备部件清洗组装，与机械本体联接的冷却系统、润滑系统以及支架、防护罩等零件附件的安装、找平找正、垫铁点焊、油系统管线清洗、单机试车、配合检查验收。

计量单位：台

编　号			1-6-81	1-6-82	1-6-83	1-6-84
公称直径（mm 以内）			300			
机身长度（m 以内）			6	11	16	21
名　称		单位	消　耗　量			
人工	合计工日	工日	8.225	10.457	13.598	16.676
	其中　普工	工日	1.645	2.092	2.719	3.335
	一般技工	工日	4.935	6.274	8.159	10.006
	高级技工	工日	1.645	2.091	2.720	3.335
材料	平垫铁（综合）	kg	6.840	9.120	11.423	21.202
	斜垫铁（综合）	kg	6.696	8.928	11.160	21.413
	热轧薄钢板 δ0.50~0.65	kg	0.280	0.410	0.600	0.780
	木板	m³	0.006	0.006	0.008	0.008
	煤油	kg	3.663	4.454	5.232	6.023
	机油	kg	0.532	0.606	0.712	0.810
	黄油钙基脂	kg	1.494	1.641	1.820	2.011
	低碳钢焊条 J427（综合）	kg	0.462	0.735	1.113	1.449
	其他材料费	%	5.00	5.00	5.00	5.00
机械	叉式起重机 5t	台班	0.200	0.300	0.500	0.600
	弧焊机 21kV·A	台班	0.200	0.250	0.400	0.500
	电动单筒慢速卷扬机 50kN	台班	0.100	0.200	0.300	0.400

工作内容: 施工准备、设备开箱检验、基础处理、垫铁设置、设备吊装就位、设备部件清洗组装,与机械本体联接的冷却系统、润滑系统以及支架、防护罩等零件附件的安装、找平找正、垫铁点焊、油系统管线清洗、单机试车、配合检查验收。

计量单位:台

编　号			1-6-85	1-6-86	1-6-87	1-6-88
公称直径(mm 以内)			600			
机身长度(m 以内)			8	14	20	26
名　称		单位	消　耗　量			
人工	合计工日	工日	13.899	17.264	21.821	26.465
	其中 普工	工日	2.780	3.453	4.364	5.293
	一般技工	工日	8.339	10.358	13.093	15.879
	高级技工	工日	2.780	3.453	4.364	5.293
材料	平垫铁(综合)	kg	6.840	9.120	11.423	21.202
	斜垫铁(综合)	kg	6.696	8.928	11.160	21.413
	热轧薄钢板 δ0.50~0.65	kg	0.450	0.630	0.870	1.110
	木板	m³	0.021	0.024	0.026	0.029
	煤油	kg	4.679	5.680	6.682	7.815
	机油	kg	0.742	0.854	1.002	1.151
	黄油钙基脂	kg	2.192	2.393	2.674	2.944
	低碳钢焊条 J427(综合)	kg	0.630	1.008	1.512	2.016
	其他材料费	%	5.00	5.00	5.00	5.00
机械	叉式起重机 5t	台班	0.300	0.500	0.700	0.800
	弧焊机 21kV·A	台班	0.200	0.250	0.400	0.600
	电动单筒慢速卷扬机 50kN	台班	0.200	0.300	0.400	0.500

七、皮带秤安装

工作内容：施工准备、设备开箱检验、基础处理、垫铁设置、设备吊装就位、设备部件清洗组装，与机械本体联接的冷却系统、润滑系统以及支架、防护罩等零件附件的安装、找平找正、垫铁点焊、油系统管线清洗、单机试车、配合检查验收。

计量单位：台

编 号			1-6-89	1-6-90	1-6-91
项 目			带宽（mm 以内）		
			650	1 000	1 400
名 称		单位	消 耗 量		
人工	合计工日	工日	8.838	10.985	13.226
	其中 普工	工日	1.767	2.197	2.645
	一般技工	工日	5.303	6.591	7.936
	高级技工	工日	1.768	2.197	2.645
材料	热轧薄钢板 δ0.50~0.65	kg	0.500	0.600	0.600
	低碳钢焊条 J427 φ4.0	kg	0.378	0.504	0.630
	木板	m³	0.004	0.005	0.006
	煤油	kg	3.953	4.612	4.612
	机油	kg	0.309	0.433	0.433
	黄油钙基脂	kg	1.573	1.798	1.798
	碎布	kg	1.050	1.260	1.260
	其他材料费	%	3.00	3.00	3.00
机械	叉式起重机 5t	台班	0.100	0.200	0.300
	弧焊机 21kV·A	台班	0.189	0.252	0.315

第七章 风机安装

说　明

一、本章内容包括离心式通（引）风机安装、轴流通风机安装、回转式鼓风机安装和离心式鼓风机安装。

1.离心式通（引）风机安装：包括中低压离心通风机、排尘离心通风机、耐腐蚀离心通风机、防爆离心通风机、高压离心通风机、锅炉离心通风机、抽烟通风机、多翼式离心通风机、硫黄鼓风机、恒温冷暖风机、暖风机、低噪声离心通风机、低噪声屋顶离心通风机的安装。

2.轴流通风机安装：包括工业用轴流通风机、冷却塔轴流通风机、防爆轴流通风机、可调轴流通风机、屋顶轴流通风机、隔爆型轴流式局部扇风机的安装。

3.回转式鼓风机（罗茨鼓风机、HGY型鼓风机、叶式鼓风机）、离心式鼓风机安装。

二、本章不包括以下工作内容，应执行其他章节有关消耗量或规定。

1.风机底座、防护罩、键、减振器的制作；

2.电动机的抽芯检查、干燥、配线、调试。

三、塑料风机及耐酸陶瓷风机按离心式通（引）风机执行。

工程量计算规则

一、风机安装按照设备类型、重量选用项目,以"台"为计量单位。

二、直联式风机按风机本体及电动机、变速器和底座的总重量计算。

三、非直联式风机以风机本体和底座的总重量计算,不包括电动机重量,但电动机的安装已包括在内。

一、离心式通(引)风机

工作内容: 施工准备、设备开箱检验、基础处理、垫铁设置、设备吊装就位、分体
组装、找平找正、垫铁点焊、油箱清洁、单机试车、配合检查验收。 计量单位:台

编 号			1-7-1	1-7-2	1-7-3	1-7-4	1-7-5
项 目			设备重量(t以内)				
			0.3	0.5	1.1	1.5	2.2
名 称		单位	消 耗 量				
人工	合计工日	工日	5.580	6.576	11.459	15.300	19.897
	其中 普工	工日	1.116	1.315	2.292	3.060	3.980
	一般技工	工日	3.348	3.946	6.875	9.180	11.938
	高级技工	工日	1.116	1.315	2.292	3.060	3.979
材料	平垫铁(综合)	kg	4.710	4.710	6.280	18.463	18.463
	斜垫铁(综合)	kg	4.692	4.692	6.256	17.480	17.480
	热轧薄钢板 δ1.6~1.9	kg	0.300	0.300	0.400	0.600	0.600
	紫铜板 δ0.25~0.50	kg	0.100	0.200	0.300	0.400	0.500
	木板	m³	0.006	0.008	0.009	0.012	0.015
	煤油	kg	2.888	4.331	5.775	6.320	8.663
	机油	kg	0.824	0.824	1.237	1.850	2.473
	黄油钙基脂	kg	0.247	0.247	0.371	0.506	0.619
	氧气	m³	1.020	1.020	1.020	1.360	1.530
	乙炔气	kg	0.392	0.392	0.392	0.523	0.588
	无石棉橡胶板 高压 δ1~6	kg	0.300	0.300	0.400	0.500	0.600
	低碳钢焊条 J427(综合)	kg	0.210	0.210	0.315	0.433	0.525
	其他材料费	%	5.00	5.00	5.00	5.00	5.00
机械	叉式起重机 5t	台班	0.100	0.100	0.200	0.200	0.300
	弧焊机 21kV·A	台班	0.100	0.100	0.200	0.300	0.400

工作内容：施工准备、设备开箱检验、基础处理、垫铁设置、设备吊装就位、分体
组装、找平找正、垫铁点焊、油箱清洁、单机试车、配合检查验收。　　　　　　　　计量单位：台

编 号				1-7-6	1-7-7	1-7-8	1-7-9
项 目				设备重量（t以内）			
				3	5	7	10
名 称			单位	消 耗 量			
人工	合计工日		工日	26.805	32.502	54.623	65.421
	其中	普工	工日	5.361	6.501	10.924	13.084
		一般技工	工日	16.083	19.501	32.774	39.253
		高级技工	工日	5.361	6.500	10.925	13.084
材料	平垫铁（综合）		kg	18.463	30.772	42.373	50.005
	斜垫铁（综合）		kg	17.480	27.968	38.512	46.020
	热轧薄钢板 $\delta 1.6\sim1.9$		kg	1.000	1.500	2.000	3.000
	紫铜板 $\delta 0.25\sim0.50$		kg	0.600	0.700	0.800	0.800
	木板		m³	0.015	0.019	0.029	0.031
	道木		m³	0.011	0.014	0.014	0.021
	煤油		kg	8.663	10.106	11.550	14.438
	机油		kg	2.473	4.122	4.946	6.595
	黄油钙基脂		kg	0.990	1.237	1.485	1.856
	氧气		m³	2.040	3.060	3.060	4.080
	乙炔气		kg	0.785	1.177	1.177	1.569
	无石棉橡胶板 高压 $\delta 1\sim6$		kg	1.000	1.500	2.000	3.000
	低碳钢焊条 J427（综合）		kg	0.525	0.840	1.050	1.575
	其他材料费		%	5.00	5.00	5.00	5.00
机械	载货汽车 - 普通货车 10t		台班	—	—	0.200	0.200
	叉式起重机 5t		台班	0.400	0.500	—	—
	汽车式起重机 16t		台班	—	—	0.500	0.500
	弧焊机 21kV·A		台班	0.300	0.400	0.500	0.550

工作内容：施工准备、设备开箱检验、基础处理、垫铁设置、设备吊装就位、分体
组装、找平找正、垫铁点焊、油箱清洁、单机试车、配合检查验收。 计量单位：台

编　号			1-7-10	1-7-11	1-7-12	1-7-13
项　目			设备重量（t 以内）			
			15	20	30	40
名　称		单位	消　耗　量			
人工	合计工日	工日	82.637	97.590	102.410	112.650
	其中 普工	工日	16.528	19.518	20.482	22.530
	一般技工	工日	49.582	58.554	61.446	67.590
	高级技工	工日	16.527	19.518	20.482	22.530
材料	平垫铁（综合）	kg	64.025	78.751	139.810	150.720
	斜垫铁（综合）	kg	57.024	73.240	123.970	138.300
	热轧薄钢板 $\delta1.6\sim1.9$	kg	3.500	4.000	4.500	5.000
	紫铜板 $\delta0.25\sim0.50$	kg	1.200	1.500	2.000	2.500
	木板	m³	0.033	0.035	0.037	0.040
	道木	m³	0.025	0.028	0.031	0.035
	煤油	kg	17.325	23.100	34.650	51.975
	机油	kg	8.244	9.893	12.861	16.718
	黄油钙基脂	kg	2.475	3.712	4.324	4.961
	氧气	m³	6.120	9.180	9.680	10.200
	乙炔气	kg	2.354	3.531	3.723	3.923
	无石棉橡胶板 高压 $\delta1\sim6$	kg	3.000	4.000	5.000	5.500
	低碳钢焊条 J427（综合）	kg	1.890	2.100	2.310	2.510
	其他材料费	%	5.00	5.00	5.00	5.00
机械	载货汽车 - 普通货车 15t	台班	0.200	0.250	—	—
	载货汽车 - 平板拖车组 40t	台班	—	—	0.250	0.300
	汽车式起重机 25t	台班	0.500	0.250	—	—
	汽车式起重机 50t	台班	—	0.300	0.600	0.700
	弧焊机 21kV·A	台班	0.600	0.700	0.760	0.820

二、轴流通风机

工作内容：施工准备、设备开箱检验、基础处理、垫铁设置、设备吊装就位、分体
组装、找平找正、垫铁点焊、油箱清洁、单机试车、配合检查验收。　　　　计量单位：台

		编　号		1-7-14	1-7-15	1-7-16	1-7-17	1-7-18
		项　目		设备重量（t 以内）				
				0.2	0.5	1	2	3
	名　称		单位	消　耗　量				
人工	合计工日		工日	4.494	6.650	9.260	14.538	19.765
	其中	普工	工日	0.899	1.330	1.852	2.907	3.953
		一般技工	工日	2.696	3.990	5.556	8.723	11.859
		高级技工	工日	0.899	1.330	1.852	2.908	3.953
材料	平垫铁（综合）		kg	4.710	4.710	6.280	18.460	18.460
	斜垫铁（综合）		kg	4.692	4.692	6.256	17.480	17.480
	热轧薄钢板 $\delta 1.6 \sim 1.9$		kg	0.300	0.300	0.500	0.800	1.000
	木板		m³	0.006	0.006	0.010	0.010	0.010
	煤油		kg	1.444	2.166	2.888	5.775	7.219
	机油		kg	0.495	0.495	0.824	1.237	1.649
	黄油钙基脂		kg	0.147	0.282	0.371	0.495	0.495
	氧气		m³	1.020	1.020	1.020	2.040	2.040
	乙炔气		kg	0.392	0.392	0.392	0.785	0.785
	低碳钢焊条 J427（综合）		kg	0.210	0.210	0.420	0.525	0.630
	其他材料费		%	5.00	5.00	5.00	5.00	5.00
机械	叉式起重机 5t		台班	0.100	0.100	0.200	0.200	0.400
	弧焊机 21kV·A		台班	0.100	0.100	0.100	0.200	0.200

工作内容：施工准备、设备开箱检验、基础处理、垫铁设置、设备吊装就位、分体
组装、找平找正、垫铁点焊、油箱清洁、单机试车、配合检查验收。　　　　　　计量单位：台

编　号			1-7-19	1-7-20	1-7-21	1-7-22
项　目			设备重量（t 以内）			
			5	8	10	15
名　称		单位	消　耗　量			
人工	合计工日	工日	36.178	55.309	67.568	88.535
	其中 普工	工日	7.235	11.062	13.513	17.707
	一般技工	工日	21.707	33.185	40.541	53.121
	高级技工	工日	7.236	11.062	13.514	17.707
材料	平垫铁（综合）	kg	30.772	42.373	50.005	73.853
	斜垫铁（综合）	kg	28.000	38.512	46.020	65.712
	热轧薄钢板 δ1.6~1.9	kg	1.000	1.500	2.000	3.000
	木板	m³	0.014	0.023	0.028	0.044
	道木	m³	0.014	0.021	0.021	0.028
	煤油	kg	8.663	11.550	14.438	18.769
	机油	kg	3.298	4.946	6.595	8.244
	黄油钙基脂	kg	0.619	1.237	1.485	2.475
	氧气	m³	3.060	4.080	6.120	9.180
	乙炔气	kg	1.177	1.569	2.354	3.531
	无石棉橡胶板 高压 δ1~6	kg	1.500	1.800	2.000	2.500
	低碳钢焊条 J427（综合）	kg	0.300	0.350	0.400	0.500
	其他材料费	%	5.00	5.00	5.00	5.00
机械	载货汽车 – 普通货车 10t	台班	—	0.200	0.200	—
	载货汽车 – 普通货车 15t	台班	—	—	—	0.200
	叉式起重机 5t	台班	0.500	—	—	—
	汽车式起重机 16t	台班	—	0.350	—	—
	汽车式起重机 25t	台班	—	—	0.500	0.750
	弧焊机 21kV·A	台班	0.300	0.350	0.400	0.500

工作内容: 施工准备、设备开箱检验、基础处理、垫铁设置、设备吊装就位、分体
组装、找平找正、垫铁点焊、油箱清洁、单机试车、配合检查验收。　　　　　　　计量单位:台

编　号			1-7-23	1-7-24	1-7-25	1-7-26	1-7-27	1-7-28
项　目			设备重量(t以内)					
			20	30	40	50	60	70
名　称		单位	消　耗　量					
人工	合计工日	工日	108.201	130.267	157.616	178.357	211.799	237.702
	其中 普工	工日	21.640	26.054	31.523	35.672	42.360	47.541
	一般技工	工日	64.921	78.160	94.570	107.014	127.079	142.621
	高级技工	工日	21.640	26.053	31.523	35.671	42.360	47.540
材料	平垫铁(综合)	kg	80.598	89.829	127.358	139.868	162.024	202.844
	斜垫铁(综合)	kg	75.230	80.696	103.530	127.448	161.400	200.900
	热轧薄钢板 δ1.6~1.9	kg	4.000	5.000	5.000	6.000	7.000	7.000
	木板	m³	0.044	0.075	0.088	0.115	0.115	0.125
	道木	m³	0.041	0.055	0.083	0.110	0.138	0.206
	煤油	kg	21.656	28.875	36.094	43.313	50.531	57.750
	机油	kg	9.893	12.366	14.839	16.488	20.610	24.732
	黄油钙基脂	kg	3.712	4.330	4.949	5.568	6.186	7.424
	氧气	m³	9.180	12.240	18.360	18.360	24.480	24.480
	乙炔气	kg	3.531	4.708	7.062	7.062	9.415	9.415
	无石棉橡胶板 高压 δ1~6	kg	3.000	3.200	3.500	3.800	4.000	4.500
	低碳钢焊条 J427(综合)	kg	4.200	6.300	8.400	10.500	12.600	14.700
	其他材料费	%	5.00	5.00	5.00	5.00	5.00	5.00
机械	载货汽车-普通货车 15t	台班	0.250	—	—	—	—	—
	载货汽车-平板拖车组 20t	台班	—	0.250	0.300	0.500	—	—
	载货汽车-平板拖车组 30t	台班	—	—	—	—	0.500	0.500
	载货汽车-平板拖车组 60t	台班	—	—	—	0.400	0.450	0.500
	汽车式起重机 25t	台班	0.300	0.300	0.300	0.300	0.300	0.500
	汽车式起重机 50t	台班	1.000	1.200	1.500	—	—	—
	汽车式起重机 100t	台班	—	—	—	1.100	1.500	2.000
	弧焊机 21kV·A	台班	0.800	1.000	1.200	1.500	2.000	2.300
仪表	激光轴对中仪	台班	0.450	0.500	0.550	0.600	0.650	0.730

三、回转式鼓风机

工作内容：施工准备、设备开箱检验、基础处理、垫铁设置、设备吊装就位、分体
组装、找平找正、垫铁点焊、油箱清洁、单机试车、配合检查验收。　　　　　计量单位：台

编　号			1-7-29	1-7-30	1-7-31	1-7-32
项　目			设备重量（t以内）			
			0.5	1	2	3
名　称		单位	消　耗　量			
人工	合计工日	工日	11.590	16.040	20.299	24.493
	其中 普工	工日	2.318	3.208	4.060	4.898
	一般技工	工日	6.954	9.624	12.179	14.696
	高级技工	工日	2.318	3.208	4.060	4.899
材料	平垫铁（综合）	kg	6.280	13.565	16.956	16.956
	斜垫铁（综合）	kg	6.256	9.952	12.440	12.440
	热轧薄钢板 δ1.6~1.9	kg	0.400	0.500	0.800	0.800
	木板	m³	0.006	0.010	0.015	0.024
	煤油	kg	5.775	6.641	8.374	9.818
	机油	kg	0.824	1.237	1.649	1.649
	黄油钙基脂	kg	0.619	0.990	1.237	1.237
	氧气	m³	1.020	1.020	1.020	1.530
	乙炔气	kg	0.392	0.392	0.392	0.588
	无石棉橡胶板 高压 δ1~6	kg	0.500	0.700	1.000	1.000
	低碳钢焊条 J427（综合）	kg	0.368	0.578	0.578	0.945
	其他材料费	%	5.00	5.00	5.00	5.00
机械	叉式起重机 5t	台班	0.200	0.200	0.300	0.300
	弧焊机 21kV·A	台班	0.100	0.200	0.200	0.300

工作内容: 施工准备、设备开箱检验、基础处理、垫铁设置、设备吊装就位、分体
组装、找平找正、垫铁点焊、油箱清洁、单机试车、配合检查验收。　　　　　计量单位:台

编　号			1-7-33	1-7-34	1-7-35	1-7-36
项　目			设备重量（t 以内）			
			5	8	12	15
名　称		单位	消　耗　量			
人工	合计工日		工日	30.935	46.156	59.690	80.528
	其中	普工	工日	6.187	9.231	11.938	16.105
		一般技工	工日	18.561	27.694	35.814	48.317
		高级技工	工日	6.187	9.231	11.938	16.106
材料	平垫铁（综合）		kg	20.310	20.310	36.926	87.920
	斜垫铁（综合）		kg	19.250	19.250	31.170	80.760
	热轧薄钢板 δ1.6~1.9		kg	1.000	1.000	1.800	2.300
	木板		m³	0.028	0.031	0.034	0.038
	煤油		kg	11.550	14.438	15.881	18.769
	机油		kg	2.061	2.473	3.298	4.122
	黄油钙基脂		kg	1.671	1.856	2.227	2.475
	氧气		m³	2.040	3.060	4.080	5.100
	乙炔气		kg	0.785	1.177	1.569	1.962
	无石棉橡胶板 高压 δ1~6		kg	1.500	1.500	1.800	2.400
	低碳钢焊条 J427（综合）		kg	1.313	1.890	2.625	3.150
	其他材料费		%	5.00	5.00	5.00	5.00
机械	载货汽车 - 普通货车 10t		台班	—	0.200	—	—
	载货汽车 - 普通货车 15t		台班	—	—	0.250	0.250
	叉式起重机 5t		台班	0.500	—	—	—
	汽车式起重机 16t		台班	0.300	0.500	0.500	—
	汽车式起重机 25t		台班	—	0.250	0.300	0.800
	弧焊机 21kV·A		台班	0.400	0.450	0.500	0.800
仪表	激光轴对中仪		台班	—	0.300	0.350	0.400

四、离心式鼓风机

1. 离心式鼓风机（带变速器）

工作内容：施工准备、设备开箱检验、基础处理、垫铁设置、设备吊装就位、分体
组装、找平找正、垫铁点焊、油箱清洁、单机试车、配合检查验收。　　　计量单位：台

编　号				1-7-37	1-7-38	1-7-39	1-7-40	1-7-41
项　目				设备重量（t以内）				
				0.5	1	3	5	7
名　称			单位	消　耗　量				
人工	合计工日		工日	9.417	15.242	28.719	41.784	58.517
	其中	普工	工日	1.884	3.049	5.744	8.357	11.704
		一般技工	工日	5.650	9.145	17.231	25.070	35.110
		高级技工	工日	1.883	3.048	5.744	8.357	11.703
材料	平垫铁（综合）		kg	5.181	6.908	20.309	33.849	46.610
	斜垫铁（综合）		kg	5.161	6.882	19.228	30.765	42.363
	紫铜板 δ0.25~0.50		kg	0.220	0.330	0.660	0.770	0.880
	木板		m³	0.009	0.010	0.017	0.021	0.032
	道木		m³	—	—	0.012	0.015	0.015
	煤油		kg	4.764	6.353	9.529	11.117	12.705
	机油		kg	0.906	1.361	2.720	4.534	5.441
	黄油钙基脂		kg	0.272	0.408	1.089	1.361	1.634
	氧气		m³	1.122	1.122	2.244	3.366	3.366
	乙炔气		kg	0.432	0.432	0.863	1.295	1.295
	无石棉橡胶板 高压 δ1~6		kg	0.330	0.440	1.100	1.650	2.200
	低碳钢焊条 J427（综合）		kg	0.231	0.347	0.578	0.924	1.155
	其他材料费		%	5.00	5.00	5.00	5.00	5.00
机械	载货汽车-普通货车 10t		台班	—	—	—	—	0.300
	叉式起重机 5t		台班	0.300	0.300	0.330	0.500	—
	汽车式起重机 16t		台班	—	—	0.200	—	—
	汽车式起重机 25t		台班	—	—	—	0.500	0.800
	电动空气压缩机 6m³/min		台班	—	—	—	0.100	0.100
	弧焊机 21kV·A		台班	0.200	0.200	0.250	0.300	0.400

工作内容：施工准备、设备开箱检验、基础处理、垫铁设置、设备吊装就位、分体
组装、找平找正、垫铁点焊、油箱清洁、单机试车、配合检查验收。　　　　　计量单位：台

编　号				1-7-42	1-7-43	1-7-44	1-7-45
项　目				设备重量（t以内）			
				10	15	20	25
名　称			单位	消　耗　量			
人工	合计工日		工日	81.280	99.991	120.524	136.191
	其中	普工	工日	16.256	19.998	24.105	27.238
		一般技工	工日	48.768	59.995	72.314	81.715
		高级技工	工日	16.256	19.998	24.105	27.238
材料	平垫铁（综合）		kg	55.006	70.428	86.626	153.791
	斜垫铁（综合）		kg	50.622	62.726	80.564	136.367
	紫铜板 δ0.25~0.50		kg	0.880	1.320	1.650	2.200
	木板		m³	0.034	0.036	0.039	0.041
	道木		m³	0.023	0.028	0.031	0.034
	煤油		kg	15.882	19.058	25.410	38.115
	机油		kg	7.255	9.068	10.882	14.147
	黄油钙基脂		kg	2.042	2.723	4.083	4.756
	氧气		m³	4.488	6.732	10.098	10.648
	乙炔气		kg	1.726	2.589	3.884	4.095
	无石棉橡胶板 高压 δ1~6		kg	3.300	3.300	4.400	5.500
	低碳钢焊条 J427（综合）		kg	1.733	2.079	2.310	2.541
	其他材料费		%	5.00	5.00	5.00	5.00
机械	载货汽车－普通货车 10t		台班	0.230	—	—	—
	载货汽车－普通货车 15t		台班	—	0.250	0.280	0.320
	汽车式起重机 16t		台班	0.500	—	—	—
	汽车式起重机 25t		台班	0.500	0.750	—	—
	汽车式起重机 50t		台班	—	—	0.600	0.750
	电动空气压缩机 6m³/min		台班	0.100	0.100	0.100	0.100
	弧焊机 21kV·A		台班	0.600	1.500	2.000	2.000
仪表	激光轴对中仪		台班	0.350	0.400	0.450	0.500

2. 离心式鼓风机（不带变速器）

工作内容： 施工准备、设备开箱检验、基础处理、垫铁设置、设备吊装就位、分体组装、轴承部位间隙检查、轴对中、找平找正、垫铁点焊、油箱清洁、单机试车、配合检查验收。

计量单位：台

编　号			1-7-46	1-7-47	1-7-48	1-7-49	1-7-50
项　目			设备重量（t以内）				
			0.5	1	2	3	5
名　称		单位	消　耗　量				
人工	合计工日	工日	8.001	13.072	22.625	30.513	42.236
	其中 普工	工日	1.600	2.615	4.525	6.102	8.447
	一般技工	工日	4.801	7.843	13.575	18.308	25.342
	高级技工	工日	1.600	2.614	4.525	6.103	8.447
材料	平垫铁（综合）	kg	4.404	5.872	17.263	18.989	28.772
	斜垫铁（综合）	kg	4.387	5.850	16.344	17.978	26.150
	紫铜板 δ0.25~0.50	kg	0.187	0.281	0.468	0.561	0.655
	木板	m³	0.008	0.009	0.014	0.015	0.018
	道木	m³	—	—	—	0.010	0.013
	煤油	kg	4.049	5.400	8.100	8.910	9.449
	机油	kg	0.770	1.157	2.312	2.543	3.854
	黄油钙基脂	kg	0.231	0.347	0.579	0.926	1.157
	氧气	m³	0.954	0.954	1.431	1.907	2.861
	乙炔气	kg	0.367	0.367	0.550	0.733	1.100
	无石棉橡胶板 高压 δ1~6	kg	0.281	0.374	0.561	0.935	1.402
	低碳钢焊条 J427（综合）	kg	0.196	0.295	0.491	0.491	0.785
	其他材料费	%	5.00	5.00	5.00	5.00	5.00
机械	叉式起重机 5t	台班	0.200	0.210	0.210	0.300	0.520
	电动空气压缩机 6m³/min	台班	0.100	0.100	0.100	0.100	0.100
	弧焊机 21kV·A	台班	0.100	0.100	0.100	0.200	0.300

工作内容：施工准备、设备开箱检验、基础处理、垫铁设置、设备吊装就位、分体
　　　　　组装、轴承部位间隙检查、轴对中、找平找正、垫铁点焊、油箱清洁、单
　　　　　机试车、配合检查验收。

计量单位：台

编　号			1-7-51	1-7-52	1-7-53	1-7-54	1-7-55
项　目			设备重量（t 以内）				
			7	10	15	20	30
名　称		单位	消　耗　量				
人工	合计工日	工日	59.688	70.343	92.136	107.092	125.449
	其中 普工	工日	11.937	14.068	18.427	21.419	25.090
	一般技工	工日	35.813	42.206	55.282	64.255	75.269
	高级技工	工日	11.938	14.069	18.427	21.418	25.090
材料	平垫铁（综合）	kg	39.618	46.755	62.587	73.632	130.722
	斜垫铁（综合）	kg	36.009	43.029	58.207	68.479	115.912
	紫铜板 δ0.25~0.50	kg	0.748	0.748	1.150	1.402	1.870
	木板	m³	0.027	0.029	0.030	0.033	0.035
	道木	m³	0.013	0.020	0.022	0.026	0.029
	煤油	kg	10.799	13.500	17.710	21.598	32.398
	机油	kg	4.625	6.167	7.585	9.250	12.025
	黄油钙基脂	kg	1.389	1.736	2.846	3.471	4.043
	氧气	m³	2.861	3.815	7.038	8.583	9.051
	乙炔气	kg	1.100	1.467	2.707	3.301	3.481
	无石棉橡胶板 高压 δ1~6	kg	1.870	2.805	3.067	3.740	4.675
	低碳钢焊条 J427（综合）	kg	0.982	1.473	1.610	1.964	2.160
	其他材料费	%	5.00	5.00	5.00	5.00	5.00
机械	载货汽车-普通货车 10t	台班	0.200	0.200	—	—	—
	载货汽车-普通货车 15t	台班	—	—	0.200	0.250	—
	载货汽车-平板拖车组 40t	台班	—	—	—	—	0.250
	叉式起重机 5t	台班	—	0.500	0.500	—	—
	汽车式起重机 16t	台班	0.500	0.500	—	—	—
	汽车式起重机 25t	台班	—	—	0.650	—	—
	汽车式起重机 50t	台班	—	—	—	0.600	0.700
	电动空气压缩机 6m³/min	台班	0.100	0.100	0.100	0.100	0.500
	弧焊机 21kV·A	台班	0.400	0.600	0.730	0.893	0.982
仪表	激光轴对中仪	台班	—	0.350	0.400	0.450	0.500

工作内容: 施工准备、设备开箱检验、基础处理、垫铁设置、设备吊装就位、分体
组装、轴承部位间隙检查、轴对中、找平找正、垫铁点焊、油箱清洁、单
机试车、配合检查验收。　　　　　　　　　　　　　　　　　　**计量单位:台**

编　号				1-7-56	1-7-57	1-7-58	1-7-59
项　　目				设备重量(t以内)			
				40	60	90	120
名　　称			单位	消　耗　量			
人工	合计工日		工日	146.253	168.785	267.029	422.463
	其中	普工	工日	29.250	33.757	53.406	84.492
		一般技工	工日	87.752	101.271	160.217	253.478
		高级技工	工日	29.251	33.757	53.406	84.493
材料	平垫铁(综合)		kg	140.923	139.209	174.408	218.508
	斜垫铁(综合)		kg	129.311	136.795	189.929	263.701
	紫铜板 δ0.25~0.50		kg	2.338	3.107	3.809	7.444
	木板		m³	0.035	0.037	0.042	0.049
	道木		m³	0.033	0.037	0.054	0.079
	煤油		kg	48.597	49.569	83.400	144.115
	机油		kg	15.631	19.623	21.978	24.615
	黄油钙基脂		kg	4.123	3.534	3.576	5.402
	氧气		m³	9.537	10.509	10.530	12.319
	乙炔气		kg	3.668	4.042	4.050	4.738
	无石棉橡胶板 高压 δ1~6		kg	5.143	5.290	7.041	9.375
	低碳钢焊条 J427(综合)		kg	2.347	2.355	3.022	3.877
	其他材料费		%	5.00	5.00	5.00	5.00
机械	载货汽车-平板拖车组 40t		台班	0.300	—	—	—
	载货汽车-平板拖车组 60t		台班	—	0.450	0.500	0.800
	汽车式起重机 25t		台班	0.300	0.300	1.000	2.000
	汽车式起重机 50t		台班	0.750	—	—	—
	汽车式起重机 100t		台班	—	1.000	—	—
	汽车式起重机 120t		台班	—	—	2.000	2.500
	电动空气压缩机 6m³/min		台班	0.500	1.000	1.500	2.000
	弧焊机 21kV·A		台班	1.067	1.070	1.374	1.762
仪表	激光轴对中仪		台班	0.550	0.650	1.000	1.250

第八章　泵　安　装

说　明

一、本章内容包括离心泵、旋涡泵、电动往复泵、柱塞泵、蒸汽往复泵、计量泵、螺杆泵及齿轮油泵、真空泵和屏蔽泵的安装。

二、本章不包括以下工作内容：

1. 底座、联轴器、键的制作；

2. 泵排水管道组对安装；

3. 电动机的检查、干燥、配线、调试等；

4. 试运转时所需排水的附加工程（如修筑水沟、接排水管等）。

三、使用方法：

1. 高速泵安装按离心式油泵安装项目人工乘以系数1.20,机械乘以系数1.10;

2. 深水泵橡胶轴与连接吸水管的螺栓按设备配套供货考虑。

工程量计算规则

一、直联式泵按泵本体、电动机以及底座的总重量。

二、非直联式泵按泵本体及底座的总重量计算。不包括电动机重量,但包括电动机的安装。

三、离心式深水泵按本体、电动机、底座及吸水管的总重量计算。

一、离 心 泵

1.单级离心水泵及离心式耐腐蚀泵

工作内容：施工准备、设备开箱检验、基础处理、垫铁设置、设备吊装就位、找平
找正、垫铁点焊、轴系对中、应力检查、单机试车、配合检查验收。　　　　　　计量单位：台

	编　号		1-8-1	1-8-2	1-8-3	1-8-4	1-8-5	1-8-6
	项　目		设备重量（t以内）					
			0.2	0.5	1.0	3.0	5.0	8.0
	名　称	单位	消　耗　量					
人工	合计工日	工日	6.210	8.116	12.345	20.138	22.387	30.546
	其中 普工	工日	1.242	1.623	2.469	4.027	4.478	6.109
	一般技工	工日	3.726	4.870	7.407	12.083	13.432	18.328
	高级技工	工日	1.242	1.623	2.469	4.028	4.477	6.109
材料	平垫铁（综合）	kg	4.500	4.500	5.625	8.460	14.160	19.320
	斜垫铁（综合）	kg	4.464	4.464	5.580	7.500	12.600	17.150
	热轧薄钢板 δ1.6~1.9	kg	0.200	0.300	0.400	0.450	0.500	0.600
	木板	m³	0.003	0.006	0.009	0.019	0.025	0.040
	煤油	kg	0.560	0.788	0.945	1.890	2.625	3.570
	机油	kg	0.410	0.606	0.859	1.364	1.515	1.818
	黄油钙基脂	kg	0.150	0.202	0.556	0.909	0.909	1.303
	氧气	m³	0.133	0.204	0.204	0.408	0.510	0.673
	乙炔气	kg	0.051	0.078	0.078	0.157	0.196	0.259
	砂纸	张	2.000	2.000	4.000	5.000	6.000	7.000
	紫铜板（综合）	kg	0.050	0.060	0.150	0.200	0.250	0.400
	金属滤网	m²	0.063	0.065	0.068	0.070	0.090	0.100
	无石棉板衬垫	kg	0.125	0.130	0.135	0.140	0.180	0.200
	低碳钢焊条 J427（综合）	kg	0.100	0.126	0.189	0.357	0.441	0.620
	其他材料费	%	3.00	3.00	3.00	3.00	3.00	3.00
机械	载货汽车-普通货车 10t	台班	—	—	—	—	0.300	0.500
	叉式起重机 5t	台班	0.100	0.100	0.200	0.400	—	—
	汽车式起重机 16t	台班	—	—	—	—	0.500	0.500
	弧焊机 21kV·A	台班	0.100	0.100	0.100	0.300	0.400	0.500

工作内容: 施工准备、设备开箱检验、基础处理、垫铁设置、设备吊装就位、找平
找正、垫铁点焊、轴系对中、应力检查、单机试车、配合检查验收。 计量单位:台

	编　　号		1-8-7	1-8-8	1-8-9	1-8-10
	项　　目		设备重量（t 以内）			
			12	17	23	30
	名　　称	单位	消　耗　量			
人工	合计工日	工日	35.782	41.941	54.589	63.469
	其中 普工	工日	7.157	8.388	10.918	12.694
	一般技工	工日	21.469	25.165	32.753	38.081
	高级技工	工日	7.156	8.388	10.918	12.694
材料	平垫铁（综合）	kg	24.840	49.720	54.240	63.280
	斜垫铁（综合）	kg	22.050	44.440	48.480	56.560
	热轧薄钢板 $\delta 1.6\sim1.9$	kg	0.700	0.760	0.800	0.900
	木板	m³	0.056	0.076	0.088	0.100
	道木	m³	0.010	0.010	0.012	0.017
	煤油	kg	4.095	4.830	5.040	5.460
	机油	kg	2.172	2.525	2.727	2.929
	黄油钙基脂	kg	1.535	1.697	1.737	1.778
	氧气	m³	0.673	0.673	1.020	1.530
	乙炔气	kg	0.259	0.259	0.392	0.588
	无石棉板衬垫	kg	0.240	0.300	0.360	0.400
	紫铜板（综合）	kg	0.600	0.950	1.100	1.500
	金属滤网	m²	0.120	0.150	0.180	0.200
	砂纸	张	8.000	9.000	10.000	10.000
	低碳钢焊条 J427（综合）	kg	0.620	0.620	0.683	0.683
	其他材料费	%	3.00	3.00	3.00	3.00
机械	载货汽车－平板拖车组 20t	台班	0.500	0.500	—	—
	载货汽车－平板拖车组 40t	台班	—	—	0.700	1.000
	汽车式起重机 25t	台班	0.500	1.000	—	—
	汽车式起重机 50t	台班	—	—	1.000	—
	汽车式起重机 75t	台班	—	—	—	1.000
	弧焊机 21kV·A	台班	0.500	0.500	0.500	0.500
仪表	激光轴对中仪	台班	—	—	1.000	1.000

2. 多级离心泵

工作内容： 施工准备、设备开箱检验、基础处理、垫铁设置、设备吊装就位、找平
找正、垫铁点焊、轴系对中、应力检查、单机试车、配合检查验收。 计量单位：台

编　号			1-8-11	1-8-12	1-8-13	1-8-14	1-8-15
项　目			设备重量（t 以内）				
			0.3	0.5	1.0	3.0	5.0
名　称		单位	消　耗　量				
人工	合计工日	工日	10.511	13.907	16.513	23.812	32.820
	其中 普工	工日	2.102	2.782	3.302	4.763	6.564
	一般技工	工日	6.307	8.344	9.908	14.287	19.692
	高级技工	工日	2.102	2.781	3.303	4.762	6.564
材料	平垫铁（综合）	kg	4.500	4.500	5.625	8.460	19.320
	斜垫铁（综合）	kg	4.464	4.464	5.580	7.500	17.150
	热轧薄钢板 $\delta 1.6{\sim}1.9$	kg	0.120	0.160	0.200	0.260	0.400
	木板	m³	0.004	0.006	0.009	0.016	0.030
	煤油	kg	1.300	1.418	1.733	3.150	4.410
	机油	kg	0.600	0.859	0.980	1.485	1.970
	黄油钙基脂	kg	0.200	0.232	0.404	0.717	1.101
	氧气	m³	0.204	0.275	0.347	0.765	0.765
	乙炔气	kg	0.078	0.106	0.133	0.294	0.294
	金属滤网	m²	0.063	0.065	0.068	0.070	0.090
	砂纸	张	2.000	2.000	4.000	5.000	6.000
	紫铜板（综合）	kg	0.050	0.060	0.120	0.200	0.250
	无石棉板衬垫	kg	0.125	0.125	0.130	0.135	0.180
	低碳钢焊条 J427（综合）	kg	0.300	0.326	0.410	0.714	0.735
	道木	m³	—	—	—	—	0.004
	其他材料费	%	3.00	3.00	3.00	3.00	3.00
机械	载货汽车–普通货车 10t	台班	—	—	—	—	0.500
	叉式起重机 5t	台班	0.100	0.100	0.200	0.400	—
	汽车式起重机 25t	台班	—	—	—	—	0.500
	弧焊机 21kV·A	台班	0.200	0.200	0.200	0.300	0.400

工作内容: 施工准备、设备开箱检验、基础处理、垫铁设置、设备吊装就位、找平
找正、垫铁点焊、轴系对中、应力检查、单机试车、配合检查验收。

计量单位:台

编　　号				1-8-16	1-8-17	1-8-18	1-8-19	1-8-20
项　　目				设备重量（t以内）				
				8.0	10	15	20	25
名　　称			单位	消　耗　量				
人工	合计工日		工日	39.496	55.795	68.589	89.748	101.661
	其中	普工	工日	7.899	11.159	13.718	17.949	20.332
		一般技工	工日	23.698	33.477	41.153	53.849	60.997
		高级技工	工日	7.899	11.159	13.718	17.950	20.332
材料	平垫铁（综合）		kg	24.840	45.200	49.720	54.240	67.800
	斜垫铁（综合）		kg	22.050	40.400	44.440	48.480	60.600
	热轧薄钢板 δ1.6~1.9		kg	0.450	0.800	1.200	1.600	2.000
	木板		m³	0.035	0.038	0.044	0.050	0.063
	煤油		kg	5.880	10.500	15.750	21.000	26.250
	机油		kg	2.828	3.030	3.535	4.040	6.060
	黄油钙基脂		kg	1.869	2.020	2.222	2.525	2.828
	氧气		m³	1.530	3.060	6.120	6.450	6.840
	乙炔气		kg	0.588	1.177	2.354	2.481	2.631
	金属滤网		m²	0.100	0.120	0.150	0.200	0.220
	砂纸		张	7.000	8.000	9.000	10.000	10.000
	紫铜板（综合）		kg	0.400	0.600	0.950	1.100	2.000
	无石棉板衬垫		kg	0.200	0.240	0.300	0.360	0.400
	低碳钢焊条 J427（综合）		kg	1.050	1.680	2.100	2.625	3.360
	道木		m³	0.008	0.010	0.014	0.017	0.028
	其他材料费		%	3.00	3.00	3.00	3.00	3.00
机械	载货汽车－普通货车 10t		台班	0.500	—	—	—	—
	载货汽车－普通货车 15t		台班	—	0.500	—	—	—
	载货汽车－平板拖车组 20t		台班	—	—	0.500	—	—
	载货汽车－平板拖车组 40t		台班	—	—	—	0.500	0.700
	汽车式起重机 25t		台班	0.500	0.500	0.500	—	—
	汽车式起重机 50t		台班	—	—	—	1.000	—
	汽车式起重机 75t		台班	—	—	—	—	1.000
	弧焊机 21kV·A		台班	0.500	1.000	1.500	1.500	2.000
仪表	激光轴对中仪		台班	—	—	—	1.000	1.000

3. 离心式油泵

工作内容：施工准备、设备开箱检验、基础处理、垫铁设置、设备吊装就位、找平
找正、垫铁点焊、轴系对中、应力检查、单机试车、配合检查验收。　　　　计量单位：台

编 号			1-8-21	1-8-22	1-8-23	1-8-24	1-8-25
项 目			设备重量（t 以内）				
			0.5	1.0	3.0	5.0	7.0
名 称		单位	消 耗 量				
人工	合计工日	工日	10.318	14.035	28.401	33.174	38.791
	其中 普工	工日	2.063	2.807	5.680	6.635	7.758
	一般技工	工日	6.191	8.421	17.041	19.904	23.275
	高级技工	工日	2.064	2.807	5.680	6.635	7.758
材料	平垫铁（综合）	kg	5.625	5.625	7.050	16.560	16.560
	斜垫铁（综合）	kg	5.580	5.580	6.250	14.700	14.700
	热轧薄钢板 $\delta 1.6\sim1.9$	kg	0.180	0.200	0.230	0.260	0.320
	紫铜电焊条 T107 $\phi 3.2$	kg	0.100	0.160	0.200	0.220	0.260
	铜焊粉 气剂 301 瓶装	kg	0.050	0.080	0.100	0.110	0.130
	木板	m³	0.006	0.008	0.011	0.014	0.019
	煤油	kg	1.680	2.562	2.940	3.675	4.410
	机油	kg	0.879	1.212	1.515	1.919	2.424
	黄油钙基脂	kg	0.465	0.707	1.656	2.091	2.666
	氧气	m³	0.224	0.388	0.520	0.612	0.877
	乙炔气	kg	0.086	0.149	0.200	0.235	0.337
	聚酯乙烯泡沫塑料	kg	0.022	0.055	0.110	0.165	0.220
	青壳纸 $\delta 0.1\sim1.0$	kg	0.840	0.980	1.100	1.500	1.800
	砂纸	张	2.000	2.000	4.000	5.000	6.000
	金属滤网	m²	0.063	0.065	0.068	0.070	0.090
	紫铜板（综合）	kg	0.050	0.060	0.150	0.200	0.250
	无石棉板衬垫	kg	0.125	0.130	0.135	0.140	0.180
	低碳钢焊条 J427（综合）	kg	0.179	0.210	0.420	0.672	0.882
	其他材料费	%	3.00	3.00	3.00	3.00	3.00
机械	载货汽车 - 普通货车 10t	台班	—	—	—	0.300	0.300
	叉式起重机 5t	台班	0.100	0.200	0.400	—	—
	汽车式起重机 16t	台班	—	—	—	0.500	0.500
	弧焊机 21kV·A	台班	0.100	0.100	0.400	0.500	0.500

工作内容: 施工准备、设备开箱检验、基础处理、垫铁设置、设备吊装就位、找平
找正、垫铁点焊、轴系对中、应力检查、单机试车、配合检查验收。 计量单位:台

编 号			1-8-26	1-8-27	1-8-28	1-8-29
项 目			设备重量(t 以内)			
			10	15	20	25
名 称		单位	消 耗 量			
人工	合计工日	工日	45.842	54.564	63.075	74.063
	其中 普工	工日	9.169	10.913	12.615	14.812
	一般技工	工日	27.505	32.738	37.845	44.438
	高级技工	工日	9.168	10.913	12.615	14.813
材料	平垫铁(综合)	kg	36.160	49.720	54.240	67.800
	斜垫铁(综合)	kg	32.320	44.440	48.480	60.600
	热轧薄钢板 $\delta 1.6\sim1.9$	kg	0.400	0.440	0.480	0.540
	紫铜电焊条 T107 $\phi 3.2$	kg	0.300	0.340	0.380	0.420
	铜焊粉 气剂 301 瓶装	kg	0.150	0.170	0.220	0.280
	木板	m³	0.250	0.310	0.380	0.440
	煤油	kg	4.620	4.800	5.600	6.800
	机油	kg	3.150	3.850	4.120	4.860
	黄油钙基脂	kg	3.160	3.890	4.150	4.620
	氧气	m³	0.972	1.020	1.440	1.800
	乙炔气	kg	0.374	0.392	0.554	0.692
	聚酯乙烯泡沫塑料	kg	0.305	0.379	0.402	0.530
	青壳纸 $\delta 0.1\sim1.0$	kg	2.000	2.200	2.400	2.600
	砂纸	张	7.000	8.000	9.000	10.000
	金属滤网	m²	0.100	0.120	0.150	0.200
	紫铜板(综合)	kg	0.400	0.600	0.950	1.100
	无石棉板衬垫	kg	0.200	0.240	0.300	0.360
	低碳钢焊条 J427(综合)	kg	0.954	1.120	1.560	1.980
	其他材料费	%	3.00	3.00	3.00	3.00
机械	载货汽车-普通货车 15t	台班	0.500	—	—	—
	载货汽车-平板拖车组 20t	台班	—	0.500	—	—
	载货汽车-平板拖车组 40t	台班	—	—	0.500	0.700
	汽车式起重机 25t	台班	0.500	0.500	—	—
	汽车式起重机 50t	台班	—	—	1.000	—
	汽车式起重机 75t	台班	—	—	—	1.000
	弧焊机 21kV·A	台班	0.500	0.800	0.800	1.000

4.离心式杂质泵

工作内容: 施工准备、设备开箱检验、基础处理、垫铁设置、设备吊装就位、找平
找正、垫铁点焊、轴系对中、应力检查、单机试车、配合检查验收。 计量单位:台

编 号				1-8-30	1-8-31	1-8-32	1-8-33	1-8-34	1-8-35	1-8-36
项 目				设备重量(t以内)						
				0.5	1.0	3.0	5.0	10	15	20
名 称			单位	消 耗 量						
人工	合计工日		工日	9.595	12.285	17.376	26.812	32.585	56.606	78.831
	其中	普工	工日	1.919	2.457	3.475	5.363	6.517	11.321	15.766
		一般技工	工日	5.757	7.371	10.426	16.087	19.551	33.964	47.299
		高级技工	工日	1.919	2.457	3.475	5.362	6.517	11.321	15.766
材料	平垫铁(综合)		kg	5.625	5.625	7.050	19.320	36.160	49.720	52.240
	斜垫铁(综合)		kg	5.580	5.580	6.250	17.150	32.320	44.440	48.480
	热轧薄钢板 δ1.6~1.9		kg	0.170	0.190	0.380	0.480	0.660	1.600	2.400
	木板		m³	0.005	0.008	0.015	0.026	0.056	0.088	0.125
	煤油		kg	0.840	1.575	2.258	2.993	3.675	10.500	16.800
	机油		kg	1.061	1.465	2.020	2.424	2.828	3.636	5.050
	黄油钙基脂		kg	0.303	0.505	0.808	1.010	1.515	1.818	2.020
	氧气		m³	0.184	0.214	0.459	0.765	0.867	3.060	6.120
	乙炔气		kg	0.071	0.082	0.177	0.294	0.333	1.177	2.354
	砂纸		张	2.000	2.000	4.000	5.000	8.000	9.000	10.000
	金属滤网		m²	0.063	0.065	0.068	0.070	0.120	0.150	0.200
	紫铜板(综合)		kg	0.050	0.060	0.150	0.200	0.600	0.950	1.100
	无石棉板衬垫		kg	0.125	0.130	0.135	0.140	0.240	0.300	0.360
	低碳钢焊条 J427(综合)		kg	0.189	0.242	0.242	0.714	0.798	1.680	2.520
	其他材料费		%	3.00	3.00	3.00	3.00	3.00	3.00	3.00
机械	载货汽车-普通货车 10t		台班	—	—	—	0.300	—	—	—
	载货汽车-普通货车 15t		台班	—	—	—	—	0.500	—	—
	载货汽车-平板拖车组 20t		台班	—	—	—	—	—	0.500	—
	载货汽车-平板拖车组 40t		台班	—	—	—	—	—	—	0.500
	叉式起重机 5t		台班	0.100	0.200	0.400	—	—	—	—
	汽车式起重机 16t		台班	—	—	—	0.500	—	—	—
	汽车式起重机 25t		台班	—	—	—	—	0.500	0.500	—
	汽车式起重机 50t		台班	—	—	—	—	—	—	1.000
	弧焊机 21kV·A		台班	0.100	0.100	0.200	0.500	0.500	1.000	1.000
仪表	激光轴对中仪		台班	—	—	—	—	—	—	1.000

5. 离心式深水泵

工作内容：施工准备、设备开箱检验、基础处理、垫铁设置、设备吊装就位、找平
找正、垫铁点焊、轴系对中、应力检查、单机试车、配合检查验收。　　　　计量单位：台

编　号				1-8-37	1-8-38	1-8-39	1-8-40	1-8-41
项　目				设备重量（t以内）				
				1.0	2.0	4.0	6.0	8.0
名　称			单位	消　耗　量				
人工	合计工日		工日	29.143	30.953	37.686	45.432	56.523
	其中	普工	工日	5.828	6.190	7.537	9.087	11.304
		一般技工	工日	17.486	18.572	22.612	27.259	33.914
		高级技工	工日	5.829	6.191	7.537	9.086	11.305
材料	平垫铁（综合）		kg	5.625	8.460	16.560	19.320	22.080
	斜垫铁（综合）		kg	5.580	7.500	14.700	17.150	19.600
	热轧薄钢板 $\delta1.6\sim1.9$		kg	0.160	0.190	0.260	0.330	2.000
	木板		m³	0.004	0.006	0.008	0.009	0.013
	煤油		kg	3.413	3.780	4.200	4.883	6.300
	机油		kg	1.111	1.212	1.566	2.071	3.535
	黄油钙基脂		kg	0.717	0.818	1.111	1.515	1.818
	氧气		m³	0.275	0.275	0.479	0.898	1.530
	乙炔气		kg	0.106	0.106	0.184	0.345	0.588
	砂纸		张	2.000	4.000	5.000	8.000	9.000
	金属滤网		m²	0.065	0.068	0.070	0.120	0.150
	紫铜板（综合）		kg	0.060	0.150	0.200	0.600	0.950
	无石棉板衬垫		kg	0.130	0.135	0.140	0.240	0.300
	低碳钢焊条 J427（综合）		kg	0.326	0.326	0.326	0.357	1.050
	其他材料费		%	3.00	3.00	3.00	3.00	3.00
机械	载货汽车–普通货车 10t		台班	—	—	0.300	0.300	0.300
	叉式起重机 5t		台班	0.500	0.500	—	—	—
	汽车式起重机 16t		台班	—	—	0.500	0.500	0.500
	弧焊机 21kV·A		台班	0.200	0.200	0.400	0.500	1.000

6. DB 型高硅铁离心泵

工作内容:施工准备、设备开箱检验、基础处理、垫铁设置、设备吊装就位、找平
找正、垫铁点焊、轴系对中、应力检查、单机试车、配合检查验收。 计量单位:台

编 号			1-8-42	1-8-43	1-8-44	1-8-45	1-8-46	1-8-47
项 目			设备型号					
			DB25G-41	DB50G-40	DB65-40	DBG80-60	DBG100-35	DB150-35
名 称		单位	消 耗 量					
人工	合计工日	工日	4.488	6.636	8.563	10.116	12.768	16.608
	其中 普工	工日	0.897	1.327	1.712	2.023	2.553	3.321
	一般技工	工日	2.693	3.982	5.138	6.070	7.661	9.965
	高级技工	工日	0.898	1.327	1.713	2.023	2.554	3.322
材料	平垫铁(综合)	kg	5.625	5.625	5.625	5.625	16.560	16.560
	斜垫铁(综合)	kg	5.580	5.580	5.580	5.580	14.700	14.700
	木板	m³	0.006	0.006	0.006	0.008	0.008	0.008
	煤油	kg	1.050	1.050	1.050	1.575	2.100	3.150
	机油	kg	0.303	0.303	0.303	0.505	1.010	1.010
	黄油钙基脂	kg	0.202	0.202	0.202	0.303	0.505	0.505
	氧气	m³	2.550	2.550	2.550	3.060	3.060	3.060
	乙炔气	kg	0.981	0.981	0.981	1.177	1.177	1.177
	砂纸	张	2.000	2.000	4.000	5.000	8.000	9.000
	金属滤网	m²	0.063	0.065	0.068	0.070	0.120	0.150
	紫铜板(综合)	kg	0.050	0.060	0.150	0.200	0.600	0.950
	无石棉板衬垫	kg	0.125	0.130	0.135	0.140	0.240	0.300
	低碳钢焊条 J427(综合)	kg	0.525	0.525	1.050	1.050	1.050	1.050
	其他材料费	%	3.00	3.00	3.00	3.00	3.00	3.00
机械	载货汽车-普通货车 10t	台班	—	—	—	—	0.300	0.300
	叉式起重机 5t	台班	0.500	0.500	0.500	0.500	—	—
	汽车式起重机 16t	台班	—	—	—	—	0.500	0.500
	弧焊机 21kV·A	台班	0.500	0.500	0.500	0.500	0.500	0.500

7. 蒸汽离心泵

工作内容： 施工准备、设备开箱检验、基础处理、垫铁设置、设备吊装就位、找平
找正、垫铁点焊、轴系对中、应力检查、单机试车、配合检查验收。　　　　计量单位：台

编　号			1-8-48	1-8-49	1-8-50	1-8-51	1-8-52	1-8-53
项　目			设备重量（t 以内）					
			0.5	1.0	3.0	5.0	7.0	10
名　称		单位	消　耗　量					
人工	合计工日		工日	11.690	14.486	27.581	36.866	46.763	61.919
	其中	普工	工日	2.338	2.897	5.516	7.373	9.352	12.384
		一般技工	工日	7.014	8.692	16.549	22.120	28.058	37.151
		高级技工	工日	2.338	2.897	5.516	7.373	9.353	12.384
材料	平垫铁（综合）		kg	4.500	4.500	7.050	16.560	16.560	36.160
	斜垫铁（综合）		kg	4.464	4.464	6.250	14.700	14.700	32.320
	热轧薄钢板 $\delta1.6\sim1.9$		kg	0.350	0.450	0.600	0.750	0.850	1.150
	木板		m³	0.009	0.018	0.028	0.036	0.044	0.069
	道木		m³	—	—	—	0.014	0.021	0.023
	煤油		kg	0.315	0.630	1.575	2.100	2.625	3.360
	机油		kg	0.202	0.404	1.212	1.515	2.020	2.525
	黄油钙基脂		kg	—	0.202	0.455	0.758	1.061	1.515
	氧气		m³	0.245	0.612	0.918	1.224	1.836	2.448
	乙炔气		kg	0.094	0.235	0.353	0.471	0.706	0.942
	青壳纸 $\delta0.1\sim1.0$		kg	0.100	0.100	0.300	0.500	0.700	1.000
	砂纸		张	2.000	2.000	4.000	5.000	8.000	9.000
	金属滤网		m²	0.063	0.065	0.068	0.070	0.120	0.150
	紫铜板（综合）		kg	0.050	0.060	0.150	0.200	0.600	0.950
	无石棉板衬垫		kg	0.125	0.130	0.135	0.140	0.240	0.300
	低碳钢焊条 J427（综合）		kg	0.315	0.525	0.840	1.050	1.680	2.520
	其他材料费		%	3.00	3.00	3.00	3.00	3.00	3.00
机械	载货汽车 - 普通货车 10t		台班	—	—	—	0.300	0.300	—
	载货汽车 - 普通货车 15t		台班	—	—	—	—	—	0.500
	叉式起重机 5t		台班	0.100	0.500	0.700	—	—	—
	汽车式起重机 16t		台班	—	—	—	0.500	0.500	—
	汽车式起重机 25t		台班	—	—	—	—	—	0.500
	弧焊机 21kV·A		台班	0.200	0.300	0.500	0.500	1.000	1.500

二、旋　涡　泵

工作内容：施工准备、设备开箱检验、基础处理、垫铁设置、设备吊装就位、找平
找正、垫铁点焊、轴系对中、应力检查、单机试车、配合检查验收。　　　　计量单位：台

编　号				1-8-54	1-8-55	1-8-56	1-8-57	1-8-58	1-8-59
项　目				设备重量（t以内）					
				0.2	0.5	1.0	2.0	3.0	5.0
名　称			单位	消　耗　量					
人工	合计工日		工日	7.839	10.413	14.330	16.757	21.515	24.642
	其中	普工	工日	1.568	2.082	2.866	3.352	4.303	4.929
		一般技工	工日	4.703	6.248	8.598	10.054	12.909	14.785
		高级技工	工日	1.568	2.083	2.866	3.351	4.303	4.928
材料	平垫铁（综合）		kg	4.500	4.500	5.625	8.460	8.460	19.320
	斜垫铁（综合）		kg	4.464	4.464	5.580	7.500	7.500	17.150
	木板		m³	0.004	0.006	0.008	0.009	0.011	0.013
	煤油		kg	0.872	1.260	1.470	2.100	3.150	4.200
	机油		kg	0.455	0.657	0.758	1.010	1.515	2.020
	黄油钙基脂		kg	0.303	0.404	0.505	0.808	1.212	1.515
	氧气		m³	0.122	0.184	0.245	1.020	2.040	3.060
	乙炔气		kg	0.047	0.071	0.094	0.392	0.785	1.177
	砂纸		张	2.000	2.000	4.000	5.000	8.000	9.000
	金属滤网		m²	0.063	0.065	0.068	0.070	0.120	0.150
	紫铜板（综合）		kg	0.050	0.060	0.150	0.200	0.600	0.950
	无石棉板衬垫		kg	0.125	0.130	0.135	0.140	0.240	0.300
	低碳钢焊条J427（综合）		kg	0.126	0.189	0.252	0.315	0.420	0.500
	其他材料费		%	3.00	3.00	3.00	3.00	3.00	3.00
机械	载货汽车-普通货车 10t		台班	—	—	—	—	—	0.300
	叉式起重机 5t		台班	0.100	0.100	0.500	0.500	0.500	—
	汽车式起重机 16t		台班	—	—	—	—	—	0.500
	弧焊机 21kV·A		台班	0.100	0.100	0.200	0.500	0.500	0.500

三、电动往复泵

工作内容： 施工准备、设备开箱检验、基础处理、垫铁设置、设备吊装就位、找平
找正、垫铁点焊、单机试车、配合检查验收。

计量单位：台

编 号			1-8-60	1-8-61	1-8-62	1-8-63	1-8-64	1-8-65
项 目			设备重量（t 以内）					
			0.5	0.7	1.0	3.0	5.0	7.0
名 称		单位	消 耗 量					
人工	合计工日	工日	14.966	17.569	21.804	33.110	39.242	59.246
	其中 普工	工日	2.993	3.514	4.361	6.622	7.849	11.849
	一般技工	工日	8.980	10.541	13.082	19.866	23.545	35.548
	高级技工	工日	2.993	3.514	4.361	6.622	7.848	11.849
材料	平垫铁（综合）	kg	4.500	4.500	5.625	7.050	19.320	19.320
	斜垫铁（综合）	kg	4.464	4.464	5.580	6.250	17.150	17.150
	热轧薄钢板 δ1.6~1.9	kg	0.300	0.300	0.400	0.400	0.500	0.500
	木板	m³	0.005	0.006	0.008	0.010	0.010	0.014
	煤油	kg	2.940	3.308	3.675	4.200	5.250	6.300
	机油	kg	1.010	1.162	1.333	1.515	1.515	2.020
	黄油钙基脂	kg	0.465	0.525	0.889	1.010	1.010	1.515
	氧气	m³	0.184	0.214	0.275	0.357	0.408	0.459
	乙炔气	kg	0.071	0.082	0.106	0.137	0.157	0.177
	砂纸	张	2.000	2.000	4.000	5.000	8.000	9.000
	金属滤网	m²	0.063	0.065	0.068	0.070	0.120	0.150
	紫铜板（综合）	kg	0.050	0.060	0.150	0.200	0.600	0.950
	无石棉板衬垫	kg	0.125	0.130	0.135	0.140	0.240	0.300
	低碳钢焊条 J427（综合）	kg	0.189	0.210	0.210	0.525	1.050	1.050
	其他材料费	%	3.00	3.00	3.00	3.00	3.00	3.00
机械	载货汽车-普通货车 10t	台班	—	—	—	—	0.300	0.300
	叉式起重机 5t	台班	0.100	0.100	0.500	0.700	—	—
	汽车式起重机 16t	台班	—	—	—	—	0.500	0.500
	弧焊机 21kV·A	台班	0.100	0.100	0.100	0.400	0.500	0.500

四、柱　塞　泵

1. 高压柱塞泵（3~4 柱塞）

工作内容： 施工准备、设备开箱检验、基础处理、垫铁设置、设备吊装就位、找平
找正、垫铁点焊、单机试车、配合检查验收。　　　　　　　　　　　　计量单位：台

编　号				1-8-66	1-8-67	1-8-68	1-8-69
项　目				设备重量（t 以内）			
				1.0	2.5	5.0	8.0
名　　称			单位	消　耗　量			
人工	合计工日		工日	17.618	29.476	31.555	36.324
	其中	普工	工日	3.523	5.895	6.311	7.265
		一般技工	工日	10.571	17.686	18.933	21.794
		高级技工	工日	3.524	5.895	6.311	7.265
材料	平垫铁（综合）		kg	5.625	7.050	16.560	16.560
	斜垫铁（综合）		kg	5.580	6.250	14.700	14.700
	热轧薄钢板 δ1.6~1.9		kg	0.200	0.200	0.350	0.350
	木板		m³	0.003	0.006	0.010	0.013
	煤油		kg	8.400	11.550	13.650	14.000
	机油		kg	1.010	1.414	1.616	1.818
	黄油钙基脂		kg	1.010	1.515	2.020	2.222
	氧气		m³	1.020	1.020	1.224	1.530
	乙炔气		kg	0.392	0.392	0.471	0.588
	砂纸		张	2.000	2.000	4.000	5.000
	金属滤网		m²	0.063	0.065	0.068	0.070
	紫铜板（综合）		kg	0.050	0.060	0.150	0.200
	无石棉板衬垫		kg	0.125	0.130	0.135	0.140
	低碳钢焊条 J427（综合）		kg	1.050	1.575	1.890	3.150
	其他材料费		%	3.00	3.00	3.00	3.00
机械	载货汽车－普通货车 10t		台班	—	—	0.300	0.300
	叉式起重机 5t		台班	0.200	0.400	—	—
	汽车式起重机 16t		台班	—	—	0.500	0.500
	弧焊机 21kV·A		台班	0.500	0.500	0.500	1.000

工作内容： 施工准备、设备开箱检验、基础处理、垫铁设置、设备吊装就位、找平
找正、垫铁点焊、单机试车、配合检查验收。　　　　　　　　　计量单位：台

编　　号			1-8-70	1-8-71	1-8-72	1-8-73
项　　目			设备重量（t 以内）			
			10	16	25.5	35
名　　称		单位	消　耗　量			
人工	合计工日		工日	44.751	74.344	103.273	130.561
	其中	普工	工日	8.950	14.869	20.654	26.112
		一般技工	工日	26.851	44.606	61.964	78.337
		高级技工	工日	8.950	14.869	20.655	26.112
材料	平垫铁（综合）		kg	36.160	49.720	63.280	165.120
	斜垫铁（综合）		kg	32.320	44.440	56.560	147.520
	热轧薄钢板 δ1.6~1.9		kg	0.400	0.500	0.800	0.800
	热轧厚钢板 δ31 以外		kg	14.000	16.000	22.000	25.000
	木板		m³	0.013	0.019	0.025	0.025
	道木		m³	0.083	0.110	0.110	0.165
	煤油		kg	14.700	16.800	21.000	25.200
	机油		kg	2.020	3.030	5.050	6.060
	黄油钙基脂		kg	2.222	2.525	3.030	3.535
	氧气		m³	1.530	2.040	2.040	2.550
	乙炔气		kg	0.588	0.785	0.785	0.981
	橡胶板 δ5~10		kg	1.600	2.000	2.500	3.000
	砂纸		张	8.000	9.000	10.000	15.000
	金属滤网		m²	0.120	0.150	0.200	0.250
	紫铜板（综合）		kg	0.600	0.950	1.100	1.150
	无石棉板衬垫		kg	0.240	0.300	0.360	0.420
	低碳钢焊条 J427（综合）		kg	3.675	4.200	4.725	5.250
	其他材料费		%	3.00	3.00	3.00	3.00
机械	载货汽车 - 普通货车 15t		台班	0.500	—	—	—
	载货汽车 - 平板拖车组 20t		台班	—	0.500	—	—
	载货汽车 - 平板拖车组 40t		台班	—	—	0.700	0.700
	汽车式起重机 25t		台班	0.600	—	—	—
	汽车式起重机 50t		台班	—	0.800	—	—
	汽车式起重机 75t		台班	—	—	1.000	1.000
	弧焊机 21kV·A		台班	1.000	1.000	1.000	1.200
仪表	激光轴对中仪		台班	—	—	—	1.000

2. 高压柱塞泵（6~24 柱塞）

工作内容: 施工准备、设备开箱检验、基础处理、垫铁设置、设备吊装就位、找平找正、垫铁点焊、单机试车、配合检查验收。　　　　　　　　　计量单位:台

	编　号		1-8-74	1-8-75	1-8-76	1-8-77
	项　目		设备重量（t 以内）			
			5.0	10	15	18
	名　称	单位	消　耗　量			
人工	合计工日	工日	43.855	58.354	89.910	104.854
	其中 普工	工日	8.771	11.671	17.982	20.971
	一般技工	工日	26.313	35.012	53.946	62.912
	高级技工	工日	8.771	11.671	17.982	20.971
材料	平垫铁（综合）	kg	19.320	36.160	49.720	54.240
	斜垫铁（综合）	kg	17.150	32.320	44.440	48.480
	热轧薄钢板 $\delta1.6~1.9$	kg	0.500	0.800	1.000	1.000
	木板	m³	0.035	0.053	0.075	0.085
	道木	m³	0.058	0.085	0.087	0.087
	煤油	kg	10.500	12.600	18.900	21.000
	机油	kg	1.515	1.818	2.525	3.030
	黄油钙基脂	kg	0.505	0.505	0.606	0.606
	氧气	m³	2.040	2.550	3.570	4.080
	乙炔气	kg	0.785	0.981	1.373	1.569
	青壳纸 $\delta0.1~1.0$	kg	0.200	0.250	0.350	0.400
	砂纸	张	4.000	6.000	9.000	9.000
	金属滤网	m²	0.068	0.120	0.150	0.150
	紫铜板（综合）	kg	0.150	0.600	0.950	0.950
	无石棉板衬垫	kg	0.135	0.240	0.300	0.300
	低碳钢焊条 J427（综合）	kg	3.255	3.465	4.200	4.725
	其他材料费	%	3.00	3.00	3.00	3.00
机械	载货汽车－普通货车 10t	台班	0.300	—	—	—
	载货汽车－平板拖车组 20t	台班	—	0.500	0.500	—
	载货汽车－平板拖车组 40t		—	—	—	0.500
	汽车式起重机 16t	台班	0.500	—	—	—
	汽车式起重机 25t	台班	—	0.500	1.000	—
	汽车式起重机 50t	台班	—	—	—	1.000
	弧焊机 21kV·A	台班	1.000	1.000	1.500	1.500
仪表	激光轴对中仪	台班	—	—	—	1.000

五、蒸汽往复泵

工作内容：施工准备、设备开箱检验、基础处理、垫铁设置、设备吊装就位、找平找正、垫铁点焊、单机试车、配合检查验收。

计量单位：台

编　号				1-8-78	1-8-79	1-8-80	1-8-81	1-8-82
项　目				设备重量（t以内）				
				0.5	1.0	3.0	5.0	7.0
名　称			单位	消　耗　量				
人工	合计工日		工日	14.987	19.748	26.275	30.125	48.394
	其中	普工	工日	2.998	3.949	5.255	6.025	9.679
		一般技工	工日	8.992	11.849	15.765	18.075	29.036
		高级技工	工日	2.997	3.950	5.255	6.025	9.679
材料	平垫铁（综合）		kg	6.750	6.750	7.875	22.080	24.840
	斜垫铁（综合）		kg	6.696	6.696	7.812	19.600	22.050
	热轧薄钢板 $\delta 1.6 \sim 1.9$		kg	0.400	0.400	0.400	0.400	0.600
	木板		m³	0.005	0.005	0.010	0.010	0.023
	道木		m³	—	—	—	—	0.003
	煤油		kg	3.045	3.308	4.043	4.358	6.300
	机油		kg	1.061	1.192	1.717	1.919	2.222
	黄油钙基脂		kg	0.505	0.596	0.758	0.808	1.212
	氧气		m³	0.510	0.816	1.224	1.530	2.040
	乙炔气		kg	0.196	0.314	0.471	0.588	0.785
	砂纸		张	2.000	2.000	5.000	5.000	6.000
	金属滤网		m²	0.065	0.070	0.068	0.120	0.150
	紫铜板（综合）		kg	0.050	0.060	0.200	0.300	0.600
	无石棉板衬垫		kg	0.125	0.130	0.140	0.160	0.240
	低碳钢焊条 J427（综合）		kg	0.179	0.179	0.179	0.315	0.420
	其他材料费		%	3.00	3.00	3.00	3.00	3.00
机械	载货汽车 - 普通货车 10t		台班	—	—	—	0.300	0.300
	叉式起重机 5t		台班	0.100	0.200	0.500	—	—
	汽车式起重机 16t		台班	—	—	—	0.500	0.500
	弧焊机 21kV·A		台班	0.100	0.100	0.400	0.500	0.500

工作内容：施工准备、设备开箱检验、基础处理、垫铁设置、设备吊装就位、找平
找正、垫铁点焊、单机试车、配合检查验收。

计量单位：台

编　号			1-8-83	1-8-84	1-8-85	1-8-86	1-8-87
项　目			设备重量（t 以内）				
			10	15	20	25	30
名　称		单位	消　耗　量				
人工	合计工日	工日	63.849	85.691	115.407	137.802	169.934
	其中 普工	工日	12.770	17.138	23.082	27.561	33.987
	一般技工	工日	38.309	51.415	69.244	82.681	101.960
	高级技工	工日	12.770	17.138	23.081	27.560	33.987
材料	平垫铁（综合）	kg	54.240	54.240	63.280	67.800	115.584
	斜垫铁（综合）	kg	48.480	48.480	56.560	60.600	103.264
	热轧薄钢板 δ1.6~1.9	kg	0.800	1.200	1.500	1.500	2.200
	木板	m³	0.025	0.031	0.044	0.069	0.081
	道木	m³	0.004	0.004	0.007	0.011	0.014
	煤油	kg	8.400	10.500	15.750	21.000	26.250
	机油	kg	3.030	3.535	4.040	5.050	10.100
	黄油钙基脂	kg	1.515	2.020	2.020	3.030	4.040
	氧气	m³	2.244	2.652	3.060	3.468	3.672
	乙炔气	kg	0.863	1.020	1.177	1.334	1.412
	砂纸	张	8.000	10.000	12.000	14.000	16.000
	金属滤网	m²	0.150	0.200	0.220	0.250	0.280
	紫铜板（综合）	kg	0.950	1.000	1.200	1.300	1.500
	无石棉板衬垫	kg	0.300	0.300	0.320	0.340	0.380
	低碳钢焊条 J427（综合）	kg	0.420	0.420	1.260	1.785	2.667
	其他材料费	%	3.00	3.00	3.00	3.00	3.00
	载货汽车－普通货车 15t	台班	0.500	—	—	—	—
	载货汽车－平板拖车组 20t	台班	—	0.500	—	—	—
	载货汽车－平板拖车组 40t	台班	—	—	0.500	0.500	0.700
	汽车式起重机 25t	台班	0.500	0.500	—	—	—
	汽车式起重机 50t	台班	—	—	1.000	1.000	1.000
	弧焊机 21kV·A	台班	0.500	0.500	0.500	1.000	1.500
仪表	激光轴对中仪	台班	—	—	1.000	1.000	1.000

六、计 量 泵

工作内容：施工准备、设备开箱检验、基础处理、垫铁设置、设备吊装就位、找平
找正、垫铁点焊、单机试车、配合检查验收。

计量单位：台

编　号			1-8-88	1-8-89	1-8-90	1-8-91
项　目			设备重量（t 以内）			
			0.2	0.4	0.7	1.0
名　称		单位	消　耗　量			
人工	合计工日	工日	9.704	13.610	19.476	22.467
	其中 普工	工日	1.941	2.722	3.895	4.494
	一般技工	工日	5.822	8.166	11.686	13.480
	高级技工	工日	1.941	2.722	3.895	4.493
材料	平垫铁（综合）	kg	4.500	4.500	4.500	7.875
	斜垫铁（综合）	kg	4.464	4.464	4.464	7.812
	热轧薄钢板 δ1.6~1.9	kg	0.500	0.500	0.500	0.600
	木板	m³	0.006	0.008	0.008	0.008
	煤油	kg	1.050	1.050	1.575	2.100
	机油	kg	0.202	0.202	0.303	0.404
	黄油钙基脂	kg	0.101	0.101	0.303	0.505
	氧气	m³	2.040	2.040	2.040	3.060
	乙炔气	kg	0.785	0.785	0.785	1.177
	砂纸	张	2.000	4.000	4.000	4.000
	金属滤网	m²	0.063	0.065	0.065	0.065
	紫铜板（综合）	kg	0.050	0.060	0.060	0.060
	无石棉板衬垫	kg	0.125	0.150	0.150	0.150
	低碳钢焊条 J427（综合）	kg	0.210	0.210	0.315	0.420
	其他材料费	%	3.00	3.00	3.00	3.00
机械	叉式起重机 5t	台班	0.100	0.100	0.100	0.200
	弧焊机 21kV·A	台班	0.200	0.200	0.200	0.200

七、螺杆泵及齿轮油泵

工作内容： 施工准备、设备开箱检验、基础处理、垫铁设置、设备吊装就位、找平
清洗、垫铁点焊、轴系对中、单机试车、配合检查验收。 计量单位：台

编 号		1-8-92	1-8-93	1-8-94	1-8-95
项 目		螺杆泵			
		设备重量（t以内）			
		0.5	1.0	3.0	5.0
名 称	单位	消 耗 量			
人工 合计工日	工日	17.735	22.654	39.101	51.549
其中 普工	工日	3.547	4.531	7.820	10.310
一般技工	工日	10.641	13.592	23.461	30.929
高级技工	工日	3.547	4.531	7.820	10.310
材料 平垫铁（综合）	kg	4.500	7.875	9.000	22.080
斜垫铁（综合）	kg	4.464	7.812	8.928	19.600
热轧薄钢板 δ1.6~1.9	kg	0.300	0.300	0.300	0.400
木板	m³	0.005	0.009	0.014	0.015
煤油	kg	1.050	1.050	1.575	2.100
机油	kg	1.010	1.010	1.515	1.515
黄油钙基脂	kg	0.202	0.303	0.303	0.404
氧气	m³	2.040	3.060	3.060	3.060
乙炔气	kg	0.785	1.177	1.177	1.177
青壳纸 δ0.1~1.0	kg	0.100	0.200	0.300	0.400
砂纸	张	4.000	4.000	5.000	5.000
金属滤网	m²	0.063	0.065	0.070	0.070
紫铜板（综合）	kg	0.050	0.060	0.200	0.150
无石棉板衬垫	kg	0.150	0.150	0.150	0.150
低碳钢焊条 J427（综合）	kg	0.210	0.210	0.315	0.525
其他材料费	%	3.00	3.00	3.00	3.00
机械 载货汽车-普通货车 10t	台班	—	—	—	0.300
叉式起重机 5t	台班	0.100	0.200	0.400	—
汽车式起重机 16t	台班	—	—	—	0.500
弧焊机 21kV·A	台班	0.300	0.300	0.500	0.500

工作内容: 施工准备、设备开箱检验、基础处理、垫铁设置、设备吊装就位、找平
　　　　清洗、垫铁点焊、轴系对中、单机试车、配合检查验收。　　　　　　　　计量单位:台

编　号			1-8-96	1-8-97	1-8-98	1-8-99
项　目			螺杆泵		齿轮油泵	
			设备重量(t 以内)			
			7.0	10	0.5	1.0
名　称		单位	消 耗 量			
人工	合计工日	工日	77.465	89.686	7.020	8.860
	其中 普工	工日	15.493	17.937	1.404	1.772
	一般技工	工日	46.479	53.812	4.212	5.316
	高级技工	工日	15.493	17.937	1.404	1.772
材料	平垫铁(综合)	kg	22.840	45.200	4.500	7.875
	斜垫铁(综合)	kg	22.050	40.400	4.464	7.812
	热轧薄钢板 $\delta1.6\sim1.9$	kg	0.500	0.700	0.200	0.200
	紫铜电焊条 T107 $\phi3.2$	kg	—	—	0.100	0.100
	铜焊粉 气剂 301 瓶装	kg	—	—	0.050	0.050
	木板	m³	0.018	0.019	0.050	0.050
	煤油	kg	3.150	5.250	0.500	0.788
	机油	kg	2.020	2.020	0.440	0.606
	黄油钙基脂	kg	0.404	0.505	0.202	0.202
	氧气	m³	4.080	4.080	1.020	1.020
	乙炔气	kg	1.569	1.569	0.392	0.392
	青壳纸 $\delta0.1\sim1.0$	kg	0.400	0.400	0.400	0.400
	砂纸	张	6.000	9.000	4.000	4.000
	金属滤网	m²	0.120	0.150	0.065	0.065
	紫铜板(综合)	kg	0.600	0.950	0.060	0.060
	无石棉板衬垫	kg	0.240	0.300	0.150	0.150
	低碳钢焊条 J427(综合)	kg	0.525	0.840	0.147	0.147
	其他材料费	%	3.00	3.00	3.00	3.00
机械	载货汽车 – 普通货车 10t	台班	0.300	—	—	—
	载货汽车 – 普通货车 15t	台班	—	0.500	—	—
	叉式起重机 5t	台班	—	—	0.100	0.100
	汽车式起重机 16t	台班	0.500	—	—	—
	汽车式起重机 25t	台班	—	0.500	—	—
	弧焊机 21kV·A	台班	0.500	0.500	0.200	0.200

八、真 空 泵

工作内容: 施工准备、设备开箱检验、基础处理、垫铁设置、设备吊装就位、找平清洗、垫铁点焊、轴系对中、单机试车、配合检查验收。

计量单位:台

编　号			1-8-100	1-8-101	1-8-102	1-8-103	1-8-104	1-8-105	1-8-106
项　目			设备重量(t以内)						
			0.2	0.5	1.0	2.0	3.5	5.0	7.0
名　称		单位	消　耗　量						
人工	合计工日		工日	9.169	12.285	15.220	21.152	33.684	43.493	55.269
	其中	普工	工日	1.834	2.457	3.044	4.231	6.737	8.698	11.054
		一般技工	工日	5.501	7.371	9.132	12.691	20.210	26.096	33.161
		高级技工	工日	1.834	2.457	3.044	4.230	6.737	8.699	11.054
材料	平垫铁(综合)		kg	4.500	4.516	7.875	8.460	9.000	22.080	24.840
	斜垫铁(综合)		kg	4.464	4.464	7.812	7.500	8.928	19.600	22.050
	热轧薄钢板 $\delta1.6{\sim}1.9$		kg	—	—	—	0.200	0.300	0.300	0.500
	木板		m³	0.005	0.005	0.009	0.014	0.019	0.020	0.025
	煤油		kg	0.670	0.840	1.050	1.365	3.150	5.250	7.350
	机油		kg	0.580	0.606	0.707	0.909	1.515	2.020	3.030
	黄油钙基脂		kg	0.123	0.152	0.202	0.303	0.808	1.212	1.818
	氧气		m³	0.104	0.122	0.184	0.214	0.510	0.714	0.918
	乙炔气		kg	0.040	0.047	0.071	0.082	0.196	0.275	0.353
	青壳纸 $\delta0.1{\sim}1.0$		kg	0.100	0.100	0.100	0.100	0.200	0.200	0.200
	砂纸		张	2.000	4.000	4.000	5.000	8.000	9.000	10.000
	金属滤网		m²	0.063	0.065	0.065	0.070	0.120	0.120	0.120
	紫铜板(综合)		kg	0.050	0.060	0.060	0.080	0.090	0.150	0.600
	无石棉板衬垫		kg	0.125	0.150	0.150	0.150	0.240	0.240	0.240
	低碳钢焊条 J427(综合)		kg	0.103	0.126	0.189	0.242	0.315	0.420	0.525
	其他材料费		%	3.00	3.00	3.00	3.00	3.00	3.00	3.00
机械	载货汽车–普通货车 10t		台班	—	—	—	—	—	0.300	0.300
	叉式起重机 5t		台班	0.100	0.100	0.200	0.300	0.500	—	—
	汽车式起重机 16t		台班	—	—	—	—	—	0.500	0.500
	弧焊机 21kV·A		台班	0.100	0.100	0.100	0.200	0.400	0.500	0.700

九、屏 蔽 泵

工作内容： 施工准备、设备开箱检验、基础处理、垫铁设置、设备吊装就位、找平清洗、垫铁点焊、单机试车、配合检查验收。

计量单位：台

编　号				1-8-107	1-8-108	1-8-109	1-8-110
项　目				设备重量（t 以内）			
				0.3	0.5	0.7	1.0
名　称			单位	消　耗　量			
人工	合计工日		工日	13.413	16.274	19.862	21.081
	其中	普工	工日	2.682	3.255	3.973	4.216
		一般技工	工日	8.048	9.764	11.917	12.649
		高级技工	工日	2.683	3.255	3.972	4.216
材料	平垫铁（综合）		kg	4.500	4.500	4.500	7.875
	斜垫铁（综合）		kg	4.464	4.464	4.464	7.812
	热轧薄钢板 δ1.6~1.9		kg	0.500	0.500	0.500	0.600
	木板		m³	0.006	0.006	0.008	0.008
	煤油		kg	0.525	1.050	1.050	2.100
	机油		kg	0.202	0.202	0.303	0.707
	黄油钙基脂		kg	0.101	0.202	0.202	0.505
	氧气		m³	1.020	1.020	1.020	2.040
	乙炔气		kg	0.392	0.392	0.392	0.785
	砂纸		张	2.000	4.000	4.000	4.000
	金属滤网		m²	0.063	0.065	0.065	0.065
	紫铜板（综合）		kg	0.050	0.060	0.060	0.060
	无石棉板衬垫		kg	0.125	0.150	0.150	0.150
	低碳钢焊条 J427（综合）		kg	0.210	0.210	0.210	0.315
	其他材料费		%	3.00	3.00	3.00	3.00
机械	叉式起重机 5t		台班	0.100	0.100	0.100	0.100
	弧焊机 21kV·A		台班	0.300	0.300	0.500	0.500

第九章　压缩机安装

说　明

一、本章内容包括活塞式压缩机组安装、回转式螺杆压缩机整体安装、离心式压缩机安装和离心式压缩机拆装检查。

二、本章不包括以下工作内容：

1. 除与主机在同一底座上的电动机已包括安装外，其他类型解体安装的压缩机均不包括电动机、汽轮机及其他动力机械的安装；

2. 与主机本体联体的各级出入口第一个法兰外的各种管道、空气干燥设备及净化设备、油水分离设备、废油回收设备、自控系统、仪表系统安装以及支架、沟槽、防护罩等的制作加工；

3. 介质的充灌；

4. 主机本体循环油（按设备带有考虑）；

5. 电动机拆装检查及配线、接线等电气工程；

6. 负荷试车及联动试车。

三、使用方法：

1. 本章原动机按电动机驱动考虑，如为汽轮机驱动则相应消耗量人工乘以系数 1.14；汽轮机安装执行第二册《热力设备安装工程》相应项目；

2. 活塞式 V、W、S 型压缩机的安装是按单级压缩机考虑的，安装同类型双级压缩机时，按相应项目人工乘以系数 1.40；

3. 解体安装的压缩机需在无负荷试运转后检查、回装及调整时，按相应解体安装项目人工、机械乘以系数 1.50。

工程量计算规则

一、整体安装压缩机的设备重量,按同一底座上的压缩机本体、电动机、仪表盘及附件、底座等总重量计算。

二、解体安装压缩机按压缩机本体、附件、底座及随本体到货附属设备的总重量计算,不包括电动机、汽轮机及其他动力机械的重量。电动机、汽轮机及其他动力机械的安装按相应项目另行计算。第一道法兰以外的不属于附属设备范围,应另计安装费用。

三、DMH 型对称平衡式压缩机[包括活塞式 2D(2M)型对称平衡式压缩机、活塞式 4D(4M)型对称平衡式压缩机、活塞式 H 型中间直联同步压缩机]的重量,按压缩机本体、随本体到货的附属设备的总重量计算,不包括附属设备的安装,附属设备的安装按相应项目另行计算。

一、活塞式压缩机组安装

1. 活塞式 L 型及 Z 型 2 列压缩机整体安装

工作内容：施工准备,设备开箱检验,基础处理,垫铁设置,设备吊装就位,设备部件
清洗组装,与机械本体联接的冷却系统、润滑系统以及支架、防护罩等零
件附件的安装,找平找正,垫铁点焊,轴系对中,机组油系统管线清洗安装,
油系统循环,配合检查验收。

计量单位：台

编　号			1-9-1	1-9-2	1-9-3	1-9-4	1-9-5	1-9-6
项　目			机组重量（t 以内）					
			1	3	5	8	10	15
名　称		单位	消　耗　量					
人工	合计工日	工日	30.765	41.008	54.855	77.840	94.086	119.013
	其中 普工	工日	6.152	8.202	10.970	15.568	18.817	23.802
	一般技工	工日	15.383	20.504	27.428	38.920	47.043	59.507
	高级技工	工日	9.230	12.302	16.457	23.352	28.226	35.704
材料	平垫铁（综合）	kg	12.240	17.440	23.400	32.040	47.080	59.480
	斜垫铁（综合）	kg	11.054	15.518	21.046	28.805	46.210	58.320
	紫铜板 δ0.08~0.20	kg	0.050	0.050	0.100	0.150	0.200	0.200
	木板	m³	0.013	0.018	0.018	0.038	0.038	0.038
	道木	m³	—	—	0.015	0.018	0.025	0.028
	煤油	kg	5.534	9.684	11.067	13.834	16.601	19.367
	机油	kg	0.396	0.949	1.107	1.266	1.582	1.740
	黄油钙基脂	kg	0.227	0.341	0.455	0.568	0.568	0.909
	氧气	m³	1.020	1.020	2.040	2.040	2.040	3.060
	乙炔气	kg	0.392	0.392	0.785	0.785	0.785	1.177
	金属滤网	m²	0.500	0.800	1.000	1.100	1.200	1.400
	无石棉板衬垫	kg	0.220	1.580	2.230	3.200	3.400	3.400
	塑料管	m	1.500	2.500	3.500	4.500	5.500	6.500
	密封胶	支	2.000	4.000	6.000	8.000	10.000	12.000
	砂纸	张	5.000	8.000	10.000	12.000	14.000	16.000
	铜丝布	m	0.010	0.020	0.030	0.040	0.040	0.050
	不锈钢板（综合）	kg	0.050	0.080	0.100	0.120	0.140	0.160
	低碳钢焊条 J427	kg	0.546	0.630	0.798	0.819	1.134	1.134
	其他材料费	%	5.00	5.00	5.00	5.00	5.00	5.00
机械	载货汽车 - 普通货车 10t	台班	—	—	0.300	0.500	—	—
	载货汽车 - 普通货车 15t	台班	—	—	—	—	0.500	—
	载货汽车 - 平板拖车组 20t	台班	—	—	—	—	—	0.500
	叉式起重机 5t	台班	0.300	0.500	—	—	—	—
	汽车式起重机 8t	台班	0.300	0.300	0.500	—	—	—
	汽车式起重机 25t	台班	—	—	—	0.500	—	—
	汽车式起重机 50t	台班	—	—	—	—	0.700	1.000
	弧焊机 21kV·A	台班	0.200	0.315	0.390	0.410	0.567	0.567
	真空滤油机 6 000L/h	台班	0.300	0.500	0.700	1.000	1.000	1.000
仪表	激光轴对中仪	台班	—	—	—	—	1.000	1.000

工作内容：施工准备,设备开箱检验,基础处理,垫铁设置,设备吊装就位,设备部件清洗组装,与机械本体联接的冷却系统、润滑系统以及支架、防护罩等零件附件的安装,找平找正,垫铁点焊,轴系对中,机组油系统管线清洗安装,油系统循环,配合检查验收。

计量单位:台

编　号			1-9-7	1-9-8	1-9-9	1-9-10	1-9-11	1-9-12
项　目			机组重量（t 以内）					
			双重整机 15	20	25	30	40	50
名　称		单位	消　耗　量					
人工	合计工日	工日	178.398	185.657	207.029	235.783	316.648	366.782
	其中 普工	工日	35.680	37.131	41.405	47.156	63.330	73.356
	一般技工	工日	89.199	92.829	103.515	117.892	158.324	183.391
	高级技工	工日	53.519	55.697	62.109	70.735	94.994	110.035
材料	平垫铁（综合）	kg	90.240	87.720	124.760	137.160	161.800	192.720
	斜垫铁（综合）	kg	87.012	84.780	120.055	132.166	155.330	185.079
	紫铜板 δ0.08~0.20	kg	0.400	0.200	0.300	0.300	0.400	0.500
	木板	m³	0.050	0.100	0.100	0.125	0.150	0.200
	道木	m³	0.040	0.041	0.041	0.041	0.041	0.041
	煤油	kg	39.525	22.134	23.517	24.901	27.668	30.434
	机油	kg	3.133	2.215	2.531	2.689	3.006	3.322
	黄油钙基脂	kg	1.688	1.136	1.364	1.364	1.591	1.591
	氧气	m³	6.120	3.060	4.080	4.080	4.080	4.080
	乙炔气	kg	2.354	1.177	1.569	1.569	1.569	1.569
	金属滤网	m²	1.800	2.000	2.200	2.400	2.600	2.800
	无石棉板衬垫	kg	6.980	4.300	4.600	4.900	6.800	7.200
	密封胶	支	16.000	18.000	20.000	22.000	24.000	26.000
	塑料管	m	8.500	9.500	10.500	11.000	13.000	15.000
	砂纸	张	19.000	21.000	23.000	24.000	26.000	28.000
	不锈钢板（综合）	kg	0.200	0.250	0.300	0.350	0.400	0.500
	低碳钢焊条 J427	kg	1.300	2.268	3.318	3.318	3.318	3.318
	无石棉橡胶板 高压 δ1~6	kg	3.200	3.500	4.000	4.530	4.800	6.200
	其他材料费	%	5.00	5.00	5.00	5.00	5.00	5.00
机械	载货汽车-平板拖车组 20t	台班	1.000	—	—	—	—	—
	载货汽车-平板拖车组 30t	台班	—	1.000	1.000	—	—	—
	载货汽车-平板拖车组 40t	台班	—	—	—	1.000	1.000	1.000
	汽车式起重机 50t	台班	1.000	—	—	—	1.000	—
	汽车式起重机 75t	台班	—	1.000	1.000	—	—	—
	汽车式起重机 100t	台班	—	—	—	1.000	1.000	—
	汽车式起重机 120t	台班	—	—	—	—	—	1.000
	弧焊机 21kV·A	台班	0.619	1.000	1.000	1.000	1.500	1.650
	真空滤油机 6 000L/h	台班	2.000	2.000	2.000	2.000	2.000	2.000
仪表	激光轴对中仪	台班	2.000	1.000	1.000	1.000	1.000	1.000

2. 活塞式 Z 型 3 列压缩机整体安装

工作内容： 施工准备，设备开箱检验，基础处理，垫铁设置，设备吊装就位，设备部件清洗组装，与机械本体联接的冷却系统、润滑系统以及支架、防护罩等零件附件的安装，找平找正，垫铁点焊，轴系对中，机组油系统管线清洗安装，油系统循环，配合检查验收。

计量单位：台

	编 号		1-9-13	1-9-14	1-9-15	1-9-16	1-9-17	1-9-18
	项 目		机组重量（t 以内）					
			1	3	5	8	10	15
	名 称	单位	消 耗 量					
人工	合计工日	工日	49.647	77.671	96.313	119.989	139.589	152.858
	其中 普工	工日	9.929	15.534	19.262	23.997	27.917	30.572
	一般技工	工日	24.824	38.836	48.157	59.995	69.795	76.429
	高级技工	工日	14.894	23.301	28.894	35.997	41.877	45.857
材料	平垫铁（综合）	kg	12.240	23.400	32.040	47.560	71.880	90.240
	斜垫铁（综合）	kg	11.054	21.046	28.805	36.564	70.430	87.012
	紫铜板 δ0.08~0.20	kg	0.010	0.020	0.030	0.045	0.075	0.100
	木板	m³	0.006	0.008	0.011	0.012	0.012	0.015
	道木	m³	0.019	0.019	0.019	0.444	0.444	0.610
	煤油	kg	11.858	15.810	19.763	25.691	31.620	41.501
	黄油钙基脂	kg	0.338	0.506	0.675	0.844	0.844	1.350
	机油	kg	1.175	2.350	3.524	4.112	4.699	7.049
	氧气	m³	3.672	5.202	5.202	7.038	7.038	8.874
	乙炔气	kg	1.412	2.001	2.001	2.707	2.707	3.413
	铁砂布 0#~2#	张	10.000	15.000	15.000	18.000	18.000	21.000
	青壳纸 δ0.1~1.0	张	0.750	0.750	1.500	1.500	3.000	3.000
	金属滤网	m²	0.500	0.800	1.000	1.100	1.200	1.400
	无石棉板衬垫	kg	1.200	2.700	3.800	4.900	5.200	5.500
	密封胶	支	2.000	4.000	6.000	8.000	10.000	12.000
	塑料管	m	1.500	2.500	3.500	4.500	5.500	6.500
	砂纸	张	5.000	8.000	10.000	12.000	14.000	16.000
	不锈钢板（综合）	kg	0.050	0.080	0.100	0.120	0.140	0.160
	低碳钢焊条 J427	kg	0.440	0.600	0.790	0.195	0.195	0.250
	其他材料费	%	5.00	5.00	5.00	5.00	5.00	5.00
机械	载货汽车 - 普通货车 10t	台班	—	—	0.300	0.500	—	—
	载货汽车 - 普通货车 15t	台班	—	—	—	—	0.500	—
	载货汽车 - 平板拖车组 20t	台班	—	—	—	—	—	1.000
	叉式起重机 5t	台班	0.300	0.500	—	—	—	—
	汽车式起重机 8t	台班	0.300	0.300	0.500	—	—	—
	汽车式起重机 25t	台班	—	—	—	0.500	—	—
	汽车式起重机 50t	台班	—	—	—	—	0.700	1.000
	电动空气压缩机 6m³/min	台班	0.500	0.500	0.500	0.500	1.000	1.000
	试压泵 60MPa	台班	1.000	1.000	1.000	1.000	1.000	1.000
	弧焊机 21kV·A	台班	0.200	0.300	0.376	0.500	0.500	1.000
	真空滤油机 6 000L/h	台班	0.300	0.500	0.700	1.000	1.000	1.000

3. 活塞式 V、W、S 型压缩机整体安装

工作内容: 施工准备,设备开箱检验,基础处理,垫铁设置,设备吊装就位,设备部件清洗组装,与机械本体联接的冷却系统、润滑系统以及支架、防护罩等零件附件的安装,找平找正,垫铁点焊,轴系对中,机组油系统管线清洗安装,油系统循环,配合检查验收。

计量单位: 台

编　号			1-9-19	1-9-20	1-9-21	1-9-22	1-9-23	1-9-24
机　组　形　式			V 型					
汽缸数量 (个)			2			4		
缸径 (mm) / 机组重量 (t)			70/0.5	100/0.8	125/1	70/0.8	100/1	125/1.5
名　称		单位	消　耗　量					
人工	合计工日	工日	20.157	24.590	25.834	21.307	25.834	29.864
	其中 普工	工日	4.031	4.918	5.167	4.261	5.167	5.973
	一般技工	工日	10.079	12.295	12.917	10.654	12.917	14.932
	高级技工	工日	6.047	7.377	7.750	6.392	7.750	8.959
材料	平垫铁 (综合)	kg	12.240	12.240	18.360	12.560	18.360	24.480
	斜垫铁 (综合)	kg	11.054	11.054	16.582	11.054	16.582	22.110
	木板	m³	0.003	0.004	0.021	0.003	0.004	0.021
	机油	kg	0.119	0.158	0.158	0.158	0.237	0.316
	黄油钙基脂	kg	0.512	0.568	0.682	0.512	0.716	0.853
	橡胶盘根 (低压)	kg	0.100	0.200	0.300	0.200	0.500	0.700
	金属滤网	m²	0.500	0.500	0.500	0.500	0.500	0.500
	无石棉板衬垫	kg	1.500	1.700	1.900	1.500	1.700	2.200
	密封胶	支	2.000	2.000	2.000	2.000	2.000	2.000
	塑料管	m	1.500	1.500	1.500	1.500	1.500	1.500
	砂纸	张	5.000	5.000	5.000	5.000	5.000	5.000
	紫铜板 $\delta 0.08\sim0.20$	kg	0.020	0.020	0.020	0.030	0.030	0.030
	不锈钢板 (综合)	kg	0.050	0.050	0.050	0.050	0.050	0.050
	低碳钢焊条 J427	kg	0.210	0.210	0.210	0.210	0.210	0.210
	其他材料费	%	5.00	5.00	5.00	5.00	5.00	5.00
机械	叉式起重机 5t	台班	0.300	0.300	0.300	0.300	0.300	0.300
	汽车式起重机 8t	台班	0.250	0.250	0.250	0.250	0.300	0.300
	弧焊机 21kV·A	台班	0.110	0.110	0.110	0.110	0.110	0.110
	真空滤油机 6 000L/h	台班	0.300	0.300	0.300	0.300	0.300	0.300

工作内容：施工准备，设备开箱检验，基础处理，垫铁设置，设备吊装就位，设备部件清洗组装，与机械本体联接的冷却系统、润滑系统以及支架、防护罩等零件附件的安装，找平找正，垫铁点焊，轴系对中，机组油系统管线清洗安装，油系统循环，配合检查验收。

计量单位：台

编　号				1-9-25	1-9-26	1-9-27	1-9-28	1-9-29	1-9-30
机 组 形 式				W 型			S 型		
汽缸数量（个）				6			8		
缸径（mm）/ 机组重量（t）				70/1.2	100/1.5	125/2	70/1.5	100/2	125/2.5
名　　称			单位	消　耗　量					
人工	合计工日		工日	25.222	34.677	38.676	34.906	39.060	48.320
	其中	普工	工日	5.044	6.935	7.735	6.981	7.812	9.664
		一般技工	工日	12.611	17.339	19.338	17.453	19.530	24.160
		高级技工	工日	7.567	10.403	11.603	10.472	11.718	14.496
材料	平垫铁（综合）		kg	12.240	24.480	24.480	18.360	24.480	30.600
	斜垫铁（综合）		kg	16.582	22.109	22.109	16.582	22.109	27.636
	木板		m³	0.010	0.020	0.025	0.011	0.023	0.025
	机油		kg	0.316	0.515	0.594	0.396	0.633	0.791
	黄油钙基脂		kg	0.626	0.853	1.023	0.682	0.909	1.136
	橡胶盘根（低压）		kg	0.500	1.000	1.200	0.600	1.000	1.500
	金属滤网		m²	0.500	0.500	0.500	0.500	0.500	0.500
	无石棉板衬垫		kg	2.200	2.500	2.800	2.200	3.400	3.800
	密封胶		支	2.000	2.000	2.000	2.000	2.000	2.000
	塑料管		m	1.500	1.500	1.500	1.500	1.500	1.500
	砂纸		张	5.000	5.000	5.000	5.000	5.000	5.000
	不锈钢板（综合）		kg	0.050	0.050	0.050	0.050	0.050	0.050
	紫铜板 δ0.08~0.20		kg	0.030	0.030	0.040	0.040	0.040	0.040
	低碳钢焊条 J427		kg	0.210	0.210	0.210	0.210	0.210	0.210
	其他材料费		%	5.00	5.00	5.00	5.00	5.00	5.00
机械	汽车式起重机 8t		台班	0.300	0.300	0.300	0.300	0.300	0.300
	叉式起重机 5t		台班	0.300	0.300	0.300	0.300	0.300	0.300
	弧焊机 21kV·A		台班	0.110	0.110	0.110	0.110	0.110	0.110
	真空滤油机 6 000L/h		台班	0.300	0.300	0.300	0.300	0.300	0.300

4. 活塞式 V、W、S 型制冷压缩机整体安装

工作内容: 施工准备,设备开箱检验,基础处理,垫铁设置,设备吊装就位,设备部件清洗组装,与机械本体联接的冷却系统、润滑系统以及支架、防护罩等零件附件的安装,找平找正,垫铁点焊,轴系对中,机组油系统管线清洗安装,油系统循环,配合检查验收。

计量单位:台

编 号			单位	1-9-31	1-9-32	1-9-33	1-9-34	1-9-35	1-9-36
机 组 形 式				V 型					
汽缸数量(个)				2					
缸径(mm)/ 机组重量(t)				100/0.5	100/0.8	100/1	125/2	170/3.0	200/5.0
名 称			单位	消 耗 量					
人工	合计工日		工日	20.504	22.451	23.587	27.266	36.259	59.564
	其中	普工	工日	4.101	4.490	4.717	5.453	7.251	11.913
		一般技工	工日	10.252	11.226	11.794	13.633	18.130	29.782
		高级技工	工日	6.151	6.735	7.076	8.180	10.878	17.869
材料	平垫铁(综合)		kg	12.240	12.240	18.360	24.480	26.460	40.680
	斜垫铁(综合)		kg	11.054	11.054	16.582	22.109	23.809	36.564
	紫铜板 δ0.08~0.20		kg	0.020	0.020	0.020	0.020	0.030	0.040
	木板		m³	0.008	0.008	0.010	0.013	0.036	0.044
	机油		kg	0.158	0.175	0.209	0.237	0.475	0.633
	黄油钙基脂		kg	0.568	0.568	0.568	0.568	0.818	0.909
	橡胶盘根(低压)		kg	0.300	0.300	0.350	0.350	0.500	0.800
	密封胶		支	2.000	2.000	2.000	2.000	4.000	6.000
	金属滤网		m²	0.500	0.500	0.500	0.500	0.800	1.000
	无石棉板衬垫		kg	1.100	1.100	1.100	3.800	5.400	5.800
	塑料管		m	1.500	1.500	1.500	1.500	2.500	3.500
	砂纸		张	5.000	5.000	5.000	5.000	8.000	10.000
	不锈钢板(综合)		kg	0.050	0.050	0.050	0.050	0.080	0.100
	低碳钢焊条 J427		kg	0.210	0.200	0.200	0.210	0.420	0.630
	其他材料费		%	5.00	5.00	5.00	5.00	5.00	5.00
机械	载货汽车 – 普通货车 10t		台班	—	—	—	—	—	0.300
	叉式起重机 5t		台班	0.300	0.300	0.300	0.500	0.500	—
	汽车式起重机 8t		台班	0.250	0.250	0.250	0.300	0.300	—
	汽车式起重机 16t		台班	—	—	—	—	—	0.500
	弧焊机 21kV·A		台班	0.110	0.103	0.103	0.110	0.210	0.320
	真空滤油机 6 000L/h		台班	0.300	0.300	0.300	0.300	0.500	0.700

工作内容：施工准备,设备开箱检验,基础处理,垫铁设置,设备吊装就位,设备部件清洗组装,与机械本体联接的冷却系统、润滑系统以及支架、防护罩等零件附件的安装,找平找正,垫铁点焊,轴系对中,机组油系统管线清洗安装,油系统循环,配合检查验收。

计量单位：台

	编　号		1-9-37	1-9-38	1-9-39	1-9-40
	机　组　形　式		V 型			
	汽缸数量（个）		4			
	缸径（mm）/ 机组重量（t）		100/0.75	125/2.0	170/4.0	200/6.0
	名　　称	单位	消　耗　量			
人工	合计工日	工日	24.193	35.526	47.458	73.752
	其中　普工	工日	4.838	7.105	9.492	14.750
	一般技工	工日	12.097	17.763	23.729	36.876
	高级技工	工日	7.258	10.658	14.237	22.126
材料	平垫铁（综合）	kg	12.240	24.480	25.920	46.800
	斜垫铁（综合）	kg	11.054	22.109	23.278	42.091
	紫铜板 δ0.08~0.20	kg	0.020	0.030	0.030	0.040
	木板	m³	0.010	0.018	0.039	0.050
	机油	kg	0.237	0.515	1.028	0.712
	黄油钙基脂	kg	0.682	0.966	1.159	0.909
	橡胶盘根（低压）	kg	0.500	0.500	0.800	1.000
	密封胶	支	2.000	2.000	4.000	4.000
	金属滤网	m²	0.500	0.500	0.800	0.800
	无石棉板衬垫	kg	2.000	2.000	6.430	6.850
	塑料管	m	1.500	1.500	2.500	2.500
	砂纸	张	5.000	5.000	8.000	8.000
	不锈钢板（综合）	kg	0.050	0.050	0.080	0.080
	低碳钢焊条 J427	kg	0.210	0.210	0.420	0.630
	其他材料费	%	5.00	5.00	5.00	5.00
机械	载货汽车 - 普通货车 10t	台班	—	—	—	0.300
	叉式起重机 5t	台班	0.300	0.500	0.500	—
	汽车式起重机 8t	台班	0.250	0.300	—	—
	汽车式起重机 16t	台班	—	—	0.300	—
	汽车式起重机 25t	台班	—	—	—	0.500
	弧焊机 21kV·A	台班	0.110	0.110	0.200	0.300
	真空滤油机 6 000L/h	台班	0.300	0.300	0.300	0.700

工作内容：施工准备，设备开箱检验，基础处理，垫铁设置，设备吊装就位，设备部件
清洗组装，与机械本体联接的冷却系统、润滑系统以及支架、防护罩等零
件附件的安装，找平找正，垫铁点焊，轴系对中，机组油系统管线清洗安装，
油系统循环，配合检查验收。

计量单位：台

编　号			1-9-41	1-9-42	1-9-43	1-9-44
机 组 形 式			W 型			
汽缸数量（个）			6			
缸径（mm）/机组重量（t）			100/1.0	125/2.5	170/5.0	200/8.0
名　称		单位	消　耗　量			
人工	合计工日	工日	30.006	40.969	55.970	87.838
	其中 普工	工日	6.001	8.193	11.194	17.568
	一般技工	工日	15.003	20.485	27.985	43.919
	高级技工	工日	9.002	12.291	16.791	26.351
材料	平垫铁（综合）	kg	18.360	32.040	40.680	49.320
	斜垫铁（综合）	kg	16.582	28.805	36.564	38.796
	紫铜板 δ0.08~0.20	kg	0.020	0.030	0.030	0.060
	木板	m³	0.020	0.020	0.045	0.063
	机油	kg	0.515	0.949	1.266	0.791
	黄油钙基脂	kg	0.795	0.966	1.375	0.909
	橡胶盘根（低压）	kg	0.600	1.000	1.000	1.500
	密封胶	支	2.000	2.000	6.000	8.000
	金属滤网	m²	0.500	0.800	1.000	1.100
	无石棉板衬垫	kg	2.400	6.200	7.400	8.200
	塑料管	m	1.500	1.500	3.500	4.500
	砂纸	张	5.000	5.000	10.000	12.000
	不锈钢板（综合）	kg	0.050	0.050	0.100	0.120
	低碳钢焊条 J427	kg	0.210	0.420	0.420	0.630
	其他材料费	%	5.00	5.00	5.00	5.00
机械	载货汽车－普通货车 10t	台班	—	—	0.500	0.500
	叉式起重机 5t	台班	0.300	0.500	—	—
	汽车式起重机 8t	台班	0.300	0.300	—	—
	汽车式起重机 16t	台班	—	—	0.500	—
	汽车式起重机 25t	台班	—	—	—	0.500
	弧焊机 21kV·A	台班	0.110	0.200	0.200	0.300
	真空滤油机 6 000L/h	台班	0.500	0.500	0.700	1.000

工作内容：施工准备,设备开箱检验,基础处理,垫铁设置,设备吊装就位,设备部件
　　　　　清洗组装,与机械本体联接的冷却系统、润滑系统以及支架、防护罩等零
　　　　　件附件的安装,找平找正,垫铁点焊,轴系对中,机组油系统管线清洗安装,
　　　　　油系统循环,配合检查验收。

计量单位：台

编　号			1-9-45	1-9-46	1-9-47	1-9-48
机 组 形 式			S 型			
汽缸数量（个）			8			
缸径（mm）/ 机组重量（t）			100/1.5	125/3.0	170/6.0	200/10.0
名　称		单位	消　耗　量			
人工	合计工日	工日	33.415	49.772	63.525	99.520
	其中 普工	工日	6.682	9.954	12.704	19.904
	一般技工	工日	16.708	24.886	31.763	49.760
	高级技工	工日	10.025	14.932	19.058	29.856
材料	平垫铁（综合）	kg	21.420	32.040	46.800	84.280
	斜垫铁（综合）	kg	19.345	28.805	42.091	81.983
	紫铜板 δ0.08~0.20	kg	0.030	0.030	0.030	0.080
	木板	m³	0.013	0.021	0.054	0.088
	机油	kg	0.633	1.187	1.424	0.949
	黄油钙基脂	kg	1.080	1.375	1.421	1.023
	橡胶盘根（低压）	kg	0.800	2.000	2.300	2.000
	金属滤网	m²	0.500	0.500	1.000	1.000
	密封胶	支	2.000	2.000	6.000	10.000
	无石棉板衬垫	kg	3.200	6.800	8.530	9.540
	塑料管	m	1.500	1.500	3.500	5.500
	砂纸	张	5.000	5.000	10.000	14.000
	不锈钢板（综合）	kg	0.050	0.050	0.100	0.140
	低碳钢焊条 J427	kg	0.210	0.420	0.420	0.630
	其他材料费	%	5.00	5.00	5.00	5.00
机械	载货汽车 - 普通货车 10t	台班	—	—	0.500	—
	载货汽车 - 普通货车 15t	台班	—	—	—	0.500
	叉式起重机 5t	台班	0.300	0.500	—	—
	汽车式起重机 25t	台班	—	—	0.500	—
	汽车式起重机 50t	台班	—	—	—	0.700
	弧焊机 21kV·A	台班	0.110	0.200	0.200	0.300
	真空滤油机 6 000L/h	台班	0.300	0.500	0.700	1.000

5. 活塞式 2D（2M）型对称平衡式压缩机解体安装

工作内容：施工准备，设备开箱检验，基础处理，垫铁设置，设备吊装就位，机身试漏，设备部件清洗组装，找平找正，垫铁点焊，与机械本体联接的冷却系统、润滑系统以及支架、防护罩等零件附件的安装，机组油系统管线清洗，油运，冷却系统管线清洗，冷却系统试运，机组配合检查验收。　　　　　　　　　　　　　计量单位：台

编　号			1-9-49	1-9-50	1-9-51	1-9-52	1-9-53
项　目			机组重量（t 以内）				
			5	8	15	20	30
名　称		单位	消　耗　量				
人工	合计工日	工日	103.929	192.069	220.893	264.560	322.560
	其中 普工	工日	20.785	38.413	44.178	52.912	64.512
	一般技工	工日	51.965	96.035	110.447	132.280	161.280
	高级技工	工日	31.179	57.621	66.268	79.368	96.768
材料	平垫铁（综合）	kg	129.580	132.100	147.880	213.080	264.640
	斜垫铁（综合）	kg	120.989	123.221	137.887	193.471	240.422
	紫铜板 δ0.08~0.20	kg	0.030	0.040	0.080	0.100	0.150
	木板	m³	0.040	0.050	0.090	0.100	0.160
	道木	m³	0.025	0.025	0.025	0.025	0.041
	煤油	kg	21.080	25.191	47.232	62.977	94.465
	机油	kg	2.506	2.506	4.699	6.265	9.398
	黄油钙基脂	kg	1.800	2.700	3.375	4.500	6.750
	氧气	m³	4.590	4.590	7.038	7.038	10.710
	乙炔气	kg	1.765	1.765	2.707	2.707	4.119
	铁砂布 0#~2#	张	5.000	8.000	15.000	20.000	30.000
	青壳纸 δ0.1~1.0	张	1.000	1.000	2.000	2.000	2.000
	金属滤网	m²	1.000	1.200	1.400	1.800	2.200
	无石棉板衬垫	kg	5.400	7.290	8.950	12.300	17.600
	塑料管	m	3.500	4.500	5.500	6.500	8.500
	密封胶	支	6.000	8.000	10.000	14.000	16.000
	砂纸	张	12.000	14.000	16.000	18.000	20.000
	不锈钢板（综合）	kg	0.200	0.220	0.260	0.300	0.350
	低碳钢焊条 J427	kg	3.000	4.000	5.000	5.000	10.000
	其他材料费	%	5.00	5.00	5.00	5.00	5.00
机械	载货汽车 - 普通货车 10t	台班	1.000	1.000	1.000	—	—
	载货汽车 - 平板拖车组 20t	台班	—	—	—	1.000	—
	载货汽车 - 平板拖车组 40t	台班	—	—	—	—	1.000
	汽车式起重机 8t	台班	1.800	—	—	—	—
	汽车式起重机 16t	台班	—	1.800	—	—	—
	汽车式起重机 25t	台班	—	—	1.800	1.000	—
	汽车式起重机 50t	台班	—	—	—	0.500	1.000
	汽车式起重机 75t	台班	—	—	—	—	0.500
	弧焊机 21kV·A	台班	1.500	1.820	2.270	2.270	4.550
	电动空气压缩机 6m³/min	台班	0.500	0.500	0.500	1.000	1.500
	真空滤油机 6 000L/h	台班	0.500	1.000	1.000	1.000	1.000
仪表	激光轴对中仪	台班	1.000	1.000	1.000	1.000	1.000

6. 活塞式 4D（4M）型对称平衡式压缩机解体安装

工作内容：施工准备，设备开箱检验，基础处理，垫铁设置，设备吊装就位，机身试漏，
设备部件清洗组装，找平找正，垫铁点焊，与机械本体联接的冷却系统、润
滑系统以及支架、防护罩等零件附件的安装，机组油系统管线清洗，油运，
冷却系统管线清洗，冷却系统试运，机组配合检查验收。　　　　　　计量单位：台

编 号			1-9-54	1-9-55	1-9-56
项 目			机组重量（t 以内）		
			20	30	40
名 称		单位	消 耗 量		
人工	合计工日	工日	409.696	436.006	451.351
	其中 普工	工日	81.939	87.201	90.270
	一般技工	工日	204.848	218.003	225.676
	高级技工	工日	122.909	130.802	135.405
材料	平垫铁（综合）	kg	256.080	299.440	335.440
	斜垫铁（综合）	kg	232.310	271.219	304.243
	紫铜板 $\delta 0.08\sim0.20$	kg	0.200	0.300	0.400
	木板	m³	0.100	0.150	0.210
	道木	m³	0.028	0.041	0.041
	煤油	kg	61.923	88.273	114.623
	黄油钙基脂	kg	4.500	6.750	9.000
	机油	kg	7.832	9.790	11.748
	氧气	m³	12.240	18.360	18.360
	乙炔气	kg	4.708	7.062	7.062
	铁砂布 0#～2#	张	23.000	33.000	33.000
	青壳纸 $\delta 0.1\sim1.0$	张	4.000	4.000	5.000
	金属滤网	m²	1.800	2.200	2.200
	密封胶	支	14.000	16.000	16.000
	无石棉板衬垫	kg	13.230	21.540	34.320
	塑料管	m	6.500	8.500	8.500
	砂纸	张	18.000	20.000	20.000
	不锈钢板（综合）	kg	0.300	0.350	0.350
	低碳钢焊条 J427	kg	5.000	5.000	15.000
	其他材料费	%	5.00	5.00	5.00
机械	载货汽车 – 平板拖车组 20t	台班	1.000	—	—
	载货汽车 – 平板拖车组 40t	台班	—	1.000	1.500
	汽车式起重机 25t	台班	2.000	2.000	1.000
	汽车式起重机 50t	台班	0.500	0.500	2.500
	电动空气压缩机 6m³/min	台班	1.000	1.000	1.500
	试压泵 60MPa	台班	1.000	1.000	1.500
	真空滤油机 6 000L/h	台班	2.000	2.000	2.000
	弧焊机 21kV·A	台班	2.270	2.270	6.820
仪表	激光轴对中仪	台班	1.000	1.000	1.000

工作内容: 施工准备,设备开箱检验,基础处理,垫铁设置,设备吊装就位,机身试漏,
设备部件清洗组装,找平找正,垫铁点焊,与机械本体联接的冷却系统、润
滑系统以及支架、防护罩等零件附件的安装,机组油系统管线清洗,油运,
冷却系统管线清洗,冷却系统试运,机组配合检查验收。　　　　　计量单位:台

	编　　号		1-9-57	1-9-58	1-9-59	1-9-60
	项　　目		机组重量(t以内)			
			50	80	120	150
	名　　称	单位	消　耗　量			
人工	合计工日	工日	580.543	756.623	941.144	1 078.761
	其中 普工	工日	116.108	151.324	188.229	215.752
	一般技工	工日	290.272	378.312	470.572	539.381
	高级技工	工日	174.163	226.987	282.343	323.628
材料	平垫铁(综合)	kg	335.440	440.280	482.240	520.400
	斜垫铁(综合)	kg	304.243	416.179	434.842	468.256
	紫铜板 δ0.08~0.20	kg	0.500	0.800	1.000	1.500
	木板	m³	0.225	0.260	0.300	3.500
	道木	m³	0.075	0.075	0.105	0.105
	煤油	kg	131.750	171.275	197.625	223.975
	黄油钙基脂	kg	9.000	11.250	13.500	15.750
	机油	kg	14.097	20.363	21.929	25.062
	乙炔气	kg	9.415	9.415	9.415	9.415
	氧气	m³	24.480	24.480	24.480	24.480
	铁砂布 0#~2#	张	33.000	43.000	53.000	62.000
	青壳纸 δ0.1~1.0	张	6.000	8.000	10.000	12.000
	金属滤网	m²	2.600	2.800	3.000	3.200
	密封胶	支	18.000	22.000	26.000	26.000
	无石棉板衬垫	kg	37.650	43.210	56.700	67.400
	塑料管	m	10.500	12.500	14.000	16.000
	砂纸	张	22.000	24.000	26.000	26.000
	不锈钢板(综合)	kg	0.400	0.450	0.500	0.550
	低碳钢焊条 J427	kg	15.000	25.000	30.000	35.000
	其他材料费	%	5.00	5.00	5.00	5.00
机械	载货汽车-平板拖车组 40t	台班	1.500	1.500	2.000	2.000
	汽车式起重机 25t	台班	1.000	1.000	1.000	1.000
	汽车式起重机 50t	台班	3.000	1.000	1.000	1.000
	汽车式起重机 75t	台班	—	2.000	2.000	3.000
	弧焊机 21kV·A	台班	6.820	11.360	12.000	13.730
	电动空气压缩机 6m³/min	台班	2.000	3.000	4.000	5.000
	真空滤油机 6 000L/h	台班	2.000	2.000	2.000	2.000
仪表	激光轴对中仪	台班	1.000	1.000	1.000	2.000

7. 活塞式 H 型中间直联同步压缩机解体安装

工作内容: 施工准备,设备开箱检验,基础处理,垫铁设置,设备吊装就位,机身试漏,设备部件清洗组装,找平找正,垫铁点焊,与机械本体联接的冷却系统、润滑系统以及支架、防护罩等零件附件的安装,机组油系统管线清洗,油运,冷却系统管线清洗,冷却系统试运,机组配合检查验收。

计量单位:台

编 号		单位	1-9-61	1-9-62	1-9-63
项 目			机组重量(t 以内)		
			20	40	55
名 称		单位	消 耗 量		
人工	合计工日	工日	407.074	635.509	796.278
	其中 普工	工日	81.415	127.101	159.256
	一般技工	工日	203.537	317.755	398.139
	高级技工	工日	122.122	190.653	238.883
材料	平垫铁(综合)	kg	171.360	192.080	439.680
	斜垫铁(综合)	kg	158.458	178.063	408.369
	紫铜板 δ0.08~0.20	kg	0.200	0.400	0.550
	木板	m³	0.100	0.210	0.225
	道木	m³	0.028	0.041	0.080
	煤油	kg	59.288	109.353	144.925
	黄油钙基脂	kg	2.250	3.375	24.750
	氧气	m³	8.160	12.240	12.240
	乙炔气	kg	3.138	4.708	4.708
	机油	kg	7.832	11.748	17.230
	铁砂布 0#~2#	张	24.000	35.000	38.000
	青壳纸 δ0.1~1.0	张	2.000	5.000	6.000
	金属滤网	m²	1.800	2.000	2.500
	无石棉板衬垫	kg	13.400	23.800	35.800
	塑料管	m	6.500	8.500	10.500
	砂纸	张	18.000	20.000	24.000
	密封胶	支	14.000	16.000	18.000
	不锈钢板(综合)	kg	0.300	0.400	0.450
	低碳钢焊条 J427	kg	5.000	15.000	20.000
	其他材料费	%	5.00	5.00	5.00
机械	载货汽车-普通货车 15t	台班	1.000	—	—
	载货汽车-平板拖车组 40t	台班	—	1.000	1.000
	汽车式起重机 25t	台班	2.000	2.000	2.000
	汽车式起重机 50t	台班	0.500	0.500	1.000
	汽车式起重机 100t	台班	—	—	1.000
	弧焊机 21kV·A	台班	2.270	6.820	9.090
	电动空气压缩机 6m³/min	台班	1.000	1.500	2.500
	真空滤油机 6 000L/h	台班	2.000	2.000	2.000
仪表	激光轴对中仪	台班	1.000	1.000	1.000

工作内容: 施工准备,设备开箱检验,基础处理,垫铁设置,设备吊装就位,机身试漏,设备部件清洗组装,找平找正,垫铁点焊,与机械本体联接的冷却系统、润滑系统以及支架、防护罩等零件附件的安装,机组油系统管线清洗,油运,冷却系统管线清洗,冷却系统试运,机组配合检查验收。

计量单位:台

编　　号			1-9-64	1-9-65	1-9-66
项　　目			机组重量(t 以内)		
			80	120	160
名　　称		单位	消　耗　量		
人工	合计工日		工日	836.889	1255.153	1393.307
	其中	普工	工日	167.377	251.030	278.661
		一般技工	工日	418.445	627.577	696.654
		高级技工	工日	251.067	376.546	417.992
材料	平垫铁(综合)		kg	535.280	657.640	732.040
	斜垫铁(综合)		kg	493.661	611.781	678.912
	紫铜板 δ0.08~0.20		kg	0.600	1.200	1.600
	木板		m³	0.240	0.300	0.360
	道木		m³	0.080	0.120	0.170
	煤油		kg	223.975	289.850	342.550
	机油		kg	20.363	23.495	28.194
	黄油钙基脂		kg	27.000	27.000	27.000
	氧气		m³	26.520	30.600	53.040
	乙炔气		kg	10.200	11.769	20.400
	铁砂布 0#~2#		张	38.000	48.000	48.000
	青壳纸 δ0.1~1.0		张	8.000	10.000	12.000
	金属滤网		m²	3.000	3.500	4.000
	无石棉板衬垫		kg	64.500	78.400	94.300
	塑料管		m	12.500	14.500	16.500
	密封胶		支	20.000	22.000	24.000
	砂纸		张	26.000	28.000	30.000
	不锈钢板(综合)		kg	0.500	0.600	0.800
	低碳钢焊条 J427		kg	20.000	20.000	25.000
	其他材料费		%	5.00	5.00	5.00
机械	载货汽车-平板拖车组 40t		台班	1.500	1.500	1.500
	汽车式起重机 25t		台班	2.000	2.000	2.000
	汽车式起重机 50t		台班	1.000	1.000	1.000
	弧焊机 21kV·A		台班	9.090	9.090	11.360
	电动空气压缩机 6m³/min		台班	3.000	4.000	5.000
	真空滤油机 6 000L/h		台班	2.000	2.000	2.000
仪表	激光轴对中仪		台班	1.000	1.000	1.000

二、回转式螺杆压缩机整体安装

工作内容: 施工准备,设备开箱检验,基础处理,垫铁设置,设备吊装就位,找平找正,初轴对中,垫铁点焊,设备部件清洗组装,与机械本体联接的制冷系统、润滑系统以及支架、防护罩等零件附件的安装,机组油系统管线清洗,油系统循环,真空系统的检查,配合检查验收。

计量单位:台

编　　号			1-9-67	1-9-68	1-9-69
项　　目			机组重量(t以内)		
			1	3	5
名　　称		单位	消　耗　量		
人工	合计工日	工日	30.203	44.619	53.860
	其中　普工	工日	6.040	8.923	10.772
	一般技工	工日	15.102	22.310	26.930
	高级技工	工日	9.061	13.386	16.158
材料	平垫铁(综合)	kg	18.360	32.040	40.680
	斜垫铁(综合)	kg	16.582	28.805	36.564
	木板	m³	0.008	0.008	0.013
	煤油	kg	4.150	8.300	10.804
	机油	kg	0.316	0.791	0.791
	黄油钙基脂	kg	0.227	0.455	0.568
	氧气	m³	1.020	1.020	1.020
	乙炔气	kg	0.392	0.392	0.392
	密封胶	支	2.000	4.000	6.000
	金属滤网	m²	0.500	0.600	1.000
	无石棉板衬垫	kg	0.480	0.520	0.580
	塑料管	m	1.500	2.500	3.500
	紫铜板 δ0.08~0.20	kg	0.030	0.030	0.040
	砂纸	张	5.000	6.000	10.000
	不锈钢板(综合)	kg	0.050	0.080	0.100
	低碳钢焊条 J427	kg	0.420	0.504	0.630
	其他材料费	%	5.00	5.00	5.00
机械	载货汽车-普通货车 10t	台班	—	—	0.300
	叉式起重机 5t	台班	0.300	0.500	—
	汽车式起重机 8t	台班	0.500	0.500	—
	汽车式起重机 16t	台班	—	—	1.000
	弧焊机 21kV·A	台班	0.200	0.240	0.315
	真空滤油机 6 000L/h	台班	0.300	0.500	1.000
仪表	激光轴对中仪	台班	0.500	1.000	1.000

工作内容: 施工准备,设备开箱检验,基础处理,垫铁设置,设备吊装就位,找平找正,初轴对中,垫铁点焊,设备部件清洗组装,与机械本体联接的制冷系统、润滑系统以及支架、防护罩等零件附件的安装,机组油系统管线清洗,油系统循环,真空系统的检查,配合检查验收。

计量单位:台

	编　号		1-9-70	1-9-71	1-9-72	1-9-73
	项　目		机组重量(t以内)			
			8	10	15	20
	名　称	单位	消　耗　量			
人工	合计工日	工日	84.990	103.784	129.949	189.840
	其中 普工	工日	16.998	20.757	25.989	37.968
	一般技工	工日	42.495	51.892	64.975	94.920
	高级技工	工日	25.497	31.135	38.985	56.952
材料	斜垫铁(综合)	kg	38.796	81.983	87.012	99.123
	平垫铁(综合)	kg	49.320	84.280	90.240	102.640
	木板	m³	0.019	0.021	0.039	0.038
	道木	m³	0.005	0.008	0.008	0.008
	煤油	kg	13.834	16.601	19.367	22.134
	机油	kg	0.949	1.187	1.187	1.187
	黄油钙基脂	kg	0.909	0.909	1.023	1.136
	氧气	m³	1.530	2.040	2.550	3.060
	乙炔气	kg	0.588	0.785	0.981	1.177
	铜丝布	m	0.030	0.030	0.030	0.030
	金属滤网	m²	1.100	1.200	1.400	1.400
	无石棉板衬垫	kg	0.850	1.650	2.340	3.240
	塑料管	m	4.500	5.500	6.500	7.500
	密封胶	支	8.000	10.000	12.000	12.000
	紫铜板 δ0.08~0.20	kg	0.060	0.080	0.100	0.120
	砂纸	张	12.000	14.000	16.000	16.000
	不锈钢板(综合)	kg	0.120	0.140	0.160	0.160
	低碳钢焊条 J427	kg	0.840	1.281	1.365	1.575
	其他材料费	%	5.00	5.00	5.00	5.00
机械	载货汽车 – 普通货车 10t	台班	0.500	—	—	—
	载货汽车 – 普通货车 15t	台班	—	0.500	—	—
	载货汽车 – 平板拖车组 20t	台班	—	—	1.000	—
	载货汽车 – 平板拖车组 40t	台班	—	—	—	1.000
	汽车式起重机 25t	台班	0.500	—	—	—
	汽车式起重机 50t	台班	—	0.700	—	—
	汽车式起重机 75t	台班	—	—	1.000	—
	汽车式起重机 100t	台班	—	—	—	1.000
	弧焊机 21kV·A	台班	0.431	0.639	0.650	0.780
	真空滤油机 6 000L/h	台班	1.000	1.000	1.000	1.000
仪表	激光轴对中仪	台班	1.000	1.000	1.000	1.000

三、离心式压缩机安装

1. 离心式压缩机整体安装

工作内容： 施工准备，设备开箱检验，基础处理，垫铁设置，底座、设备吊装就位，找平找正，垫铁点焊，设备部件清洗组装，与机械本体联接的冷却系统、润滑系统以及支架、防护罩等零件附件的安装，机组油系统管线清洗，油运，配合检查验收。

计量单位：台

编　号		1-9-74	1-9-75	1-9-76	1-9-77	1-9-78
项　目		电动机驱动				
		机组重量（t 以内）				
		5	10	20	30	40
名　称	单位	消　耗　量				
人工 合计工日	工日	88.872	135.076	235.947	332.463	408.137
其中 普工	工日	17.774	27.015	47.189	66.492	81.627
一般技工	工日	44.436	67.538	117.974	166.232	204.069
高级技工	工日	26.662	40.523	70.784	99.739	122.441
平垫铁（综合）	kg	48.840	58.720	95.600	251.880	325.640
斜垫铁（综合）	kg	46.699	56.578	92.645	235.514	304.807
钢板 δ4.5~7.0	kg	1.250	2.500	5.000	7.500	10.000
紫铜板 δ0.08~0.20	kg	0.030	0.050	0.100	0.150	0.200
木板	m³	0.058	0.100	1.800	0.263	0.335
道木	m³	0.010	0.015	0.021	0.021	0.021
煤油	kg	13.834	24.901	41.501	62.252	83.003
机油	kg	1.582	3.164	6.328	9.492	12.656
黄油钙基脂	kg	0.227	0.455	0.909	1.136	1.364
二硫化钼粉	kg	0.750	1.500	3.000	4.500	6.000
氧气	m³	0.510	1.020	1.530	2.040	2.040
乙炔气	kg	0.196	0.392	0.588	0.785	0.785
耐油橡胶板	kg	1.250	2.000	4.000	7.500	10.000
青壳纸 δ0.1~1.0	kg	0.250	0.500	1.000	1.500	2.000
金属滤网	m²	1.000	1.300	1.500	2.400	2.800
无石棉板衬垫	kg	7.430	12.430	18.650	22.540	34.760
密封胶	支	6.000	10.000	16.000	20.000	24.000
塑料管	m	3.500	4.500	5.500	11.000	13.000
砂纸	张	10.000	14.000	16.000	24.000	26.000
不锈钢板（综合）	kg	0.100	0.200	0.300	0.350	0.400
铜丝布	m	0.050	0.100	0.200	0.300	0.400
低碳钢焊条 J427	kg	0.360	0.630	0.630	0.945	1.260
其他材料费	%	5.00	5.00	5.00	5.00	5.00
载货汽车 - 普通货车 15t	台班	0.300	0.500	—	—	—
载货汽车 - 平板拖车组 40t	台班	—	—	1.000	1.000	1.000
汽车式起重机 16t	台班	0.500	—	—	—	—
汽车式起重机 25t	台班	—	0.500	—	—	—
汽车式起重机 75t	台班	—	—	1.000	—	—
汽车式起重机 100t	台班	—	—	—	1.000	1.500
弧焊机 21kV·A	台班	0.200	0.370	0.393	0.540	0.630
真空滤油机 6 000L/h	台班	0.700	0.700	1.000	2.000	2.000
仪表 激光轴对中仪	台班	1.000	1.000	1.000	1.000	1.000

工作内容: 施工准备,设备开箱检验,基础处理,垫铁设置,底座、设备吊装就位,找平
找正,垫铁点焊,设备部件清洗组装,与机械本体联接的冷却系统、润滑系
统以及支架、防护罩等零件附件的安装,机组油系统管线清洗,油运,配合
检查验收。

计量单位:台

编　　号			1-9-79	1-9-80	1-9-81
项　　目			电动机驱动		
			机组重量(t以内)		
			50	70	100
名　　称		单位	消　耗　量		
人工	合计工日	工日	678.438	829.317	1058.667
	其中 普工	工日	135.688	165.863	211.733
	一般技工	工日	339.219	414.659	529.334
	高级技工	工日	203.531	248.795	317.600
材料	平垫铁(综合)	kg	341.640	387.520	467.760
	斜垫铁(综合)	kg	320.213	363.115	438.005
	钢板 δ4.5~7.0	kg	12.500	17.500	19.860
	紫铜板 δ0.08~0.20	kg	0.250	0.350	1.800
	木板	m³	0.386	0.440	0.541
	道木	m³	0.024	0.041	0.048
	煤油	kg	103.753	145.254	207.506
	机油	kg	15.820	22.148	31.640
	黄油钙基脂	kg	1.591	2.727	3.182
	二硫化钼粉	kg	7.500	10.500	15.000
	氧气	m³	3.060	4.080	5.100
	乙炔气	kg	1.177	1.569	1.962
	耐油橡胶板	kg	12.500	17.500	25.000
	青壳纸 δ0.1~1.0	kg	2.500	3.500	5.000
	铜丝布	m	0.500	0.700	1.000
	金属滤网	m²	2.800	3.000	4.000
	无石棉板衬垫	kg	45.200	55.400	67.420
	塑料管	m	15.000	19.000	24.000
	密封胶	支	26.000	28.000	32.000
	砂纸	张	28.000	30.000	36.000
	不锈钢板(综合)	kg	0.500	0.600	0.800
	低碳钢焊条 J427	kg	1.260	1.260	1.575
	其他材料费	%	5.00	5.00	5.00
机械	载货汽车-平板拖车组 60t	台班	1.000	—	—
	汽车式起重机 50t	台班	1.500	1.500	1.500
	汽车式起重机 75t	台班	1.000	—	—
	弧焊机 21kV·A	台班	0.630	0.630	0.750
	真空滤油机 6 000L/h	台班	2.000	2.000	2.000
仪表	激光轴对中仪	台班	2.000	2.000	2.000

2. 离心式压缩机解体安装

工作内容: 施工准备,设备开箱检验,基础处理,垫铁设置,底座、设备吊装就位,
底座初找平找正,分体部件清洗及安装,整机找平找正,垫铁点焊,设
备部件清洗组装,与机械本体联接的冷却系统、润滑系统以及支架、防
护罩等零件附件的安装,机组油系统管线清洗,油运,配合检查验收。　**计量单位:台**

编　号			1-9-82	1-9-83	1-9-84	1-9-85
项　目			机组重量（t 以内）			
			10	20	30	40
名　称		单位	消　耗　量			
人工	合计工日	工日	183.901	265.775	438.110	549.074
	其中 普工	工日	36.780	53.154	87.622	109.815
	其中 一般技工	工日	91.951	132.888	219.055	274.537
	其中 高级技工	工日	55.170	79.733	131.433	164.722
材料	平垫铁（综合）	kg	23.920	26.440	89.880	109.640
	斜垫铁（综合）	kg	21.264	23.496	86.906	106.663
	紫铜板 $\delta 0.08\sim0.20$	kg	0.200	0.200	0.400	0.400
	木板	m^3	0.100	0.100	0.200	0.200
	道木	m^3	0.020	0.032	0.032	0.032
	煤油	kg	23.715	39.525	59.288	79.050
	机油	kg	3.133	6.265	9.398	12.531
	黄油钙基脂	kg	1.800	2.700	4.500	5.850
	氧气	m^3	9.180	9.180	12.240	12.240
	乙炔气	kg	3.531	3.531	4.708	4.708
	耐酸无石棉橡胶板（综合）	kg	2.000	4.000	7.500	10.000
	铁砂布 $0^{\#}\sim2^{\#}$	张	12.000	23.000	33.000	33.000
	青壳纸 $\delta 0.1\sim1.0$	张	3.000	5.000	5.000	5.000
	金属滤网	m^2	1.500	2.000	2.000	2.500
	无石棉板衬垫	kg	9.440	13.400	15.600	23.800
	塑料管	m	6.000	6.500	6.500	8.500
	密封胶	支	8.000	12.000	18.000	22.000
	砂纸	张	6.000	8.000	9.000	10.000
	不锈钢板（综合）	kg	0.400	0.400	0.450	0.450
	低碳钢焊条 J427	kg	0.400	0.600	0.900	1.200
	其他材料费	%	5.00	5.00	5.00	5.00
机械	载货汽车 - 普通货车 8t	台班	0.500	0.500	0.500	—
	载货汽车 - 普通货车 15t	台班	—	—	0.500	—
	载货汽车 - 普通货车 20t	台班	—	—	—	1.000
	汽车式起重机 8t	台班	0.500	—	1.000	1.000
	汽车式起重机 16t	台班	—	0.500	—	1.500
	汽车式起重机 25t	台班	—	0.500	—	—
	汽车式起重机 50t	台班	—	—	0.500	1.000
	弧焊机 21kV·A	台班	0.190	0.300	0.450	0.570
	电动空气压缩机 6m³/min	台班	1.000	1.500	1.500	1.500
仪表	激光轴对中仪	台班	1.000	1.000	1.000	1.000

工作内容：施工准备，设备开箱检验，基础处理，垫铁设置，底座、设备吊装就位，底座初找平找正，分体部件清洗及安装，整机找平找正，垫铁点焊，设备部件清洗组装，与机械本体联接的冷却系统、润滑系统以及支架、防护罩等零件附件的安装，机组油系统管线清洗，油运，配合检查验收。

计量单位：台

编　号			1-9-86	1-9-87	1-9-88	1-9-89	1-9-90
项　目			机组重量（t 以内）				
			50	70	90	120	165
名　称		单位	消　耗　量				
人工	合计工日	工日	678.426	829.317	1 005.767	1 161.155	1 268.807
	其中　普工	工日	135.685	165.863	201.153	232.230	253.761
	一般技工	工日	339.213	414.659	502.884	580.578	634.404
	高级技工	工日	203.528	248.795	301.730	348.347	380.642
材料	平垫铁（综合）	kg	125.640	135.520	163.760	179.760	195.760
	斜垫铁（综合）	kg	122.069	131.947	158.407	173.813	189.218
	紫铜板 δ0.08~0.20	kg	0.400	0.600	0.800	0.800	0.800
	木板	m³	0.300	0.400	0.500	0.650	0.800
	道木	m³	0.075	0.080	0.105	0.130	0.175
	煤油	kg	131.750	184.450	237.150	289.850	368.900
	机油	kg	15.664	21.929	28.194	37.592	46.991
	黄油钙基脂	kg	11.250	15.750	20.250	24.750	31.500
	氧气	m³	12.240	18.360	24.480	36.720	48.960
	乙炔气	kg	4.708	7.062	9.415	14.123	18.831
	耐酸无石棉橡胶板（综合）	kg	22.000	25.000	27.000	29.000	30.000
	铁砂布 0#~2#	张	50.000	70.000	90.000	100.000	120.000
	青壳纸 δ0.1~1.0	张	2.800	3.000	3.200	3.500	4.000
	金属滤网	m²	2.500	3.000	3.000	3.500	4.000
	无石棉板衬垫	kg	3.280	35.800	64.500	78.400	94.300
	塑料管	m	10.500	10.500	12.500	14.500	16.500
	砂纸	张	12.000	14.000	18.000	22.000	26.000
	密封胶	支	24.000	28.000	32.000	36.000	40.000
	不锈钢板（综合）	kg	0.500	0.500	0.600	0.600	0.800
	低碳钢焊条 J427	kg	8.000	10.000	14.000	22.000	24.000
	其他材料费	%	5.00	5.00	5.00	5.00	5.00
机械	载货汽车 - 普通货车 8t	台班	1.000	1.000	1.500	1.500	1.500
	载货汽车 - 平板拖车组 20t	台班	0.500	1.000	—	—	—
	载货汽车 - 平板拖车组 40t	台班	—	—	1.000	1.000	1.000
	汽车式起重机 8t	台班	1.000	1.000	1.500	1.500	1.500
	汽车式起重机 75t	台班	1.000	—	—	—	—
	汽车式起重机 100t	台班	—	1.000	2.000	3.000	4.000
	弧焊机 21kV·A	台班	3.810	4.540	6.080	9.160	9.600
	电动空气压缩机 6m³/min	台班	2.000	2.500	3.000	4.000	5.000
	真空滤油机 6 000L/h	台班	2.000	2.000	2.000	2.000	2.000
仪表	激光轴对中仪	台班	1.000	1.000	1.000	1.000	1.000

四、离心式压缩机拆装检查

工作内容：施工准备，各部位油系统管线、密封气管线、介质管线拆除；联轴器护罩拆除；复查机组轴系数据；拆除轴承箱盖及仪表探头等接线；拆除轴承；拆除密封组件；拆除机壳螺栓；吊出上机壳及转子；拆除隔板及气封；检查机体内部情况，提取装配数据、更换部件、按照上述顺序回装，过程中提取装配数据。

计量单位：台

编　　号			1-9-91	1-9-92	1-9-93	1-9-94	1-9-95
项　　目			设备重量（t 以内）				
			5	10	20	30	40
名　　称		单位	消　耗　量				
人工	合计工日	工日	64.458	122.757	213.750	292.600	357.856
	其中 普工	工日	12.892	24.551	42.750	58.520	71.571
	一般技工	工日	32.229	61.379	106.875	146.300	178.928
	高级技工	工日	19.337	36.827	64.125	87.780	107.357
材料	紫铜板 δ0.08~0.20	kg	0.080	0.080	0.100	0.300	0.400
	煤油	kg	15.810	23.715	31.620	47.430	63.240
	机油	kg	1.880	2.819	4.073	5.639	7.518
	黄油钙基脂	kg	2.250	3.375	4.500	5.625	6.750
	无石棉橡胶板 高压 δ1~6	kg	5.000	7.500	10.000	15.000	20.000
	铁砂布 0#~2#	张	6.000	9.000	12.000	18.000	24.000
	青壳纸 δ0.1~1.0	kg	1.000	1.500	2.000	3.000	4.000
	密封胶	支	8.000	10.000	12.000	14.000	16.000
	研磨膏	盒	1.000	1.000	1.000	2.000	2.000
	其他材料费	%	5.00	5.00	5.00	5.00	5.00
机械	汽车式起重机 8t	台班	1.500	—	—	—	—
	汽车式起重机 16t	台班	—	2.000	—	—	—
	汽车式起重机 25t	台班	—	—	3.000	3.500	—
	汽车式起重机 50t	台班	—	—	—	—	4.000
仪表	激光轴对中仪	台班	1.000	1.000	1.000	1.000	1.000

工作内容: 施工准备,各部位油系统管线、密封气管线、介质管线拆除;联轴器护罩拆除;复查机组轴系数据;拆除轴承箱盖及仪表探头等接线;拆除轴承;拆除密封组件;拆除机壳螺栓;吊出上机壳及转子;拆除隔板及气封;检查机体内部情况,提取装配数据、更换部件、按照上述顺序回装,过程中提取装配数据。

计量单位:台

编　号			1-9-96	1-9-97	1-9-98
项　目			设备重量(t以内)		
			50	70	100
名　称		单位	消　耗　量		
人工	合计工日	工日	397.257	426.778	500.502
	其中　普工	工日	79.451	85.356	100.100
	其中　一般技工	工日	198.629	213.389	250.251
	其中　高级技工	工日	119.177	128.033	150.151
材料	紫铜板 $\delta0.08\sim0.20$	kg	0.500	0.650	1.000
	煤油	kg	60.000	78.000	120.000
	机油	kg	12.000	15.600	24.000
	黄油钙基脂	kg	7.000	8.000	10.000
	无石棉橡胶板 高压 $\delta1\sim6$	kg	25.000	37.500	50.000
	铁砂布 $0^{\#}\sim2^{\#}$	张	30.000	39.000	60.000
	青壳纸 $\delta0.1\sim1.0$	kg	8.200	7.500	10.000
	密封胶	支	18.000	20.000	24.000
	研磨膏	盒	2.000	3.000	3.000
	其他材料费	%	5.00	5.00	5.00
机械	汽车式起重机 50t	台班	4.000	5.000	—
仪表	激光轴对中仪	台班	1.000	1.000	1.000

第十章　工业炉设备安装

说　　明

一、本章适用范围如下：

1. 电弧炼钢炉。

2. 无芯工频感应电炉：包括熔铁、熔铜、熔锌等熔炼电炉。

3. 电阻炉、真空炉、高频及中频感应炉。

4. 冲天炉：包括长腰三节炉、移动式直线曲线炉、胆热风冲天炉、燃重油冲天炉、一般冲天炉及冲天炉加料机构等。

5. 加热炉及热处理炉包括：

（1）按形式分为室式、台车式、推杆式、反射式、链式、贯通式、环形式、传送式、箱式、槽式、开隙式、井式（整体组合）、坩锅式等；

（2）按燃料分为电、天然气、煤气、重油、煤粉、煤块等。

6. 解体结构井式热处理炉：包括电阻炉、天然气炉、煤气炉、重油炉、煤粉炉等。

二、本章包括下列内容：

1. 无芯工频感应电炉的水冷管道、油压系统、油箱、油压操纵台等安装以及油压系统的配管、刷漆；

2. 电阻炉、真空炉以及高频、中频感应炉的水冷系统、润滑系统、传动装置、真空机组、安全防护装置等安装；

3. 冲天炉本体和前炉安装；

4. 冲天炉加料机构的轨道、加料车、卷扬装置等安装；

5. 加热炉及热处理炉的炉门升降机构、轨道、炉箅、喷嘴、台车、液压装置、拉杆或推杆装置、传动装置、装料装置、卸料装置等安装。

三、本章不包括下列内容：

1. 各类工业炉安装均不包括炉体内衬砌筑；

2. 电阻炉电阻丝的安装；

3. 热工仪表系统的安装、调试；

4. 风机系统的安装、试运转；

5. 液压泵房站的安装；

6. 阀门的研磨、试压；

7. 台车的组立、装配；

8. 冲天炉出渣轨道的安装；

9. 解体结构井式热处理炉的平台安装；

10. 设备二次灌浆；

11. 烘炉。

四、无芯工频感应电炉安装是按每一炉组为两台炉子考虑，如每一炉组为一台炉子时，则相应消耗量乘以系数0.60。

五、冲天炉的加料机构按各类形式综合考虑，已包括在冲天炉安装内。

六、加热炉及热处理炉如为整体结构（炉体已组装并有内衬砌体），则人工乘以系数0.70。计算设备重量时应包括内衬砌体的重量。如为解体结构（炉体是金属构件，需现场组合安装，无内衬砌体），则消耗量不变。计算设备重量时不包括内衬砌体的重量。

工程量计算规则

一、电弧炼钢炉、电阻炉、真空炉、高频及中频感应炉、加热炉及热处理炉安装以"台"为计量单位，按设备重量"t"选用项目。

二、无芯工频感应电炉安装以"组"为计量单位，按设备重量"t"选用项目。每一炉组按两台炉子考虑。

三、冲天炉安装以"台"为计量单位，按设备熔化率（t/h）选用项目。冲天炉的出渣轨道安装可套用本册第五章"地平面上安装轨道"的相应项目。

四、加热炉及热处理炉在计算重量时，如为整体结构（炉体已组装并有内衬砌体），应包括内衬砌体的重量，如为解体结构（炉体为金属结构件，需要现场组合安装，无内衬砌体），则不包括内衬砌体的重量。炉窑砌筑执行相关专业项目。

一、电弧炼钢炉

工作内容： 开箱清点、场内运输、外观检查、设备清洗、吊装、联结、安装就位、调整、
固定、单体调试。

计量单位：台

	编　号		1-10-1	1-10-2	1-10-3	1-10-4	1-10-5
	项　目		设备重量（t）				
			0.5	1.5	3.0	5.0	10.0
	名　称	单位	消　耗　量				
人工	合计工日	工日	9.433	21.108	37.314	50.107	79.791
	其中 普工	工日	1.887	4.222	7.463	10.021	15.958
	一般技工	工日	6.792	15.198	26.866	36.077	57.450
	高级技工	工日	0.754	1.689	2.985	4.008	6.383
材料	平垫铁（综合）	kg	5.640	7.530	15.500	39.280	42.100
	斜垫铁（综合）	kg	5.100	6.120	15.290	35.200	37.160
	角钢 60	kg	5.000	8.000	12.000	15.000	20.000
	钢板 $\delta4.5\sim7.0$	kg	15.000	20.000	20.000	20.000	15.000
	热轧厚钢板 $\delta8.0\sim20.0$	kg	35.000	50.000	60.000	70.000	85.000
	镀锌铁丝 $\phi2.8\sim4.0$	kg	3.000	5.000	7.000	10.000	10.000
	低碳钢焊条 J427 $\phi4.0$	kg	7.466	15.509	23.100	36.750	57.750
	碳钢气焊条 $\phi2$ 以内	kg	0.300	0.500	1.200	2.000	2.500
	木板	m³	0.030	0.050	0.070	0.090	0.110
	道木	m³	0.079	0.105	0.155	0.191	0.237
	煤油	kg	3.150	5.250	13.650	21.000	26.250
	机油	kg	1.530	2.040	4.080	5.100	8.160
	黄油钙基脂	kg	0.500	0.800	1.500	2.000	3.000
	氧气	m³	6.375	18.870	32.640	40.800	51.000
	乙炔气	kg	2.452	7.258	12.554	15.692	19.615
	无石棉板（1.6~2.0）×（500~800）	kg	2.000	4.000	5.000	7.000	10.000
	无石棉橡胶板 高压 $\delta1\sim6$	kg	3.000	5.000	8.000	10.000	12.000
	四氟乙烯塑料薄膜	kg	0.200	0.300	0.400	0.400	0.500
	其他材料费	%	5.00	5.00	5.00	5.00	5.00
机械	载货汽车 - 普通货车 10t	台班	—	—	—	0.400	0.500
	叉式起重机 5t	台班	0.300	0.300	0.800	1.000	1.200
	汽车式起重机 8t	台班	0.700	1.200	1.500	3.400	4.700
	汽车式起重机 12t	台班	0.300	0.300	0.300	0.300	—
	汽车式起重机 30t	台班	—	—	—	—	0.400
	弧焊机 21kV·A	台班	1.500	3.800	4.200	7.000	12.000

二、无芯工频感应电炉

工作内容: 开箱清点、场内运输、外观检查、设备清洗、吊装、联结、安装就位、调整、
固定、单体调试。

计量单位:台

	编　号		1-10-6	1-10-7	1-10-8	1-10-9	1-10-10	1-10-11
	项　目		设备重量(t)					
			0.75	1.5	3.0	5.0	10.0	20.0
	名　称	单位	消　耗　量					
人工	合计工日	工日	19.453	26.788	45.017	65.084	115.697	190.450
	其中 普工	工日	3.890	5.358	9.003	13.017	23.139	38.090
	一般技工	工日	14.006	19.287	32.412	46.860	83.302	137.124
	高级技工	工日	1.556	2.143	3.601	5.207	9.256	15.236
材料	平垫铁(综合)	kg	11.170	13.970	21.880	50.880	88.500	103.330
	斜垫铁(综合)	kg	12.200	15.100	21.280	49.160	85.660	97.940
	钢板 δ4.5~7.0	kg	6.000	10.000	14.000	6.000	12.000	22.000
	热轧厚钢板 δ8.0~20.0	kg	—	—	—	16.000	24.000	40.000
	紫铜电焊条 T107 φ3.2	kg	—	—	—	0.600	0.900	1.000
	镀锌铁丝 φ2.8~4.0	kg	3.000	3.000	6.000	7.000	8.000	10.000
	低碳钢焊条 J427 φ3.2	kg	5.250	5.817	4.725	4.200	4.200	5.250
	低碳钢焊条 J427 φ4.0	kg	2.909	7.350	17.934	16.901	34.818	46.725
	碳钢气焊条 φ2 以内	kg	1.000	1.000	1.500	1.500	2.000	3.000
	铜焊粉 气剂301 瓶装	kg	—	—	—	0.300	0.500	0.800
	板枋材	m³	—	—	—	—	—	0.080
	木板	m³	0.010	0.015	0.025	0.030	0.040	0.063
	道木	m³	0.052	0.055	0.080	0.141	0.187	0.454
	汽油 70#~90#	kg	0.200	0.220	0.240	0.280	0.350	1.000
	煤油	kg	2.100	5.250	6.300	10.500	10.500	14.700
	机油	kg	0.510	1.020	1.530	2.040	2.040	4.080
	油漆溶剂油	kg	0.650	0.720	0.800	0.900	1.050	2.000
	黄油钙基脂	kg	0.500	0.500	1.000	1.500	1.500	2.000
	氧气	m³	3.570	4.080	8.160	9.180	16.320	20.400
	乙炔气	kg	1.373	1.569	3.138	3.531	6.277	7.846
	调和漆	kg	1.800	2.000	2.200	2.500	3.000	4.000
	防锈漆 C53-1	kg	2.000	2.400	2.640	3.000	3.600	5.000
	无石棉板 (1.6~2.0)×(500~800)	kg	3.000	4.000	5.000	7.000	10.000	15.000
	无石棉水泥板 δ20	m²	—	—	2.000	3.400	—	—
	无石棉水泥板 δ25	m²	—	—	—	—	7.600	12.000
	无石棉橡胶板 高压 δ1~6	kg	1.000	1.000	1.500	1.500	2.500	4.000
	普通无石棉布	kg	14.000	18.400	26.000	32.800	56.000	72.000
	四氟乙烯塑料薄膜	kg	0.250	0.500	0.500	0.750	0.750	1.000
	其他材料费	%	5.00	5.00	5.00	5.00	5.00	5.00
机械	载货汽车 - 普通货车 10t	台班	1.000	1.000	1.500	1.500	2.500	3.000
	叉式起重机 5t	台班	0.200	0.200	0.200	0.500	2.000	2.300
	汽车式起重机 8t	台班	0.350	0.600	0.900	1.750	4.850	5.350
	汽车式起重机 12t	台班	0.300	0.300	0.300	0.300	—	—
	汽车式起重机 30t	台班	—	—	—	—	0.400	—
	汽车式起重机 50t	台班	—	—	—	—	—	0.400
	弧焊机 21kV·A	台班	3.400	5.300	9.200	12.500	17.000	22.000

三、电阻炉、真空炉、高频及中频感应炉

工作内容: 开箱清点、场内运输、外观检查、设备清洗、吊装、联结、安装就位、调整、
固定、单体调试。

计量单位:台

	编　号		1-10-12	1-10-13	1-10-14	1-10-15	1-10-16	1-10-17	1-10-18
	项　目		设备重量(t)						
			1.0	2.0	4.0	7.0	10.0	15.0	20.0
	名　称	单位	消　耗　量						
人工	合计工日	工日	11.056	19.761	29.246	42.639	56.797	70.380	82.885
	其中　普工	工日	2.211	3.952	5.849	8.528	11.360	14.076	16.577
	一般技工	工日	7.961	14.227	21.057	30.700	40.894	50.674	59.677
	高级技工	工日	0.885	1.581	2.340	3.411	4.543	5.630	6.631
材料	平垫铁(综合)	kg	2.820	3.760	5.640	8.640	12.520	21.950	25.000
	斜垫铁(综合)	kg	3.060	4.590	2.550	8.000	11.510	18.332	22.500
	钢板 $\delta4.5\sim7.0$	kg	3.200	3.600	6.120	4.200	4.200	5.600	5.600
	镀锌铁丝 $\phi2.8\sim4.0$	kg	2.000	2.200	4.000	6.000	6.600	6.600	6.600
	低碳钢焊条 J427 $\phi4.0$	kg	0.630	0.945	0.945	1.260	1.575	2.205	2.520
	碳钢气焊条 $\phi2$ 以内	kg	0.700	1.000	1.200	1.600	1.800	2.000	2.400
	板枋材	m³	—	—	—	—	—	—	0.060
	木板	m³	0.005	0.006	0.007	0.009	0.009	0.011	0.011
	道木	m³	0.065	0.080	0.093	0.140	0.162	0.190	0.207
	煤油	kg	2.100	2.625	3.150	3.885	4.725	5.250	5.775
	机油	kg	0.510	0.714	0.765	0.918	1.224	1.530	1.734
	黄油钙基脂	kg	0.210	0.220	0.300	0.500	0.600	0.600	0.660
	真空泵油	kg	0.500	0.650	0.700	0.800	1.000	1.300	1.500
	丙酮	kg	0.200	0.200	0.200	0.300	0.350	0.350	0.400
	氧气	m³	1.224	1.530	1.836	2.448	2.754	3.060	3.672
	乙炔气	kg	0.471	0.588	0.706	0.942	1.059	1.177	1.412
	聚酯乙烯泡沫塑料	kg	0.200	0.200	0.250	0.300	0.300	0.350	0.350
	无石棉橡胶板 高压 $\delta1\sim6$	kg	0.600	0.800	0.950	1.800	2.200	3.000	4.000
	四氟乙烯塑料薄膜	kg	0.020	0.030	0.030	0.050	0.100	0.100	0.100
	其他材料费	%	5.00	5.00	5.00	5.00	5.00	5.00	5.00
机械	载货汽车-普通货车 10t	台班	—	—	—	0.400	0.400	0.500	0.400
	叉式起重机 5t	台班	0.100	0.100	0.200	0.200	0.200	0.300	0.300
	汽车式起重机 8t	台班	0.300	0.300	—	0.800	1.000	1.000	1.000
	汽车式起重机 16t	台班	—	—	0.300	0.400	0.400	—	1.000
	汽车式起重机 30t	台班	—	—	—	—	—	0.500	0.500
	弧焊机 21kV·A	台班	0.380	0.380	0.380	0.480	0.480	0.750	0.950

四、冲　天　炉

工作内容： 开箱清点、场内运输、外观检查、设备清洗、吊装、联结、安装就位、调整、
固定、单体调试。

计量单位：台

	编　　号		1-10-19	1-10-20	1-10-21	1-10-22	1-10-23
	项　　目		熔化率（t/h 以内）				
			1.5	3.0	5.0	10.0	15.0
	名　　称	单位	消　耗　量				
人工	合计工日	工日	19.446	37.191	52.679	101.914	127.501
	其中 普工	工日	3.889	7.438	10.536	20.383	25.500
	一般技工	工日	14.001	26.777	37.929	73.378	91.801
	高级技工	工日	1.556	2.975	4.214	8.153	10.200
材料	平垫铁（综合）	kg	5.800	8.820	11.640	17.460	19.400
	斜垫铁（综合）	kg	5.200	6.573	9.880	14.820	17.280
	角钢 60	kg	8.000	12.000	15.000	15.000	20.000
	钢板 $\delta4.5{\sim}7.0$	kg	10.000	10.000	15.000	15.000	20.000
	热轧厚钢板 $\delta8.0{\sim}20.0$	kg	20.000	25.000	50.000	60.000	80.000
	钢丝绳 $\phi15.5$	m	—	—	1.250	1.920	—
	钢丝绳 $\phi20$	m	—	—	—	—	2.330
	镀锌铁丝 $\phi2.8{\sim}4.0$	kg	10.000	10.000	12.000	12.000	12.000
	低碳钢焊条 J427 $\phi4.0$	kg	16.800	23.100	31.500	44.100	68.250
	碳钢气焊条 $\phi2$ 以内	kg	0.500	0.500	1.000	1.000	1.500
	板枋材	m³	—	—	0.060	0.080	0.090
	木板	m³	0.009	0.010	0.014	0.150	0.023
	道木	m³	0.077	0.080	0.116	0.177	0.227
	煤油	kg	2.100	4.200	5.250	8.400	8.400
	机油	kg	0.510	1.020	1.020	2.040	2.040
	黄油钙基脂	kg	0.500	0.500	1.000	1.000	1.000
	氧气	m³	8.160	12.240	20.400	30.600	35.700
	乙炔气	kg	3.138	4.708	7.846	11.769	13.731
	无石棉板（1.6~2.0）×（500~800）	kg	20.000	35.000	35.000	45.000	60.000
	无石棉橡胶板 高压 $\delta1{\sim}6$	kg	5.000	10.000	10.000	15.000	20.000
	四氟乙烯塑料薄膜	kg	0.150	0.200	0.300	0.300	0.500
	其他材料费	%	5.00	5.00	5.00	5.00	5.00
机械	载货汽车－普通货车 10t	台班	0.300	0.400	0.500	1.000	1.200
	汽车式起重机 8t	台班	1.500	1.500	2.750	3.800	4.800
	汽车式起重机 12t	台班	0.300	—	—	—	—
	汽车式起重机 16t	台班	—	0.500	—	—	—
	汽车式起重机 25t	台班	—	—	0.400	—	—
	汽车式起重机 50t	台班	—	—	—	0.500	—
	汽车式起重机 75t	台班	—	—	—	—	0.500
	弧焊机 21kV·A	台班	5.000	7.000	8.500	11.000	14.500

五、加热炉及热处理炉

工作内容：开箱清点、场内运输、外观检查、设备清洗、吊装、联结、安装就位、调整、固定、单体调试。

计量单位：台

编　号			1-10-24	1-10-25	1-10-26	1-10-27	1-10-28	1-10-29
项　目			设备重量（t 以内）					
			1.0	3.0	5.0	7.0	9.0	12.0
名　称		单位	消　耗　量					
人工	合计工日	工日	11.395	22.672	34.027	46.396	57.138	74.531
	其中 普工	工日	2.279	4.534	6.805	9.279	11.428	14.906
	一般技工	工日	8.204	16.324	24.500	33.405	41.139	53.662
	高级技工	工日	0.912	1.814	2.722	3.712	4.571	5.962
材料	平垫铁（综合）	kg	9.410	11.290	13.440	15.360	19.800	23.760
	斜垫铁（综合）	kg	7.640	9.170	11.656	12.560	17.630	20.160
	角钢 60	kg	8.000	10.000	11.000	12.000	13.000	15.000
	钢板 δ4.5~7.0	kg	3.000	4.200	4.700	5.100	5.700	6.250
	热轧厚钢板 δ8.0~20.0	kg	18.000	22.000	25.000	28.000	31.000	34.000
	镀锌铁丝 φ2.8~4.0	kg	1.000	2.000	4.000	6.000	6.000	6.000
	低碳钢焊条 J427 φ4.0	kg	10.500	15.750	19.950	24.150	28.350	33.600
	碳钢气焊条 φ2 以内	kg	—	0.600	0.700	0.800	0.900	1.000
	木板	m³	0.007	0.011	0.015	0.021	0.027	0.034
	道木	m³	0.046	0.055	0.072	0.100	0.106	0.117
	煤油	kg	1.050	2.100	2.415	2.940	3.465	4.200
	机油	kg	0.510	0.612	0.816	1.020	1.224	1.428
	黄油钙基脂	kg	0.200	0.200	0.400	0.600	0.600	0.600
	氧气	m³	3.060	5.100	7.140	9.180	11.220	14.280
	乙炔气	kg	1.177	1.962	2.746	3.531	4.315	5.492
	无石棉板（1.6~2.0）×（500~800）	kg	2.000	2.400	2.900	3.400	3.900	4.400
	无石棉橡胶板 高压 δ1~6	kg	0.800	0.940	1.320	1.680	2.430	2.800
	四氟乙烯塑料薄膜	kg	0.100	0.200	0.250	0.300	0.350	0.350
	其他材料费	%	5.00	5.00	5.00	5.00	5.00	5.00
机械	载货汽车 - 普通货车 10t	台班	—	—	—	0.300	0.300	0.400
	汽车式起重机 8t	台班	—	0.800	1.150	1.500	1.750	2.000
	汽车式起重机 12t	台班	0.200	0.200	0.300	—	—	—
	汽车式起重机 16t	台班	—	—	—	0.400	0.400	—
	汽车式起重机 30t	台班	—	—	—	—	—	0.500
	弧焊机 21kV·A	台班	1.000	2.400	3.400	3.900	4.350	5.800

工作内容: 开箱清点、场内运输、外观检查、设备清洗、吊装、联结、安装就位、调整、固定、单体调试。

计量单位:台

	编 号		1-10-30	1-10-31	1-10-32	1-10-33	1-10-34	1-10-35
	项 目		设备重量(t 以内)					
			15.0	20.0	25.0	30.0	40.0	50.0
	名 称	单位	消 耗 量					
人工	合计工日	工日	92.419	122.466	149.284	177.119	232.255	280.362
	其中 普工	工日	18.484	24.493	29.857	35.424	46.451	56.072
	一般技工	工日	66.541	88.175	107.485	127.526	167.224	201.861
	高级技工	工日	7.394	9.797	11.942	14.169	18.580	22.429
材料	平垫铁(综合)	kg	27.170	29.110	51.740	62.090	70.400	80.960
	斜垫铁(综合)	kg	22.230	24.700	45.860	55.040	60.800	70.000
	角钢 60	kg	17.000	19.000	22.000	25.000	28.000	31.000
	钢板 $\delta4.5\sim7.0$	kg	9.600	11.100	12.600	15.000	16.500	21.000
	热轧厚钢板 $\delta8.0\sim20.0$	kg	38.000	41.000	44.000	47.000	49.000	51.000
	镀锌铁丝 $\phi2.8\sim4.0$	kg	6.000	6.000	6.000	6.000	6.000	7.500
	低碳钢焊条 J427 $\phi4.0$	kg	38.850	46.200	53.550	60.900	70.350	79.800
	碳钢气焊条 $\phi2$ 以内	kg	1.100	1.300	1.500	1.700	2.000	2.300
	板枋材	m³	—	0.080	0.080	0.080	0.090	0.100
	木板	m³	0.040	0.048	0.057	0.067	0.080	0.093
	道木	m³	0.140	0.192	0.249	0.274	0.234	0.370
	煤油	kg	4.935	6.825	8.400	9.975	12.600	15.225
	机油	kg	1.632	2.040	2.448	2.856	3.468	4.080
	黄油钙基脂	kg	0.600	0.600	0.700	0.700	0.700	0.800
	氧气	m³	17.340	22.440	27.540	32.640	39.780	46.920
	乙炔气	kg	6.669	8.631	10.592	12.554	15.300	17.938
	无石棉板 (1.6~2.0) × (500~800)	kg	4.900	5.400	5.900	6.400	6.900	7.400
	无石棉橡胶板 高压 $\delta1\sim6$	kg	3.550	4.560	5.520	6.480	7.440	9.100
	四氟乙烯塑料薄膜	kg	0.400	0.450	0.450	0.450	0.500	0.500
	其他材料费	%	5.00	5.00	5.00	5.00	5.00	5.00
机械	载货汽车 - 普通货车 10t	台班	0.400	0.400	0.400	0.500	0.600	0.750
	汽车式起重机 16t	台班	1.700	2.000	2.000	2.800	3.000	3.730
	汽车式起重机 30t	台班	0.500	0.600	—	—	—	—
	汽车式起重机 75t	台班	—	—	0.800	0.800	—	—
	汽车式起重机 100t	台班	—	—	—	—	0.800	0.800
	弧焊机 21kV·A	台班	6.800	8.700	9.700	11.200	14.500	16.500

工作内容：开箱清点、场内运输、外观检查、设备清洗、吊装、联结、安装就位、调整、
固定、单体调试。

计量单位：台

编　　号			1-10-36	1-10-37	1-10-38	1-10-39
项　　目			设备重量（t 以内）			
			65.0	80.0	100.0	150.0
名　　称		单位	消　耗　量			
人工	合计工日	工日	356.345	421.370	498.331	730.949
	其中 普工	工日	71.269	84.274	99.667	146.190
	一般技工	工日	256.568	303.386	358.798	526.283
	高级技工	工日	28.508	33.710	39.866	58.476
材料	平垫铁（综合）	kg	92.500	96.100	106.500	120.380
	斜垫铁（综合）	kg	81.000	85.600	95.000	106.880
	角钢 60	kg	35.000	39.000	44.000	55.000
	钢板 $\delta4.5\sim7.0$	kg	25.000	29.000	35.000	45.000
	热轧厚钢板 $\delta8.0\sim20.0$	kg	52.000	54.000	56.000	60.000
	镀锌铁丝 $\phi2.8\sim4.0$	kg	7.500	7.500	7.500	7.500
	低碳钢焊条 J427 $\phi4.0$	kg	90.300	100.800	111.300	132.300
	碳钢气焊条 $\phi2$ 以内	kg	2.700	3.100	3.600	4.500
	板枋材	m³	0.140	0.140	0.160	0.180
	木板	m³	0.106	0.119	0.132	0.169
	道木	m³	0.420	0.473	0.568	0.633
	煤油	kg	18.375	21.525	24.675	28.875
	机油	kg	4.896	5.712	6.120	7.344
	黄油钙基脂	kg	0.800	0.800	0.800	0.800
	氧气	m³	56.100	65.280	75.480	95.880
	乙炔气	kg	21.577	25.108	29.031	36.877
	无石棉板（1.6~2.0）×（500~800）	kg	7.900	8.300	8.700	9.500
	无石棉橡胶板 高压 $\delta1\sim6$	kg	9.360	10.320	10.800	12.240
	四氟乙烯塑料薄膜	kg	0.500	0.550	0.550	0.600
	其他材料费	%	5.00	5.00	5.00	5.00
机械	载货汽车 - 普通货车 10t	台班	1.000	1.200	1.350	1.500
	汽车式起重机 16t	台班	3.900	4.100	5.600	7.950
	汽车式起重机 100t	台班	1.000	1.250	1.550	2.300
	弧焊机 21kV·A	台班	21.000	23.300	26.000	31.000

六、解体结构井式热处理炉

工作内容: 开箱清点、场内运输、外观检查、设备清洗、吊装、联结、安装就位、调整、固定、单体调试。

计量单位:台

编　号			1-10-40	1-10-41	1-10-42	1-10-43	1-10-44
项　目			设备重量(t以内)				
			10.0	15.0	25.0	35.0	50.0
名　称		单位	消　耗　量				
人工	合计工日	工日	77.644	112.506	181.536	247.861	330.953
	其中 普工	工日	15.529	22.501	36.307	49.572	66.191
	一般技工	工日	55.904	81.004	130.706	178.460	238.286
	高级技工	工日	6.211	9.000	14.523	19.829	26.476
材料	平垫铁(综合)	kg	11.640	13.580	17.460	19.400	23.560
	斜垫铁(综合)	kg	9.880	12.350	14.820	17.290	19.700
	角钢 60	kg	10.000	15.000	25.000	30.000	40.000
	钢板 δ4.5~7.0	kg	15.000	20.000	20.000	25.000	25.000
	热轧厚钢板 δ8.0~20.0	kg	20.000	30.000	40.000	50.000	50.000
	镀锌铁丝 φ2.8~4.0	kg	8.000	8.000	8.000	10.000	16.000
	低碳钢焊条 J427 φ4.0	kg	17.850	25.200	39.900	52.500	63.000
	碳钢气焊条 φ2以内	kg	0.500	1.000	3.000	5.000	7.000
	板枋材	m³	—	0.060	0.080	0.080	0.100
	木板	m³	0.008	0.012	0.012	0.012	0.014
	道木	m³	0.112	0.161	0.249	0.264	0.382
	煤油	kg	5.250	8.400	10.500	13.650	15.750
	机油	kg	1.530	2.040	2.550	3.060	3.570
	黄油钙基脂	kg	1.000	1.500	1.500	2.000	3.000
	氧气	m³	14.280	20.400	51.000	67.320	83.640
	乙炔气	kg	5.492	7.846	19.615	25.892	32.169
	无石棉板(1.6~2.0)×(500~800)	kg	20.000	35.000	35.000	50.000	60.000
	无石棉橡胶板 高压 δ1~6	kg	5.000	8.000	10.000	15.000	20.000
	四氟乙烯塑料薄膜	kg	0.500	0.750	1.000	1.500	2.000
	其他材料费	%	5.00	5.00	5.00	5.00	5.00
机械	载货汽车－普通货车 10t	台班	0.500	0.500	0.800	0.800	1.000
	汽车式起重机 16t	台班	1.000	1.000	1.500	2.500	3.000
	汽车式起重机 25t	台班	—	0.400	—	—	—
	汽车式起重机 50t	台班	—	—	0.600	—	—
	汽车式起重机 75t	台班	—	—	—	0.800	—
	汽车式起重机 100t	台班	—	—	—	—	1.000
	弧焊机 21kV·A	台班	5.800	7.800	12.000	14.000	18.000

第十一章　煤气发生设备安装

说　明

一、本章内容包括以煤或焦炭作燃料的冷热煤气发生炉及其各种附属设备、容器、构件的安装,气密试验,分节容器外壳组对焊接。

1. 煤气发生炉本体及其底部风箱、落灰箱安装,灰盘、炉箅及传动机构安装,水套、炉壳及支柱、框架、支耳安装,炉盖加料筒及传动装置安装,上部加煤机安装,本体其他附件及本体管道安装;

2. 无支柱悬吊式(如 W-G 型)煤气发生炉的料仓、料管安装;

3. 炉膛内径 1m 及 1.5m 的煤气发生炉包括随设备带有的给煤提升装置及轨道平台安装;

4. 电气滤清器安装包括沉电极、电晕极检查、下料、安装,顶部绝缘子箱外壳安装;

5. 竖管及人孔清理、安装,顶部装喷嘴和本体管道安装;

6. 洗涤塔外壳组装及内部零件、附件以及必须在现场装配的部件安装;

7. 除尘器安装包括下部水封安装;

8. 盘阀、钟罩阀安装包括操纵装置安装及穿钢丝绳;

9. 水压试验、密封试验及非密闭容器的灌水试验。

二、本章不包括以下工作内容,应执行其他章节有关消耗量或规定:

1. 煤气发生炉炉顶平台安装;

2. 煤气发生炉支柱、支耳、框架因接触不良而需要的加热和修整工作;

3. 洗涤塔木格层制作及散片组成整块、刷防腐漆;

4. 附属设备内部及底部砌筑、填充砂浆及填瓷环;

5. 洗涤塔、电气滤清器等的平台、梯子、栏杆安装;

6. 安全阀防爆薄膜试验;

7. 煤气排送机、鼓风机、泵安装。

三、关于下列各项费用的规定:

1. 除洗涤塔外,其他各种附属设备外壳均按整体安装考虑,如为解体安装需要在现场焊接时,除执行相应整体安装消耗量外,尚需执行"煤气发生设备分节容器外壳组焊"的相应项目,且该消耗量是按外圈焊接考虑。如外圈和内圈均需焊接时,相应消耗量乘以系数 1.95。

2. 煤气发生设备分节容器外壳组焊时,如所焊设备外径大于 3m,则以 3m 外径及组成节数(3/2、3/3)的消耗量为基础,按下表乘以调整系数。

煤气发生设备分节容器外壳组焊时的调整系数

设备外径 ϕ(m 以内)/组成节数	4/2	4/3	5/2	5/3	6/2	6/3
调整系数	1.34	1.34	1.67	1.67	2.00	2.00

工程量计算规则

一、煤气发生设备安装以"台"为计量单位,按炉膛内径(m)和设备重量选用项目。

二、如实际安装的煤气发生炉的炉膛内径与消耗量内径相似,其重量超过10%时,先按公式求其重量差系数,然后按下表乘以相应系数调整安装费。

设备重量差系数=设备实际重量/定额设备重量。

安装费调整系数

设备重量差系数	1.1	1.2	1.4	1.6	1.8
安装费调整系数	1.0	1.1	1.2	1.3	1.4

三、洗涤塔、电气滤清器、竖管及附属设备安装以"台"为计量单位,按设备名称、规格型号选用项目。

四、煤气发生设备附属的其他容器构件安装以"t"为计量单位,按单体重量在0.5t以内和大于0.5t选用项目。

五、煤气发生设备分节容器外壳组焊,以"台"为计量单位,按设备外径(m)组成节数选用项目。

一、煤气发生炉

工作内容：开箱清点、场内运输、外观检查、设备清洗、吊装、联结、安装就位、调整、固定，水压试验、密封试验及非密闭容器的灌水试验，单体调试。　　　　　　　　　　**计量单位：台**

编　　号		1-11-1	1-11-2	1-11-3	1-11-4	1-11-5	1-11-6
项　　目		炉膛内径（m）					
		1	1.5	2	3		3.6
		设备重量（t）					
		5	6	30	28（无支柱）	38（有支柱）	47
名　　称	单位	消　耗　量					
人工 合计工日	工日	96.902	112.814	234.168	207.814	270.298	316.141
其中 普工	工日	19.381	22.563	46.833	41.563	54.059	63.229
一般技工	工日	69.770	81.226	168.601	149.627	194.614	227.622
高级技工	工日	7.752	9.025	18.733	16.625	21.624	25.291
平垫铁（综合）	kg	25.760	31.750	74.210	22.000	74.200	222.810
斜垫铁（综合）	kg	25.320	30.616	74.176	12.576	74.176	199.410
角钢 60	kg	20.000	20.000	25.000	90.000	96.000	110.000
热轧薄钢板 δ1.6~1.9	kg	8.000	10.000	16.000	18.000	20.000	28.000
热轧厚钢板 δ8.0~20.0	kg	18.000	20.000	60.000	88.000	90.000	100.000
钢丝绳 ϕ18.5	m	—	—	2.100	2.100	—	—
钢丝绳 ϕ20	m	—	—	—	—	2.330	—
钢丝绳 ϕ21.5	m	—	—	—	—	—	2.750
镀锌铁丝 ϕ2.8~4.0	kg	2.000	2.000	4.000	4.000	4.000	6.000
低碳钢焊条 J427 ϕ4.0	kg	5.250	7.350	40.110	46.200	58.800	75.600
碳钢气焊条 ϕ2 以内	kg	1.000	1.000	2.000	2.000	2.000	3.000
板枋材	m³	—	—	0.080	0.080	0.090	0.100
木板	m³	0.020	0.020	0.090	0.090	0.110	0.120
道木	m³	0.141	0.187	0.374	0.437	0.472	0.620
煤油	kg	10.500	10.500	18.900	18.900	21.000	29.400
机油	kg	3.060	4.080	6.120	6.120	7.140	8.160
黄油钙基脂	kg	3.000	4.000	8.000	8.000	10.000	10.000
硅酸钠（水玻璃）	kg	2.000	2.000	4.000	5.000	5.000	6.000
甘油	kg	1.000	1.000	2.000	2.000	2.000	3.000
氧气	m³	8.160	9.180	22.950	24.480	27.540	32.130
乙炔气	kg	3.138	3.531	8.827	9.415	10.592	12.358
铅油（厚漆）	kg	2.000	3.000	4.000	5.000	5.000	6.000
黑铅粉	kg	2.000	2.000	4.000	5.000	5.000	6.000
羊毛毡 12~15	m²	0.040	0.050	0.100	0.100	0.100	0.120
无石棉橡胶板 高压 δ1~6	kg	4.000	6.000	9.000	11.000	11.000	12.000
普通无石棉布	kg	8.000	10.000	18.000	22.000	22.000	26.000
无石棉编绳 ϕ6~10 烧失量 24%	kg	1.000	1.500	2.000	2.000	2.000	2.200
无石棉编绳 ϕ11~25 烧失量 24%	kg	1.500	2.000	5.000	6.000	6.000	8.000
橡胶板 δ5~10	kg	2.000	2.000	4.000	5.000	5.000	6.000
其他材料费	%	5.00	5.00	5.00	5.00	5.00	5.00
机械 载货汽车-普通货车 10t	台班	0.300	0.400	0.600	0.600	1.000	1.500
汽车式起重机 8t	台班	1.650	1.800	4.500	5.000	5.500	6.200
汽车式起重机 12t	台班	0.300	—	—	—	—	—
汽车式起重机 16t	台班	—	0.400	—	—	—	—
汽车式起重机 50t	台班	—	—	0.800	0.800	—	—
汽车式起重机 75t	台班	—	—	—	—	1.000	—
汽车式起重机 100t	台班	—	—	—	—	—	1.100
弧焊机 21kV·A	台班	2.400	3.400	5.800	5.800	8.200	9.700
电动空气压缩机 6m³/min	台班	1.260	1.260	2.230	2.230	2.910	2.910

二、洗 涤 塔

工作内容: 开箱清点、场内运输、外观检查、设备清洗、吊装、联结、安装就位、调整、固定,水压试验、密封试验及非密闭容器的灌水试验,单体调试。

计量单位:台

	编　　号		1-11-7	1-11-8	1-11-9	1-11-10
	项　　目		设备规格[直径 ϕ(mm)/高度 H(mm)]			
			1 220/9 000	1 620/9 200	2 520/12 700	3 520/14 600
	名　　称	单位	消　耗　量			
人工	合计工日	工日	25.905	31.594	85.941	110.504
	其中 普工	工日	5.181	6.319	17.188	22.100
	一般技工	工日	18.651	22.747	61.877	79.563
	高级技工	工日	2.073	2.527	6.876	8.840
材料	平垫铁(综合)	kg	7.760	11.640	27.750	65.210
	斜垫铁(综合)	kg	7.410	9.880	26.680	63.610
	热轧薄钢板 δ1.6~1.9	kg	4.000	4.000	6.000	12.000
	热轧厚钢板 δ8.0~20.0	kg	18.000	20.000	42.000	75.000
	钢丝绳 ϕ15.5	m	—	—	1.250	1.250
	镀锌铁丝 ϕ2.8~4.0	kg	3.000	3.000	3.000	3.000
	低碳钢焊条 J427 ϕ4.0	kg	4.200	5.250	29.400	50.400
	板枋材	m³	—	—	0.060	0.060
	木板	m³	0.010	0.010	0.020	0.020
	道木	m³	0.166	0.212	0.274	0.904
	煤油	kg	3.150	3.150	3.675	5.250
	机油	kg	2.550	2.550	3.570	4.590
	黄油钙基脂	kg	2.200	2.200	3.000	3.800
	氧气	m³	6.120	6.120	9.180	11.016
	乙炔气	kg	2.354	2.354	3.531	4.237
	铅油(厚漆)	kg	2.000	2.500	3.000	4.000
	黑铅粉	kg	1.000	1.200	1.400	2.100
	无石棉橡胶板 高压 δ1~6	kg	1.500	1.800	2.000	3.000
	无石棉编绳 ϕ11~25 烧失量 24%	kg	3.000	3.500	4.000	5.200
	丝堵 ϕ38 以内	个	2.000	2.000	4.000	5.000
	其他材料费	%	5.00	5.00	5.00	5.00
机械	载货汽车 - 普通货车 10t	台班	0.500	0.580	0.800	1.000
	汽车式起重机 8t	台班	0.600	0.700	1.750	2.000
	汽车式起重机 12t	台班	0.300	—	—	—
	汽车式起重机 16t	台班	—	0.400	—	—
	汽车式起重机 25t	台班	—	—	0.500	—
	汽车式起重机 30t	台班	—	—	—	0.580
	弧焊机 21kV·A	台班	1.000	1.000	3.800	6.300
	电动空气压缩机 6m³/min	台班	1.500	1.500	2.000	2.400

工作内容:开箱清点、场内运输、外观检查、设备清洗、吊装、联结、安装就位、调整、
固定,水压试验、密封试验及非密闭容器的灌水试验,单体调试。 计量单位:台

编 号			1-11-11	1-11-12	1-11-13
项 目			设备规格[直径ϕ(mm)/高度H(mm)]		
			2 650/18 800	3 520/24 050	4 020/24 460
名 称		单位	消 耗 量		
人工	合计工日	工日	133.172	194.826	217.828
	其中 普工	工日	26.634	38.965	43.565
	一般技工	工日	95.884	140.275	156.836
	高级技工	工日	10.654	15.586	17.427
材料	平垫铁(综合)	kg	86.940	111.640	120.230
	斜垫铁(综合)	kg	84.820	94.730	105.260
	热轧薄钢板 δ1.6~1.9	kg	20.000	20.000	24.000
	热轧厚钢板 δ8.0~20.0	kg	80.000	90.000	128.000
	钢丝绳 ϕ18.5	m	2.080	—	—
	钢丝绳 ϕ21.5	m	—	2.750	—
	钢丝绳 ϕ26	m	—	—	5.000
	镀锌铁丝 ϕ2.8~4.0	kg	3.000	3.500	3.500
	低碳钢焊条 J427 ϕ4.0	kg	71.400	89.250	105.000
	板枋材	m³	0.080	0.100	0.140
	木板	m³	0.020	0.020	0.020
	道木	m³	0.754	1.182	1.524
	煤油	kg	5.775	7.350	8.400
	机油	kg	5.100	7.140	8.160
	黄油钙基脂	kg	4.000	6.500	7.500
	氧气	m³	11.016	13.770	18.360
	乙炔气	kg	4.237	5.296	7.062
	铅油(厚漆)	kg	4.500	5.000	6.000
	黑铅粉	kg	2.200	3.000	3.500
	无石棉橡胶板 高压 δ1~6	kg	3.500	5.000	6.000
	无石棉编绳 ϕ11~25 烧失量 24%	kg	6.000	6.000	6.500
	丝堵 ϕ38 以内	个	5.000	16.000	16.000
	其他材料费	%	5.00	5.00	5.00
机械	载货汽车-普通货车 10t	台班	1.000	1.200	1.200
	汽车式起重机 8t	台班	2.280	3.832	4.705
	汽车式起重机 50t	台班	0.700	—	—
	汽车式起重机 100t	台班	—	0.800	1.000
	弧焊机 21kV·A	台班	7.800	9.700	12.100
	电动空气压缩机 6m³/min	台班	2.400	2.900	2.900

三、电气滤清器

工作内容：开箱清点、场内运输、外观检查、设备清洗、吊装、联结、安装就位、调整、固定、单体调试。

计量单位：台

编 号			1-11-14	1-11-15	1-11-16	1-11-17	1-11-18
项 目			设备型号				
			C-39	C-72	C-97	C-140	C-180
名 称		单位	消 耗 量				
人工	合计工日	工日	124.917	145.297	173.652	206.992	248.391
	其中 普工	工日	24.984	29.059	34.730	41.398	49.678
	一般技工	工日	89.940	104.614	125.029	149.034	178.842
	高级技工	工日	9.993	11.624	13.892	16.559	19.871
材料	平垫铁（综合）	kg	33.680	40.660	94.920	113.900	145.380
	斜垫铁（综合）	kg	29.480	39.310	81.430	93.070	118.120
	热轧薄钢板 δ1.6~1.9	kg	26.000	32.000	34.000	34.000	40.800
	钢板 δ4.5~7.0	kg	28.000	60.000	72.000	90.000	108.000
	钢丝绳 φ15.5	m	1.920	—	—	—	—
	钢丝绳 φ18.5	m	—	2.200	2.200	—	—
	钢丝绳 φ20	m	—	—	—	2.330	2.796
	镀锌铁丝 φ2.8~4.0	kg	1.000	1.000	1.500	1.500	1.800
	低碳钢焊条 J427 φ4.0	kg	12.600	12.600	14.700	15.750	18.900
	板枋材	m³	0.080	0.128	0.136	0.159	0.191
	木板	m³	0.010	0.010	0.020	0.020	0.024
	道木	m³	0.604	0.628	0.886	1.159	1.391
	煤油	kg	2.625	2.625	3.150	4.200	5.040
	机油	kg	3.060	3.570	4.080	5.100	6.120
	黄油钙基脂	kg	1.500	1.500	2.000	2.500	3.000
	氧气	m³	5.100	5.100	6.120	8.160	9.792
	乙炔气	kg	1.962	1.962	0.785	3.138	3.766
	黑铅粉	kg	1.500	1.500	2.000	2.200	2.640
	无石棉橡胶板 高压 δ1~6	kg	8.000	9.000	10.000	14.000	16.800
	无石棉编绳 φ11~25 烧失量 24%	kg	2.000	2.200	2.800	3.600	4.320
	其他材料费	%	5.00	5.00	5.00	5.00	5.00
机械	载货汽车－普通货车 10t	台班	0.580	0.580	0.580	0.970	0.970
	汽车式起重机 8t	台班	2.230	2.520	2.800	3.200	3.500
	汽车式起重机 30t	台班	0.580	—	—	—	—
	汽车式起重机 50t	台班	—	0.780	0.780	0.780	0.780
	弧焊机 21kV·A	台班	3.880	3.880	4.400	5.330	6.300
	电动空气压缩机 6m³/min	台班	2.420	2.420	2.910	2.910	3.400

四、竖　管

工作内容：开箱清点、场内运输、外观检查、设备清洗、吊装、联结、安装就位、调整、
　　　　　固定、单体调试。

计量单位：台

编　号			1-11-19	1-11-20	1-11-21	1-11-22
项　目			单竖管	双竖管		
			设备规格 [直径φ(mm)/高度H(mm)]			
			1 620/9 100,1 420/6 200	φ400	φ820	φ1 620
名　称		单位	消　耗　量			
人工	合计工日	工日	24.129	15.965	27.123	32.383
	其中 普工	工日	4.826	3.193	5.425	6.477
	一般技工	工日	17.373	11.495	19.529	23.316
	高级技工	工日	1.930	1.277	2.169	2.590
材料	平垫铁（综合）	kg	9.700	4.700	5.640	8.470
	斜垫铁（综合）	kg	7.410	4.590	6.120	9.170
	热轧薄钢板 δ1.6~1.9	kg	8.000	8.000	10.000	12.000
	镀锌铁丝 φ2.8~4.0	kg	1.200	1.200	1.400	1.400
	低碳钢焊条 J427 φ4.0	kg	2.100	1.050	1.575	2.100
	木板	m³	0.010	0.010	0.010	0.010
	道木	m³	0.030	0.027	0.030	0.030
	煤油	kg	0.315	0.315	0.420	0.525
	机油	kg	0.204	0.204	0.306	0.510
	氧气	m³	0.510	0.510	0.918	0.918
	乙炔气	kg	0.196	0.196	0.353	0.353
	铅油（厚漆）	kg	0.200	0.200	0.300	0.400
	黑铅粉	kg	0.400	0.400	0.600	0.800
	无石棉橡胶板 高压 δ1~6	kg	2.000	2.000	2.400	3.000
	无石棉编绳 φ11~25 烧失量 24%	kg	1.200	1.200	2.000	3.000
	橡胶板 δ5~10	kg	1.000	1.000	1.200	1.500
	其他材料费	%	5.00	5.00	5.00	5.00
机械	载货汽车 - 普通货车 10t	台班	0.300	0.300	0.300	0.300
	汽车式起重机 12t	台班	0.930	0.930	0.930	1.020
	弧焊机 21kV·A	台班	0.500	0.300	0.400	0.500
	电动空气压缩机 6m³/min	台班	1.000	1.000	1.000	1.300

五、附 属 设 备

工作内容:开箱清点、场内运输、外观检查、设备清洗、吊装、联结、安装就位、调整、固定、单体调试。

计量单位:台

编　号			1-11-23	1-11-24	1-11-25	1-11-26	1-11-27
项　目			废热锅炉	废热锅炉竖管	除滴器	旋涡除尘器	
			设备规格[直径φ(mm)/高度H(mm)]				φ2 060
			1 200/7 500	1 400/8 400	2 500/5 000	2 400/6 745	
名　称		单位	消　耗　量				
人工	合计工日		工日	43.722	57.374	28.280	34.742	30.552
	其中	普工	工日	8.745	11.475	5.656	6.948	6.110
		一般技工	工日	31.479	41.309	20.361	25.014	21.997
		高级技工	工日	3.498	4.590	2.263	2.779	2.445
材料	平垫铁(综合)		kg	11.640	17.460	6.590	5.640	5.640
	斜垫铁(综合)		kg	9.880	14.820	7.640	6.120	6.120
	热轧薄钢板 δ1.6~1.9		kg	—	—	10.000	10.000	8.000
	热轧厚钢板 δ8.0~20.0		kg	4.000	6.000	52.000	46.000	40.000
	镀锌铁丝 φ2.8~4.0		kg	1.200	1.500	2.000	2.000	2.000
	低碳钢焊条 J427 φ4.0		kg	0.525	0.525	1.680	2.100	1.575
	木板		m³	0.010	0.010	0.010	0.010	0.010
	道木		m³	0.052	0.052	0.095	0.092	0.092
	煤油		kg	0.315	0.525	1.050	1.050	0.840
	机油		kg	0.102	0.204	1.020	1.020	0.510
	黄油钙基脂		kg	—	—	0.250	0.500	0.500
	铅油(厚漆)		kg	0.100	0.100	0.200	0.200	0.200
	黑铅粉		kg	0.300	0.600	—	0.800	0.600
	无石棉橡胶板 高压 δ1~6		kg	4.000	6.000	—	2.500	2.000
	无石棉编绳 φ11~25 烧失量 24%		kg	1.000	1.800	—	3.000	2.500
	其他材料费		%	5.00	5.00	5.00	5.00	5.00
机械	载货汽车-普通货车 10t		台班	0.300	0.300	0.200	0.300	0.200
	汽车式起重机 8t		台班	0.970	1.160	0.580	0.680	0.580
	汽车式起重机 16t		台班	0.300	0.300	0.300	0.400	0.300
	弧焊机 21kV·A		台班	0.300	0.300	1.000	0.500	0.500
	电动空气压缩机 6m³/min		台班	1.500	1.500	1.500	1.500	1.500

工作内容：开箱清点、场内运输、外观检查、设备清洗、吊装、联结、安装就位、调整、
固定、单体调试。

计量单位：台

编 号			1-11-28	1-11-29	1-11-30	1-11-31
项 目			焦油分离机	除灰水封	隔离水封	
				设备规格［直径 ϕ（mm）/ 高度 H（mm）］		
			3 400m³/h	1 020/8 800	720/2 400	1 220/3 800，1 620/5 200
名 称		单位	消 耗 量			
人工	合计工日	工日	99.545	19.861	7.629	18.057
	其中 普工	工日	19.909	3.972	1.526	3.611
	一般技工	工日	71.672	14.300	5.493	13.001
	高级技工	工日	7.964	1.589	0.610	1.445
材料	平垫铁（综合）	kg	36.780	3.760	2.820	3.760
	斜垫铁（综合）	kg	35.570	4.590	3.060	4.590
	热轧薄钢板 δ1.6~1.9	kg	3.000	—	—	—
	热轧厚钢板 δ8.0~20.0	kg	5.000	—	—	—
	镀锌铁丝 ϕ2.8~4.0	kg	2.500	1.200	1.200	1.300
	低碳钢焊条 J427 ϕ4.0	kg	6.300	0.525	0.525	0.525
	木板	m³	0.020	0.010	0.010	0.010
	道木	m³	0.193	0.027	0.027	0.027
	煤油	kg	8.400	—	0.420	0.525
	机油	kg	1.530	—	0.408	0.510
	黄油钙基脂	kg	1.000	—	0.100	0.100
	铅油（厚漆）	kg	0.500	—	—	—
	黑铅粉	kg	1.000	—	—	—
	无石棉橡胶板 高压 δ1~6	kg	—	1.500	1.500	2.000
	无石棉编绳 ϕ11~25 烧失量 24%	kg	—	0.500	0.500	0.600
	其他材料费	%	5.00	5.00	5.00	5.00
机械	载货汽车 - 普通货车 10t	台班	0.200	—	—	—
	汽车式起重机 8t	台班	1.450	0.580	0.380	0.680
	汽车式起重机 16t	台班	0.500	—	—	—
	弧焊机 21kV·A	台班	1.450	0.500	0.200	0.200

工作内容:开箱清点、场内运输、外观检查、设备清洗、吊装、联结、安装就位、调整、
固定、单体调试。

计量单位:台

编　　号			1-11-32	1-11-33	1-11-34	1-11-35
项　目			总管沉灰箱	总管清理水封	钟罩阀	盘阀
						设备规格 [直径φ(mm)/ 高度H(mm)]
			φ720	φ630	φ200,φ300	1 000/1 000, 950/1 150
名　　称		单位	消　耗　量			
人工	合计工日	工日	7.630	13.256	3.623	8.932
	其中 普工	工日	1.526	2.651	0.725	1.786
	一般技工	工日	5.494	9.544	2.608	6.431
	高级技工	工日	0.610	1.061	0.290	0.715
材料	平垫铁(综合)	kg	3.760	1.410	—	—
	斜垫铁(综合)	kg	4.590	2.040	—	—
	镀锌铁丝 φ2.8~4.0	kg	1.200	1.200	—	—
	低碳钢焊条 J427 φ4.0	kg	0.525	0.525	0.525	—
	木板	m³	0.010	0.010	—	—
	道木	m³	0.027	—	—	—
	黄油钙基脂	kg	0.100	0.100	—	—
	黑铅粉	kg	—	—	—	0.200
	无石棉橡胶板 高压 δ1~6	kg	1.000	1.000	1.000	—
	无石棉编绳 φ11~25 烧失量 24%	kg	0.500	0.500	0.500	0.500
	其他材料费	%	5.00	5.00	5.00	5.00
机械	汽车式起重机 8t	台班	0.370	0.680	—	—
	弧焊机 21kV·A	台班	0.300	0.200	0.300	—

六、煤气发生设备附属其他容器构件

工作内容：开箱清点、场内运输、外观检查、设备清洗、吊装、联结、安装就位、调整、
固定、单体调试。

计量单位：t

编　　号			1-11-36	1-11-37
项　　目			设备重量（t）	
			≤ 0.5	>0.5
名　　称		单位	消　耗　量	
人工	合计工日	工日	18.225	15.024
	其中 普工	工日	3.645	3.005
	一般技工	工日	13.122	10.817
	高级技工	工日	1.458	1.202
材料	平垫铁（综合）	kg	2.820	2.820
	斜垫铁（综合）	kg	3.060	3.060
	钢板垫板	kg	10.000	6.000
	镀锌铁丝 $\phi2.8\sim4.0$	kg	2.020	2.000
	低碳钢焊条 J427 $\phi4.0$	kg	3.150	2.100
	木板	m³	0.010	0.009
	道木	m³	0.052	0.040
	煤油	kg	1.260	1.050
	机油	kg	0.612	0.510
	黄油钙基脂	kg	0.600	0.500
	氧气	m³	1.224	1.020
	乙炔气	kg	0.408	0.340
	铅油（厚漆）	kg	1.000	0.800
	黑铅粉	kg	1.000	0.800
	无石棉橡胶板 高压 $\delta1\sim6$	kg	1.500	1.200
	无石棉编绳 $\phi11\sim25$ 烧失量 24%	kg	1.200	1.000
	其他材料费	%	5.00	5.00
机械	汽车式起重机 12t	台班	0.800	0.600
	弧焊机 21kV·A	台班	1.450	1.000
	电动空气压缩机 10m³/min	台班	1.250	1.200

七、煤气发生设备分节容器外壳组焊

工作内容：组对、焊接。 计量单位：台

编 号				1-11-38	1-11-39	1-11-40	1-11-41	1-11-42	1-11-43
项 目				设备外径（m以内）/组成节数					
				1/2	1/3	2/2	2/3	3/2	3/3
名 称			单位	消 耗 量					
人工	合计工日		工日	6.799	12.154	13.672	24.441	20.583	36.793
	其中	普工	工日	1.360	2.431	2.735	4.888	4.116	7.359
		一般技工	工日	4.896	8.751	9.844	17.597	14.820	26.491
		高级技工	工日	0.543	0.973	1.094	1.955	1.647	2.943
材料	低碳钢焊条 J427 ϕ4.0		kg	5.933	11.834	18.123	23.667	17.388	35.501
	道木		m³	0.023	0.023	0.023	0.023	0.023	0.023
	其他材料费		%	5.00	5.00	5.00	5.00	5.00	5.00
机械	汽车式起重机 8t		台班	0.200	0.300	0.400	0.800	0.500	0.800
	弧焊机 21kV·A		台班	1.000	1.450	2.000	4.000	3.000	6.000

第十二章　制冷设备安装

说　明

一、本章适用范围如下：

1. 制冷机组包括活塞式制冷机、螺杆式冷水机组、离心式冷水机组、热泵机组、溴化锂吸收式制冷机；

2. 制冰设备包括快速制冰设备、盐水制冰设备、搅拌器；

3. 冷风机包括落地式冷风机、吊顶式冷风机；

4. 制冷机械配套附属设备包括冷凝器、蒸发器、贮液器、分离器、过滤器、冷却器、玻璃钢冷却塔、集油器、油视镜、紧急泄氨器等；

5. 制冷容器单体试密与排污。

二、本章包括下列工作内容：

1. 设备整体、解体安装；

2. 设备带有的电动机、附件、零件等安装；

3. 制冷机械附属设备整体安装，随设备带有与设备联体固定的配件（放油阀、放水阀、安全阀、压力表、水位表）等安装；

4. 制冷容器单体气密试验（包括装拆空气压缩机本体及联接试验用的管道、装拆盲板、通气、检查、放气等）与排污。

三、本章不包括下列工作内容：

1. 与设备本体非同一底座的各种设备、起动装置与仪表盘、柜等的安装、调试；

2. 电动机及其他动力机械的拆装检查、配管、配线、调试；

3. 非设备带有的支架、沟槽、防护罩等的制作、安装；

4. 设备保温及油漆；

5. 加制冷剂、制冷系统调试。

四、计算工程量时应注意下列事项：

1. 制冷机组、制冰设备和冷风机等按设备的总重量计算；

2. 制冷机械配套附属设备按设备的类型分别以面积（m^2）、容积（m^3）、直径 ϕ（mm 或 m）、处理水量（m^3/h）等作为项目规格时，按设计要求（或实物）的规格选用相应范围内的项目。

五、除溴化锂吸收式制冷机外，其他制冷机组均按同一底座并带有减震装置的整体安装方法考虑。如制冷机组解体安装，可套用相应的空气压缩机安装消耗量。减震装置若由施工单位提供，可按设计选用的规格计取材料费。

六、制冷机组安装消耗量中已包括施工单位配合制造厂试车的工作内容。

七、制冷容器的单体气密试验与排污消耗量是按试验一次考虑的。如"技术规范"或"设计要求"需要多次连续试验时，则第二次的试验按第一次相应消耗量乘以调整系数 0.90。第三次及以上的试验，从第三次起每次均按第一次的相应消耗量乘以系数 0.75。

工程量计算规则

一、制冷机组安装以"台"为计量单位,按设备类别、名称及机组重量"t"选用项目。

二、制冰设备安装以"台"为计量单位,按设备类别、名称、型号及重量选用项目。

三、冷风机安装以"台"为计量单位,按设备名称、冷却面积及重量选用项目。

四、立式、卧式管壳式冷凝器、蒸发器,淋水式冷凝器,蒸发式冷凝器,立式蒸发器,中间冷却器,空气分离器均以"台"为计量单位,按设备名称、冷却或蒸发面积(m²)及重量选用项目。

五、立式低压循环储液器和卧式高压储液器(排液桶)以"台"为计量单位,按设备名称、容积(m³)和重量选用项目。

六、氨油分离器、氨液分离器、氨气过滤器、氨液过滤器安装以"台"为计量单位,按设备名称、直径(mm)和重量选用项目。

七、玻璃钢冷却塔以"台"为计量单位,按设备处理水量(m³/h)选用项目。

八、集油器、油视镜、紧急泄氨器以"台"或"支"为计量单位,按设备名称和设备直径(mm)选用项目。

九、制冷容器单体试密与排污以"每次/台"为计量单位,按设备容量(m³)选用项目。

十、制冷机组、制冰设备和冷风机的设备重量按同一底座上的主机、电动机、附属设备及底座的总重量计算。

一、制冷设备安装

工作内容：开箱清点、场内运输、外观检查、设备清洗、吊装、联结、安装就位、调整、
固定、单体调试。

计量单位：台

编　号				1-12-1	1-12-2	1-12-3	1-12-4
项　目				设备重量（t以内）			
				0.3	0.5	0.8	1
名　称			单位	消　耗　量			
人工	合计工日		工日	6.365	7.956	9.798	11.499
	其中	普工	工日	1.273	1.591	1.960	2.300
		一般技工	工日	4.583	5.729	7.055	8.280
		高级技工	工日	0.509	0.637	0.784	0.920
材料	钢板 $\delta4.5\sim10.0$		kg	2.000	2.000	2.000	2.000
	低碳钢焊条 J427 $\phi4.0$		kg	0.150	0.150	0.200	0.200
	氧气		m³	0.300	0.300	0.300	0.300
	乙炔气		kg	0.115	0.115	0.115	0.115
	镀锌铁丝 $\phi2.8\sim4.0$		kg	0.300	0.300	0.300	0.300
	煤油		kg	0.500	0.500	0.600	0.600
	机油		kg	0.100	0.150	0.200	0.300
	黄油		kg	0.100	0.100	0.150	0.150
	其他材料费		%	5.00	5.00	5.00	5.00
机械	汽车式起重机 8t		台班	0.060	0.060	0.060	0.060
	弧焊机 21kV·A		台班	0.100	0.150	0.150	0.200

工作内容: 开箱清点、场内运输、外观检查、设备清洗、吊装、联结、安装就位、调整、
固定、单体调试。

计量单位:台

		编 号		1-12-5	1-12-6	1-12-7	1-12-8
		项 目		设备重量(t以内)			
				1.5	2	2.5	3
		名 称	单位	消 耗 量			
人工		合计工日	工日	13.611	17.154	20.727	23.229
	其中	普工	工日	2.722	3.431	4.145	4.646
		一般技工	工日	9.800	12.351	14.923	16.724
		高级技工	工日	1.089	1.372	1.658	1.858
材料		钢板 δ4.5~10.0	kg	2.000	2.000	3.000	3.000
		低碳钢焊条 J427 ϕ4.0	kg	0.200	0.220	0.240	0.260
		氧气	m³	0.360	0.360	0.420	0.420
		乙炔气	kg	0.138	0.138	0.162	0.162
		镀锌铁丝 ϕ2.8~4.0	kg	0.300	0.300	0.300	0.300
		煤油	kg	0.800	0.800	1.000	1.100
		机油	kg	0.400	0.450	0.500	0.600
		黄油	kg	0.250	0.250	0.250	0.300
		其他材料费	%	5.00	5.00	5.00	5.00
机械		汽车式起重机 8t	台班	0.060	0.090	0.110	—
		汽车式起重机 16t	台班	—	—	—	0.130
		弧焊机 21kV·A	台班	0.200	0.250	0.250	0.300

工作内容：开箱清点、场内运输、外观检查、设备清洗、吊装、联结、安装就位、调整、
固定、单体调试。

计量单位：台

编　号			1-12-9	1-12-10	1-12-11	1-12-12	1-12-13
项　目			设备重量（t 以内）				
			4	5	6	8	10
名　称		单位	消　耗　量				
人工	合计工日	工日	30.194	36.889	40.740	53.753	60.699
	其中 普工	工日	6.039	7.378	8.148	10.751	12.140
	一般技工	工日	21.739	26.560	29.333	38.702	43.703
	高级技工	工日	2.416	2.951	3.259	4.300	4.856
材料	钢板 δ4.5~10.0	kg	3.000	4.000	4.000	6.000	6.000
	低碳钢焊条 J427 φ4.0	kg	0.286	0.315	0.347	0.382	0.420
	氧气	m³	0.600	0.600	0.750	0.750	0.900
	乙炔气	kg	0.231	0.231	0.288	0.288	0.346
	镀锌铁丝 φ2.8~4.0	kg	0.300	0.300	0.300	0.300	0.300
	煤油	kg	1.300	1.600	1.700	1.800	2.500
	机油	kg	0.700	0.800	0.900	1.000	1.000
	黄油	kg	0.300	0.400	0.400	0.400	0.450
	其他材料费	%	5.00	5.00	5.00	5.00	5.00
机械	汽车式起重机 16t	台班	0.200	0.350	0.450	0.600	0.850
	弧焊机 21kV·A	台班	0.300	0.350	0.350	0.400	0.400

二、螺杆式冷水机组

工作内容: 开箱清点、场内运输、外观检查、设备清洗、吊装、联结、安装就位、调整、
固定、单体调试。

计量单位:台

编　号			1-12-14	1-12-15	1-12-16	1-12-17	1-12-18
项　目			设备重量(t以内)				
			1	3	5	8	10
名　称		单位	消　耗　量				
人工	合计工日	工日	12.650	23.799	36.930	53.893	63.211
	其中 普工	工日	2.530	4.760	7.386	10.779	12.642
	一般技工	工日	9.108	17.136	26.589	38.803	45.511
	高级技工	工日	1.012	1.904	2.954	4.311	5.057
材料	钢板 δ4.5~10.0	kg	2.000	3.000	4.000	6.000	6.000
	低碳钢焊条 J427 φ4.0	kg	0.200	0.220	0.315	0.382	0.420
	氧气	m³	0.300	0.420	0.600	0.750	0.900
	乙炔气	kg	0.115	0.162	0.231	0.288	0.346
	镀锌铁丝 φ2.8~4.0	kg	0.300	0.300	0.300	0.300	0.300
	煤油	kg	1.000	1.500	2.000	2.000	2.500
	机油	kg	0.300	0.600	0.700	0.800	1.000
	黄油	kg	0.200	0.300	0.350	0.400	0.500
	其他材料费	%	5.00	5.00	5.00	5.00	5.00
机械	汽车式起重机 8t	台班	0.600	—	—	—	—
	汽车式起重机 16t	台班	—	0.250	0.350	0.600	0.850
	弧焊机 21kV·A	台班	0.200	0.300	0.350	0.400	0.400

三、离心式冷水机组

工作内容： 开箱清点、场内运输、外观检查、设备清洗、吊装、联结、安装就位、调整、
固定、单体调试。

计量单位：台

编　号			1-12-19	1-12-20	1-12-21
项　目			设备重量（t 以内）		
			0.5	1	3
名　称		单位	消耗量		
人工	合计工日	工日	8.637	12.650	23.799
	其中　普工	工日	1.727	2.530	4.760
	一般技工	工日	6.219	9.108	17.136
	高级技工	工日	0.691	1.012	1.904
材料	钢板 $\delta4.5\sim10.0$	kg	2.000	2.000	3.000
	低碳钢焊条 J427 $\phi4.0$	kg	0.300	0.375	0.469
	氧气	m^3	0.150	0.200	0.200
	乙炔气	kg	0.058	0.077	0.077
	镀锌铁丝 $\phi2.8\sim4.0$	kg	0.300	0.300	0.300
	煤油	kg	0.500	1.000	1.500
	机油	kg	0.150	0.300	0.600
	黄油	kg	0.100	0.200	0.250
	其他材料费	%	5.00	5.00	5.00
机械	汽车式起重机 8t	台班	0.060	0.600	—
	汽车式起重机 16t	台班	—	—	0.130
	弧焊机 21kV·A	台班	0.150	0.200	0.300

工作内容：开箱清点、场内运输、外观检查、设备清洗、吊装、联结、安装就位、调整、
固定、单体调试。

计量单位：台

编　号			1-12-22	1-12-23	1-12-24	1-12-25
项　目			设备重量（t 以内）			
			5	8	10	15
名　称		单位	消　耗　量			
人工	合计工日	工日	36.930	53.893	63.211	79.003
	其中 普工	工日	7.386	10.779	12.642	15.801
	其中 一般技工	工日	26.589	38.803	45.511	56.882
	其中 高级技工	工日	2.954	4.311	5.057	6.320
材料	钢板 δ4.5~10.0	kg	4.000	6.000	6.000	8.000
	低碳钢焊条 J427 φ4.0	kg	0.586	0.733	0.916	1.145
	氧气	m³	0.600	0.750	0.900	1.200
	乙炔气	kg	0.231	0.288	0.346	0.462
	镀锌铁丝 φ2.8~4.0	kg	0.300	0.300	0.300	0.300
	煤油	kg	2.000	2.000	2.500	3.000
	机油	kg	0.700	0.800	1.000	1.200
	黄油	kg	0.350	0.400	0.500	0.600
	其他材料费	%	5.00	5.00	5.00	5.00
机械	汽车式起重机 16t	台班	0.200	—	—	—
	汽车式起重机 30t	台班	—	0.600	0.800	1.000
	弧焊机 21kV·A	台班	0.350	0.400	0.400	0.500

四、热泵机组

工作内容: 开箱清点、场内运输、外观检查、设备清洗、吊装、联结、安装就位、调整、固定、单体调试。

计量单位: 台

编　号				1-12-26	1-12-27	1-12-28
项　目				设备重量（t 以内）		
				0.5	1	3
名　称			单位	消　耗　量		
人工	合计工日		工日	8.357	12.070	23.229
	其中	普工	工日	1.671	2.414	4.646
		一般技工	工日	6.017	8.690	16.724
		高级技工	工日	0.669	0.966	1.858
材料	钢板 δ4.5~10.0		kg	2.000	2.000	3.000
	低碳钢焊条 J427 φ4.0		kg	0.150	0.200	0.250
	氧气		m³	0.300	0.300	0.420
	乙炔气		kg	0.115	0.115	0.162
	镀锌铁丝 φ2.8~4.0		kg	0.300	0.300	0.300
	煤油		kg	0.500	1.000	1.500
	机油		kg	0.150	0.300	0.500
	黄油		kg	0.100	0.200	0.300
	其他材料费		%	5.00	5.00	5.00
机械	汽车式起重机 8t		台班	0.060	0.060	—
	汽车式起重机 16t		台班	—	—	0.130
	弧焊机 21kV·A		台班	0.150	0.200	0.300

工作内容: 开箱清点、场内运输、外观检查、设备清洗、吊装、联结、安装就位、调整、
固定、单体调试。

计量单位:台

编 号			1-12-29	1-12-30	1-12-31	1-12-32
项 目			设备重量(t 以内)			
			5	8	10	15
名 称		单位	消 耗 量			
人工	合计工日	工日	36.889	53.753	60.699	75.841
	其中 普工	工日	7.378	10.751	12.140	15.168
	一般技工	工日	26.560	38.702	43.703	54.606
	高级技工	工日	2.951	4.300	4.856	6.067
材料	钢板 $\delta 4.5\sim10.0$	kg	4.000	6.000	6.000	8.000
	低碳钢焊条 J427 $\phi4.0$	kg	0.650	0.813	1.016	1.270
	氧气	m³	0.600	0.750	0.900	1.200
	乙炔气	kg	0.231	0.288	0.346	0.462
	镀锌铁丝 $\phi2.8\sim4.0$	kg	0.300	0.300	0.300	0.300
	煤油	kg	2.000	2.000	2.500	3.000
	机油	kg	0.700	0.800	1.000	1.200
	黄油	kg	0.350	0.400	0.500	0.600
	其他材料费	%	5.00	5.00	5.00	5.00
机械	汽车式起重机 30t	台班	0.300	0.600	0.850	1.100
	弧焊机 21kV·A	台班	0.350	0.400	0.400	0.500

工作内容: 开箱清点、场内运输、外观检查、设备清洗、吊装、联结、安装就位、调整、单体调试。

五、溴化锂吸收式制冷机

工作内容：开箱清点、场内运输、外观检查、设备清洗、吊装、联结、安装就位、调整、
固定、单体调试。

计量单位：台

编　号			1-12-33	1-12-34	1-12-35	1-12-36
项　目			设备重量（t以内）			
			5	8	10	15
名　称		单位	消　耗　量			
人工	合计工日	工日	30.939	45.158	53.587	77.951
	其中 普工	工日	6.188	9.032	10.717	15.590
	一般技工	工日	22.276	32.514	38.582	56.125
	高级技工	工日	2.475	3.612	4.287	6.236
材料	平垫铁（综合）	kg	25.700	29.570	36.300	45.280
	斜垫铁（综合）	kg	22.310	27.460	31.920	39.040
	钢丝绳 φ14.1~15.0	kg	—	—	—	1.250
	镀锌铁丝 φ2.8~4.0	kg	2.200	2.200	2.200	2.200
	圆钉 φ5以内	kg	0.050	0.050	0.050	0.100
	低碳钢焊条 J427 φ2.5	kg	0.650	0.813	1.016	1.270
	碳钢气焊条 φ2以内	kg	0.200	0.200	0.200	0.200
	木板	m³	0.013	0.017	0.032	0.044
	道木	m³	0.041	0.062	0.062	0.077
	煤油	kg	13.740	17.000	20.360	22.400
	机油	kg	1.010	1.520	2.020	2.530
	黄油钙基脂	kg	0.270	0.270	0.270	0.270
	氧气	m³	0.520	0.520	1.071	1.071
	乙炔气	kg	0.200	0.200	0.412	0.412
	白漆	kg	0.100	0.100	0.100	0.100
	无石棉橡胶板 高压 δ1~6	kg	4.000	5.000	6.000	6.500
	橡胶盘根（低压）	kg	0.500	0.600	0.700	0.800
	铁砂布 0#~2#	张	3.000	4.000	4.000	4.000
	塑料布	kg	4.410	5.790	5.790	5.790
	其他材料费	%	5.00	5.00	5.00	5.00
机械	载货汽车-普通货车 10t	台班	0.240	0.360	0.360	0.480
	汽车式起重机 8t	台班	0.120	0.600	0.730	0.850
	汽车式起重机 30t	台班	0.300	0.600	0.850	1.100
	弧焊机 21kV·A	台班	0.350	0.400	0.400	0.500
	电动空气压缩机 6m³/min	台班	0.600	0.850	1.100	1.300

工作内容: 开箱清点、场内运输、外观检查、设备清洗、吊装、联结、安装就位、调整、
固定、单体调试。

计量单位:台

编 号			1-12-37	1-12-38	1-12-39
项 目			设备重量（t 以内）		
			20	25	30
名 称		单位	消 耗 量		
人工	合计工日	工日	91.653	107.984	119.467
	其中 普工	工日	18.331	21.597	23.893
	一般技工	工日	65.991	77.748	86.017
	高级技工	工日	7.332	8.639	9.557
材料	平垫铁（综合）	kg	50.920	60.370	83.000
	斜垫铁（综合）	kg	44.920	56.760	75.600
	钢丝绳 φ14.1~15.0	kg	1.920	—	—
	钢丝绳 φ16.0~18.5	kg	—	2.080	2.080
	镀锌铁丝 φ2.8~4.0	kg	2.200	2.200	2.200
	圆钉 φ5 以内	kg	0.100	0.150	0.150
	低碳钢焊条 J427 φ2.5	kg	1.588	1.985	2.481
	碳钢气焊条 φ2 以内	kg	0.300	0.400	0.500
	木板	m³	0.054	0.060	0.085
	道木	m³	0.116	0.152	0.173
	煤油	kg	25.440	28.500	31.560
	机油	kg	2.730	2.830	3.030
	黄油钙基脂	kg	0.300	0.300	0.300
	氧气	m³	1.071	1.071	1.612
	乙炔气	kg	0.412	0.412	0.620
	白漆	kg	0.300	0.300	0.400
	无石棉橡胶板 高压 δ1~6	kg	6.500	7.000	7.500
	橡胶盘根（低压）	kg	1.000	1.200	1.400
	铁砂布 0#~2#	张	5.000	5.000	5.000
	塑料布	kg	9.210	10.200	11.130
	其他材料费	%	5.00	5.00	5.00
机械	载货汽车-普通货车 10t	台班	0.600	1.000	1.200
	汽车式起重机 8t	台班	2.400	2.800	3.000
	汽车式起重机 50t	台班	1.200	1.500	—
	汽车式起重机 75t	台班	—	—	1.500
	弧焊机 21kV·A	台班	0.500	0.800	1.000
	电动空气压缩机 6m³/min	台班	3.000	3.150	3.300

六、制 冰 设 备

工作内容: 开箱清点、场内运输、外观检查、设备清洗、吊装、联结、安装就位、调整、固定、单体调试。

计量单位:台

编 号			1-12-40	1-12-41	1-12-42	1-12-43	1-12-44	1-12-45
项 目			快速制冰设备	盐水制冰设备				
			AJP 15/24	倒冰架	加水器	冰桶		单层制冰池盖
			设备重量(t 以内)					
			6.5	0.5	1.0		0.05	0.03
名 称		单位	消 耗 量					
人工	合计工日	工日	134.335	6.802	8.913	11.052	0.247	0.438
	其中 普工	工日	26.867	1.360	1.783	2.210	0.049	0.086
	一般技工	工日	96.720	4.897	6.417	7.958	0.178	0.318
	高级技工	工日	10.747	0.545	0.713	0.884	0.020	0.034
材料	平垫铁(综合)	kg	12.240	5.820	5.820	5.820	—	—
	斜垫铁(综合)	kg	10.380	4.940	4.940	4.940	—	—
	镀锌铁丝 φ2.8~4.0	kg	3.000	1.500	1.500	1.500	—	—
	圆钉 φ5 以内	kg	0.040	—	0.020	0.020	—	—
	铁件(综合)	kg	—	—	—	—	—	0.330
	木螺钉 d6×100 以下	10个	—	—	—	—	—	2.600
	低碳钢焊条 J427 φ4.0	kg	4.520	0.150	0.150	0.150	—	—
	碳钢气焊条 φ2 以内	kg	1.900	—	—	—	—	—
	木板	m³	0.029	0.010	0.010	0.010	—	0.068
	道木	m³	0.068	—	0.008	0.008	—	—
	煤油	kg	14.120	1.510	1.820	1.510	0.102	—
	机油	kg	0.505	0.101	0.101	0.101	—	—
	黄油钙基脂	kg	0.505	—	—	0.101	—	—
	白漆	kg	0.480	0.080	0.080	0.080	0.080	0.080
	无石棉橡胶板 高压 δ1~6	kg	1.500	—	—	—	—	—
	油浸无石棉绳	kg	0.500	—	—	—	—	—
	铁砂布 0#~2#	张	18.000	2.000	2.000	2.000	2.000	2.000
	塑料布	kg	7.920	0.600	0.600	0.600	0.600	0.600
	其他材料费	%	5.00	5.00	5.00	5.00	5.00	5.00
机械	载货汽车-普通货车 10t	台班	0.610	—	—	—	—	—
	叉式起重机 5t	台班	—	0.360	0.360	0.360	—	—
	汽车式起重机 30t	台班	1.000	—	—	—	—	—
	弧焊机 21kV·A	台班	2.500	0.250	0.250	0.250	—	—

工作内容: 开箱清点、场内运输、外观检查、设备清洗、吊装、联结、安装就位、调整、
固定、单体调试。

计量单位:台

编　号			1-12-46	1-12-47	1-12-48	1-12-49	1-12-50
项　目			盐水制冰设备				
			双层制冰池盖	冰池盖	盐水搅拌器		
			设备重量(t 以内)				
			0.03	包镀锌铁皮	0.1	0.2	0.3
名　称		单位	消　耗　量				
人工	合计工日	工日	0.541	1.510	2.374	3.079	4.489
	其中 普工	工日	0.108	0.302	0.475	0.616	0.898
	一般技工	工日	0.389	1.088	1.709	2.217	3.232
	高级技工	工日	0.044	0.121	0.190	0.246	0.359
材料	平垫铁(综合)	kg	—	—	2.820	2.820	2.820
	斜垫铁(综合)	kg	—	—	3.060	3.060	3.060
	镀锌薄钢板 δ0.50~0.65	kg	—	13.000	—	—	—
	铁件(综合)	kg	0.330				
	木螺钉 d6×100 以下	10 个	4.200	6.000	—	—	—
	镀锌铁丝 φ2.8~4.0	kg	—	—	—	1.100	1.100
	低碳钢焊条 J427 φ4.0	kg	—	—	0.210	0.231	0.254
	木板	m³	0.068	—	0.001	0.001	0.001
	道木	m³	—	—	0.002	0.002	0.002
	煤油	kg	—	—	1.525	1.525	1.735
	机油	kg	—	—	0.202	0.212	0.313
	黄油钙基脂	kg	—	—	—	0.212	0.313
	白漆	kg	0.080	0.080	0.080	0.080	0.080
	无石棉橡胶板 高压 δ1~6	kg	—	—	0.120	0.220	0.240
	铁砂布 0#~2#	张	2.000	2.000	2.000	2.000	2.000
	塑料布	kg	0.600	0.600	0.600	0.600	0.600
	其他材料费	%	5.00	5.00	5.00	5.00	5.00
机械	叉式起重机 5t	台班	—	—	0.150	0.200	0.250
	弧焊机 21kV·A	台班	—	—	0.200	0.200	0.200

七、冷 风 机

工作内容：开箱清点、场内运输、外观检查、设备清洗、吊装、联结、安装就位、调整、
固定、单体调试。

计量单位：台

	编　号		1-12-51	1-12-52	1-12-53	1-12-54	1-12-55
	项　目		落地式冷风机				
			冷却面积（m²）或设备直径 ϕ（mm）				
			100	150	200	250	300
			设备重量（t 以内）				
			1.0	1.5	2	2.5	3
	名　称	单位	消　耗　量				
人工	合计工日	工日	10.172	11.878	15.124	18.649	20.776
	其中 普工	工日	2.034	2.376	3.025	3.730	4.155
	一般技工	工日	7.323	8.552	10.890	13.427	14.959
	高级技工	工日	0.814	0.950	1.210	1.492	1.662
材料	平垫铁（综合）	kg	5.800	5.800	5.800	5.800	10.300
	斜垫铁（综合）	kg	5.200	5.200	5.200	5.200	7.860
	热轧薄钢板 δ1.6~1.9	kg	0.800	1.000	1.000	1.400	1.400
	圆钉 ϕ5 以内	kg	0.050	0.050	0.050	0.100	0.100
	低碳钢焊条 J427 ϕ4.0	kg	0.210	0.252	0.302	0.362	0.434
	木板	m³	0.002	0.005	0.006	0.008	0.009
	道木	m³	0.010	0.020	0.030	0.041	0.041
	煤油	kg	1.410	1.500	2.110	2.210	2.320
	冷冻机油	kg	0.300	0.300	0.500	0.500	0.800
	机油	kg	0.100	0.100	0.100	0.100	0.200
	黄油钙基脂	kg	0.303	0.303	0.404	0.404	0.505
	白漆	kg	0.080	0.080	0.080	0.100	0.100
	铁砂布 0#~2#	张	2.000	2.000	2.000	3.000	3.000
	塑料布	kg	0.500	0.500	0.500	1.500	1.500
	其他材料费	%	5.00	5.00	5.00	5.00	5.00
机械	汽车式起重机 8t	台班	0.240	0.360	0.480	0.600	—
	汽车式起重机 16t	台班	—	—	—	—	0.600
	弧焊机 21kV·A	台班	0.200	0.250	0.300	0.350	0.400

工作内容: 开箱清点、场内运输、外观检查、设备清洗、吊装、联结、安装就位、调整、
固定、单体调试。

计量单位:台

	编　号		1-12-56	1-12-57	1-12-58	1-12-59	1-12-60	1-12-61
	项　目		落地式冷风机			吊顶式冷风机		
			冷却面积(m²)或设备直径 φ(mm)					
			350	400	500	100	150	200
			设备重量(t 以内)					
			3.5	4.5	5.5	1	1.5	2
	名　称	单位	消　耗　量					
人工	合计工日	工日	21.858	24.138	24.908	14.974	19.742	21.770
	其中 普工	工日	4.372	4.828	4.982	2.995	3.948	4.354
	一般技工	工日	15.738	17.379	17.933	10.782	14.215	15.674
	高级技工	工日	1.749	1.931	1.993	1.198	1.579	1.742
材料	平垫铁(综合)	kg	10.300	10.300	13.010	—	—	—
	斜垫铁(综合)	kg	7.860	7.860	11.430	—	—	—
	热轧薄钢板 δ1.6~1.9	kg	1.800	1.800	2.400	—	—	—
	圆钉 φ5 以内	kg	0.100	0.100	0.100	—	—	—
	低碳钢焊条 J427 φ4.0	kg	0.521	0.625	0.750	0.320	0.350	0.380
	木板	m³	0.010	0.012	0.015	0.004	0.004	0.005
	道木	m³	0.041	0.041	0.062	0.010	0.010	0.010
	煤油	kg	2.320	2.520	2.720	1.306	1.408	1.612
	冷冻机油	kg	0.800	1.000	1.200	0.150	0.200	0.300
	机油	kg	0.200	0.303	0.404	0.101	0.101	0.202
	黄油钙基脂	kg	0.505	0.505	0.707	0.505	0.606	0.707
	白漆	kg	0.100	0.100	0.100	0.080	0.080	0.080
	铁砂布 0#~2#	张	3.000	3.000	3.000	—	—	—
	镀锌铁丝 φ2.8~4.0	kg	—	—	—	2.000	2.000	2.000
	塑料布	kg	1.500	1.500	1.500	0.600	0.600	0.600
	其他材料费	%	5.00	5.00	5.00	5.00	5.00	5.00
机械	载货汽车 - 普通货车 10t	台班	0.240	0.240	0.360	0.240	0.240	0.240
	汽车式起重机 8t	台班	0.420	0.660	—	0.300	0.420	0.550
	汽车式起重机 16t	台班	0.400	0.600	—	—	—	—
	汽车式起重机 30t	台班	—	—	0.700	—	—	—
	弧焊机 21kV·A	台班	0.450	0.500	0.550	0.200	0.250	0.300

八、冷凝器及蒸发器

1. 立式管壳式冷凝器

工作内容: 开箱清点、场内运输、外观检查、设备清洗、吊装、联结、安装就位、调整、固定、单体调试。

计量单位:台

编 号			1-12-62	1-12-63	1-12-64	1-12-65	1-12-66
项 目			设备冷却面积(m² 以内)				
			50	75	100	125	150
			设备重量(t 以内)				
			3	4	5	6	7
名 称		单位	消 耗 量				
人工	合计工日	工日	19.228	23.089	27.136	27.596	30.589
	其中 普工	工日	3.846	4.618	5.427	5.519	6.118
	一般技工	工日	13.844	16.624	19.538	19.869	22.024
	高级技工	工日	1.538	1.847	2.171	2.208	2.448
材料	平垫铁(综合)	kg	5.800	5.800	5.800	5.800	5.800
	斜垫铁(综合)	kg	5.200	5.200	5.200	5.200	5.200
	热轧薄钢板 δ1.6~1.9	kg	1.400	1.800	2.300	2.500	3.000
	镀锌铁丝 φ2.8~4.0	kg	1.330	1.500	2.000	2.400	2.670
	圆钉 φ5 以内	kg	0.040	0.040	0.040	0.060	0.060
	低碳钢焊条 J427 φ4.0	kg	0.210	0.252	0.302	0.362	0.434
	木板	m³	0.010	0.013	0.015	0.017	0.021
	道木	m³	0.041	0.041	0.041	0.062	0.062
	煤油	kg	2.010	2.214	2.316	2.418	2.520
	机油	kg	0.303	0.404	0.505	0.808	0.808
	黄油钙基脂	kg	0.131	0.162	0.202	0.242	0.273
	白漆	kg	0.080	0.080	0.080	0.080	0.080
	无石棉橡胶板 高压 δ1~6	kg	1.800	2.100	2.400	2.400	2.400
	铁砂布 0#~2#	张	3.000	3.000	3.000	3.000	3.000
	塑料布	kg	1.680	1.680	1.680	1.680	1.680
	其他材料费	%	5.00	5.00	5.00	5.00	5.00
机械	载货汽车-普通货车 10t	台班	—	0.200	0.200	0.300	0.300
	叉式起重机 5t	台班	0.500	—	—	—	—
	汽车式起重机 8t	台班	—	0.600	—	—	—
	汽车式起重机 30t	台班	—	—	0.700	0.800	1.000
	弧焊机 21kV·A	台班	0.200	0.300	0.300	0.400	0.400

工作内容: 开箱清点、场内运输、外观检查、设备清洗、吊装、联结、安装就位、调整、
固定、单体调试。

计量单位:台

编　号			1-12-67	1-12-68	1-12-69	1-12-70
项　目			设备冷却面积（m² 以内）			
			200	250	350	450
			设备重量（t 以内）			
			9	11	13	15
名　称		单位	消　耗　量			
人工	合计工日	工日	34.048	43.602	47.846	56.605
	其中 普工	工日	6.810	8.720	9.569	11.321
	一般技工	工日	24.515	31.394	34.449	40.755
	高级技工	工日	2.724	3.488	3.828	4.529
材料	平垫铁（综合）	kg	5.800	5.800	8.820	8.820
	斜垫铁（综合）	kg	5.200	5.200	6.573	6.573
	热轧薄钢板 δ1.6~1.9	kg	3.000	4.000	4.000	4.600
	镀锌铁丝 φ2.8~4.0	kg	2.670	4.000	4.000	4.600
	圆钉 φ5 以内	kg	—	0.080	0.080	0.100
	低碳钢焊条 J427 φ4.0	kg	0.521	0.625	0.750	0.900
	木板	m³	0.025	0.031	0.036	0.045
	道木	m³	0.062	0.071	0.071	0.077
	煤油	kg	2.724	2.826	3.030	3.336
	机油	kg	0.808	0.808	0.808	1.010
	黄油钙基脂	kg	0.273	0.333	0.333	0.404
	白漆	kg	0.100	0.100	0.100	0.100
	无石棉橡胶板 高压 δ1~6	kg	3.200	3.200	3.600	4.000
	铁砂布 0#~2#	张	3.000	3.000	3.000	3.000
	塑料布	kg	2.790	2.790	4.410	4.410
	其他材料费	%	5.00	5.00	5.00	5.00
机械	载货汽车－普通货车 10t	台班	0.300	0.400	0.400	0.500
	汽车式起重机 16t	台班	1.300	0.700	0.700	0.700
	汽车式起重机 30t	台班	—	0.500	0.900	1.100
	弧焊机 21kV·A	台班	0.400	0.500	0.500	0.600

2.卧式管壳式冷凝器及卧式蒸发器

工作内容:开箱清点、场内运输、外观检查、设备清洗、吊装、联结、安装就位、调整、
　　　　　固定、单体调试。　　　　　　　　　　　　　　　　　　　　　　计量单位:台

编　号			1-12-71	1-12-72	1-12-73	1-12-74	1-12-75
项　目			设备冷却面积（m² 以内）				
			20	30	60	80	100
			设备重量（t 以内）				
			1	2	3	4	5
名　称		单位	消 耗 量				
人工	合计工日	工日	10.771	12.145	16.024	20.006	23.903
	其中 普工	工日	2.154	2.429	3.205	4.001	4.781
	一般技工	工日	7.755	8.744	11.537	14.405	17.210
	高级技工	工日	0.862	0.972	1.282	1.601	1.912
材料	平垫铁（综合）	kg	2.820	3.760	5.800	5.800	5.800
	斜垫铁（综合）	kg	3.060	4.590	5.200	5.200	5.200
	热轧薄钢板 δ1.6~1.9	kg	0.800	1.000	1.400	1.800	2.300
	镀锌铁丝 φ2.8~4.0	kg	0.800	1.200	1.200	1.200	1.600
	圆钉 φ5 以内	kg	0.030	0.030	0.030	0.030	0.030
	低碳钢焊条 J427 φ4.0	kg	0.210	0.252	0.302	0.362	0.434
	木板	m³	0.001	0.006	0.008	0.011	0.014
	道木	m³	0.027	0.030	0.041	0.041	0.041
	煤油	kg	3.010	3.112	3.413	3.714	3.816
	机油	kg	0.202	0.202	0.303	0.404	0.505
	黄油钙基脂	kg	0.088	0.101	0.101	0.101	0.121
	铅油（厚漆）	kg	0.340	0.340	0.600	0.700	0.800
	白漆	kg	0.160	0.160	0.160	0.160	0.180
	无石棉橡胶板 高压 δ1~6	kg	1.200	1.200	1.500	1.800	1.800
	耐酸橡胶板 δ3	kg	0.300	0.300	0.600	0.600	0.750
	铁砂布 0#~2#	张	6.000	6.000	6.000	6.000	6.000
	塑料布	kg	2.280	2.280	2.280	3.360	4.470
	其他材料费	%	5.00	5.00	5.00	5.00	5.00
机械	载货汽车 - 普通货车 10t	台班	—	—	—	0.200	0.200
	叉式起重机 5t	台班	0.300	0.400	0.500	—	—
	汽车式起重机 16t	台班	—	—	—	0.500	0.500
	弧焊机 21kV·A	台班	0.200	0.200	0.200	0.300	0.300

工作内容: 开箱清点、场内运输、外观检查、设备清洗、吊装、联结、安装就位、调整、
固定、单体调试。

计量单位:台

	编 号		1-12-76	1-12-77	1-12-78	1-12-79
	项 目		设备冷却面积（m² 以内）			
			120	140	180	200
			设备重量（t 以内）			
			6	8	9	12
	名 称	单位	消 耗 量			
人工	合计工日	工日	27.099	29.943	34.997	37.303
	其中 普工	工日	5.420	5.988	6.999	7.461
	一般技工	工日	19.511	21.560	25.198	26.858
	高级技工	工日	2.168	2.395	2.800	2.984
材料	平垫铁（综合）	kg	5.800	7.760	7.760	7.760
	斜垫铁（综合）	kg	5.200	7.410	7.410	7.410
	热轧薄钢板 δ1.6~1.9	kg	2.300	3.000	3.000	4.000
	镀锌铁丝 φ2.8~4.0	kg	1.600	1.600	1.600	1.600
	圆钉 φ5 以内	kg	0.030	0.030	0.030	0.060
	低碳钢焊条 J427 φ4.0	kg	0.521	0.625	0.750	0.900
	木板	m³	0.018	0.023	0.023	0.033
	道木	m³	0.062	0.062	0.062	0.077
	煤油	kg	3.816	3.910	4.010	4.020
	机油	kg	0.505	0.505	0.505	0.505
	黄油钙基脂	kg	0.121	0.121	0.121	0.121
	铅油（厚漆）	kg	0.900	0.900	1.000	1.000
	白漆	kg	0.180	0.180	0.180	0.180
	无石棉橡胶板 高压 δ1~6	kg	2.100	2.100	2.400	2.400
	耐酸橡胶板 δ3	kg	0.750	0.900	1.050	1.050
	铁砂布 0#~2#	张	6.000	6.000	6.000	6.000
	塑料布	kg	4.470	4.470	4.470	7.200
	其他材料费	%	5.00	5.00	5.00	5.00
机械	载货汽车 - 普通货车 10t	台班	0.200	0.300	0.300	0.400
	汽车式起重机 30t	台班	0.600	0.900	1.000	1.000
	弧焊机 21kV·A	台班	0.400	0.400	0.400	0.500

3. 淋水式冷凝器

工作内容: 开箱清点、场内运输、外观检查、设备清洗、吊装、联结、安装就位、调整、
固定、单体调试。

计量单位: 台

编 号			1-12-80	1-12-81	1-12-82	1-12-83	1-12-84
项 目			设备冷却面积（m² 以内）				
			30	45	60	75	90
			设备重量（t 以内）				
			1.5	2	2.5	3.5	4
名 称		单位	消 耗 量				
人工	合计工日	工日	13.322	15.424	19.472	22.534	25.238
	其中 普工	工日	2.664	3.085	3.894	4.507	5.048
	一般技工	工日	9.592	11.105	14.020	16.225	18.172
	高级技工	工日	1.065	1.234	1.558	1.802	2.019
材料	平垫铁（综合）	kg	5.780	8.680	11.580	11.580	14.520
	斜垫铁（综合）	kg	6.270	9.410	12.000	12.000	16.386
	镀锌铁丝 φ2.8~4.0	kg	2.000	2.000	2.000	2.000	2.000
	圆钉 φ5 以内	kg	0.060	0.090	0.130	0.130	0.160
	低碳钢焊条 J427 φ4.0	kg	0.420	0.483	0.555	0.638	0.734
	木板	m³	0.004	0.004	0.006	0.006	0.008
	道木	m³	0.030	0.030	0.041	0.041	0.041
	煤油	kg	3.010	3.112	3.214	3.267	3.320
	机油	kg	0.303	0.303	0.505	0.505	0.505
	黄油钙基脂	kg	0.202	0.202	0.202	0.202	0.202
	白漆	kg	0.160	0.160	0.160	0.180	0.180
	无石棉橡胶板 高压 δ1~6	kg	0.300	0.400	0.600	0.900	1.500
	铁砂布 0#~2#	张	5.000	5.000	5.000	5.000	5.000
	塑料布	kg	2.280	2.280	2.280	3.390	3.390
	其他材料费	%	5.00	5.00	5.00	5.00	5.00
机械	载货汽车－普通货车 10t	台班	—	—	—	—	0.200
	叉式起重机 5t	台班	0.300	0.400	0.500	0.600	—
	汽车式起重机 16t	台班	—	—	—	—	0.450
	弧焊机 21kV·A	台班	0.400	0.400	0.500	0.500	0.500

4. 蒸发式冷凝器

工作内容：开箱清点、场内运输、外观检查、设备清洗、吊装、联结、安装就位、调整、
固定、单体调试。

计量单位：台

编　号				1-12-85	1-12-86	1-12-87	1-12-88
项　目				设备冷却面积（m² 以内）			
				20	40	80	100
				设备重量（t 以内）			
				1	1.7	2.5	3
名　称			单位	消　耗　量			
人工	合计工日		工日	15.455	19.173	24.902	25.650
	其中	普工	工日	3.091	3.835	4.980	5.130
		一般技工	工日	11.128	13.805	17.930	18.468
		高级技工	工日	1.236	1.534	1.992	2.052
材料	平垫铁（综合）		kg	2.820	3.760	5.600	5.600
	斜垫铁（综合）		kg	3.060	4.590	5.716	5.716
	热轧薄钢板 δ1.6~1.9		kg	0.800	1.000	1.400	1.400
	镀锌铁丝 φ2.8~4.0		kg	2.000	2.000	2.000	2.000
	圆钉 φ5 以内		kg	0.040	0.040	0.060	0.060
	低碳钢焊条 J427 φ4.0		kg	0.210	0.320	0.480	0.720
	木板		m³	0.003	0.006	0.010	0.010
	道木		m³	0.027	0.030	0.041	0.041
	煤油		kg	11.520	12.030	13.040	13.550
	机油		kg	0.306	0.306	0.510	0.510
	黄油钙基脂		kg	0.306	0.306	0.306	0.306
	白漆		kg	0.560	0.560	0.560	0.560
	无石棉橡胶板 高压 δ1~6		kg	1.100	2.200	3.400	4.500
	铁砂布 0#~2#		张	15.000	15.000	16.000	16.000
	塑料布		kg	5.280	5.280	9.390	9.390
	其他材料费		%	5.00	5.00	5.00	5.00
机械	叉式起重机 5t		台班	0.300	0.400	0.500	0.600
	弧焊机 21kV·A		台班	0.200	0.300	0.400	0.400

工作内容: 开箱清点、场内运输、外观检查、设备清洗、吊装、联结、安装就位、调整、
固定、单体调试。

计量单位: 台

编　号		1-12-89	1-12-90	1-12-91
项　目		设备冷却面积(m² 以内)		
		150	200	250
		设备重量(t 以内)		
		4	6	7
名　称	单位	消　耗　量		
人工 合计工日	工日	28.374	32.437	35.944
其中 普工	工日	5.675	6.487	7.189
一般技工	工日	20.429	23.355	25.880
高级技工	工日	2.270	2.595	2.875
材料 平垫铁（综合）	kg	5.800	5.800	8.820
斜垫铁（综合）	kg	5.200	5.200	6.573
热轧薄钢板 δ1.6~1.9	kg	1.800	2.300	3.000
镀锌铁丝 φ2.8~4.0	kg	2.000	3.000	3.000
圆钉 φ5 以内	kg	0.080	0.080	0.090
低碳钢焊条 J427 φ4.0	kg	0.864	1.037	1.244
木板	m³	0.013	0.017	0.021
道木	m³	0.041	0.062	0.062
煤油	kg	14.560	14.815	15.070
机油	kg	0.510	0.510	0.510
黄油钙基脂	kg	0.304	0.306	0.306
白漆	kg	0.660	0.660	0.660
无石棉橡胶板 高压 δ1~6	kg	4.500	4.500	5.000
铁砂布 0#~2#	张	17.000	17.000	17.000
塑料布	kg	10.620	11.730	11.730
其他材料费	%	5.00	5.00	5.00
机械 载货汽车 – 普通货车 10t	台班	0.200	0.300	0.300
汽车式起重机 16t	台班	0.400	—	—
汽车式起重机 30t	台班	—	0.600	0.680
弧焊机 21kV·A	台班	0.500	0.500	0.500

5. 立式蒸发器

工作内容: 开箱清点、场内运输、外观检查、设备清洗、吊装、联结、安装就位、调整、固定、单体调试。

计量单位:台

编 号				1-12-92	1-12-93	1-12-94	1-12-95
项 目				设备冷却面积(m² 以内)			
				20	40	60	90
				设备重量(t 以内)			
				1.5	3	4	5
名 称			单位	消 耗 量			
人工	合计工日		工日	8.402	11.505	13.739	15.816
	其中	普工	工日	1.680	2.301	2.748	3.163
		一般技工	工日	6.050	8.283	9.892	11.387
		高级技工	工日	0.672	0.921	1.099	1.266
材料	平垫铁(综合)		kg	3.760	5.800	5.800	5.800
	斜垫铁(综合)		kg	4.590	5.200	5.200	5.200
	热轧薄钢板 δ1.6~1.9		kg	1.000	1.400	1.800	2.300
	镀锌铁丝 φ2.8~4.0		kg	1.100	1.100	1.100	1.100
	圆钉 φ5 以内		kg	0.020	0.025	0.025	0.030
	低碳钢焊条 J427 φ4.0		kg	0.210	0.252	0.302	0.362
	木板		m³	0.005	0.008	0.010	0.015
	道木		m³	0.030	0.041	0.041	0.041
	煤油		kg	3.112	3.214	3.316	3.418
	机油		kg	0.505	0.505	0.707	0.707
	黄油钙基脂		kg	0.110	0.110	0.110	0.110
	白漆		kg	0.160	0.180	0.180	0.180
	无石棉橡胶板 高压 δ1~6		kg	0.150	0.250	0.250	0.410
	铁砂布 0#~2#		张	5.000	5.000	5.000	5.000
	塑料布		kg	2.280	5.010	5.010	5.010
	其他材料费		%	5.00	5.00	5.00	5.00
机械	载货汽车 - 普通货车 10t		台班	—	—	0.200	0.200
	叉式起重机 5t		台班	0.400	0.500	—	—
	汽车式起重机 16t		台班	—	—	0.400	0.500
	弧焊机 21kV·A		台班	0.200	0.200	0.200	0.400

工作内容：开箱清点、场内运输、外观检查、设备清洗、吊装、联结、安装就位、调整、
固定、单体调试。

计量单位：台

编 号			1-12-96	1-12-97	1-12-98	1-12-99
项 目			设备冷却面积（m² 以内）			
			120	160	180	240
			设备重量（t 以内）			
			6	8	9	12
名 称		单位	消 耗 量			
人工	合计工日	工日	18.542	22.216	23.487	30.054
	其中 普工	工日	3.708	4.443	4.697	6.011
	一般技工	工日	13.350	15.996	16.911	21.638
	高级技工	工日	1.483	1.777	1.879	2.405
材料	平垫铁（综合）	kg	5.800	8.820	8.820	8.820
	斜垫铁（综合）	kg	5.200	6.573	6.573	6.573
	热轧薄钢板 δ1.6~1.9	kg	2.300	3.000	3.000	4.000
	镀锌铁丝 φ2.8~4.0	kg	1.650	2.200	2.200	2.200
	圆钉 φ5 以内	kg	0.035	0.040	0.040	0.050
	低碳钢焊条 J427 φ4.0	kg	0.434	0.521	0.625	0.750
	木板	m³	0.018	0.021	0.023	0.030
	道木	m³	0.062	0.062	0.062	0.077
	煤油	kg	3.724	3.724	3.724	3.724
	机油	kg	1.010	1.010	1.010	1.010
	黄油钙基脂	kg	0.172	0.172	0.172	0.172
	白漆	kg	0.180	0.180	0.180	0.180
	无石棉橡胶板 高压 δ1~6	kg	0.520	0.630	0.800	0.800
	铁砂布 0#~2#	张	5.000	5.000	5.000	5.000
	塑料布	kg	5.010	5.010	5.010	5.010
	其他材料费	%	5.00	5.00	5.00	5.00
机械	载货汽车－普通货车 10t	台班	0.200	0.300	0.300	0.400
	汽车式起重机 30t	台班	0.600	0.800	1.000	1.200
	弧焊机 21kV·A	台班	0.400	0.500	0.500	0.500

工作内容：开箱清点、场内运输、外观检查、设备清洗、吊装、联结、安装就位、调整、
固定、单体调试。

九、立式低压循环贮液器和卧式高压贮液器（排液桶）

工作内容：开箱清点、场内运输、外观检查、设备清洗、吊装、联结、安装就位、调整、固定、单体调试。

计量单位：台

编　号			1-12-100	1-12-101	1-12-102	1-12-103	1-12-104
项　目			立式低压循环贮液器				卧式高压贮液器（排液桶）
			设备容积（m³ 以内）				
			1.6	2.5	3.5	5.0	1.0
			设备重量（t 以内）				
			1	1.5	2	3	0.7
名　称		单位	消　耗　量				
人工	合计工日	工日	13.652	16.129	20.291	27.158	6.941
	其中　普工	工日	2.730	3.226	4.058	5.432	1.388
	一般技工	工日	9.829	11.613	14.609	19.554	4.997
	高级技工	工日	1.092	1.290	1.623	2.173	0.555
材料	平垫铁（综合）	kg	2.820	2.820	3.760	5.800	2.820
	斜垫铁（综合）	kg	3.060	3.060	4.590	5.200	3.060
	热轧薄钢板 δ1.6~1.9	kg	0.800	1.000	1.000	1.200	0.800
	镀锌铁丝 φ2.8~4.0	kg	1.500	1.500	1.500	1.500	1.100
	圆钉 φ5 以内	kg	0.030	0.030	0.030	0.030	0.020
	低碳钢焊条 J427 φ4.0	kg	0.210	0.231	0.254	0.279	0.307
	木板	m³	0.003	0.006	0.007	0.008	0.001
	道木	m³	0.027	0.030	0.030	0.041	0.027
	煤油	kg	2.500	2.500	2.500	2.500	3.010
	机油	kg	0.202	0.202	0.303	0.303	0.200
	黄油钙基脂	kg	0.253	0.253	0.253	0.302	0.210
	白漆	kg	1.160	1.160	1.160	1.180	1.160
	无石棉橡胶板 高压 δ1~6	kg	0.300	0.500	0.600	0.800	0.300
	铁砂布 0#~2#	张	5.000	5.000	5.000	5.000	5.000
	塑料布	kg	2.280	2.280	2.280	3.390	2.280
	其他材料费	%	5.00	5.00	5.00	5.00	5.00
机械	叉式起重机 5t	台班	0.200	0.300	0.400	0.500	0.300
	弧焊机 21kV·A	台班	0.200	0.300	0.350	0.400	0.500

工作内容：开箱清点、场内运输、外观检查、设备清洗、吊装、联结、安装就位、调整、
固定、单体调试。

计量单位：台

编　号		1-12-105	1-12-106	1-12-107	1-12-108
项　目		卧式高压贮液器（排液桶）			
		设备容积（m³ 以内）			
		1.5	2.0	3.0	5.0
		设备重量（t 以内）			
		1	1.5	2	2.5
名　称	单位	消　耗　量			
人工	合计工日	工日	9.622	10.613	12.697	15.209
	其中 普工	工日	1.924	2.123	2.539	3.042
	一般技工	工日	6.928	7.642	9.142	10.951
	高级技工	工日	0.769	0.849	1.015	1.217
材料	平垫铁（综合）	kg	2.820	2.820	3.760	5.800
	斜垫铁（综合）	kg	3.060	3.060	4.590	5.200
	热轧薄钢板 δ1.6~1.9	kg	0.800	1.000	1.000	1.400
	镀锌铁丝 φ2.8~4.0	kg	1.100	1.100	1.100	1.100
	圆钉 φ5 以内	kg	0.020	0.020	0.030	0.030
	低碳钢焊条 J427 φ4.0	kg	0.338	0.372	0.409	0.450
	木板	m³	0.001	0.005	0.006	0.008
	道木	m³	0.027	0.030	0.030	0.041
	煤油	kg	3.010	3.112	3.214	3.418
	机油	kg	0.200	0.200	0.300	0.300
	黄油钙基脂	kg	0.210	0.210	0.210	0.210
	白漆	kg	1.160	1.160	1.160	1.180
	无石棉橡胶板 高压 δ1~6	kg	0.600	0.600	0.600	0.600
	铁砂布 0#~2#	张	5.000	5.000	5.000	5.000
	塑料布	kg	2.280	2.280	2.280	3.390
	其他材料费	%	5.00	5.00	5.00	5.00
机械	叉式起重机 5t	台班	0.400	0.500	0.600	0.700
	弧焊机 21kV·A	台班	0.200	0.250	0.300	0.350

十、分　离　器

1. 氨油分离器

工作内容：开箱清点、场内运输、外观检查、设备清洗、吊装、联结、安装就位、调整、
固定、单体调试。

计量单位：台

编　号			1-12-109	1-12-110	1-12-111	1-12-112	1-12-113	1-12-114
项　目			设备直径（mm 以内）					
			325	500	700	800	1 000	1 200
			设备重量（t 以内）					
			0.15	0.3	0.6	1.2	1.75	2
名　称		单位	消　耗　量					
人工	合计工日	工日	2.869	4.686	7.140	10.001	11.405	13.369
	其中　普工	工日	0.574	0.937	1.428	2.000	2.281	2.674
	一般技工	工日	2.066	3.373	5.141	7.200	8.212	9.626
	高级技工	工日	0.229	0.375	0.572	0.800	0.913	1.069
材料	平垫铁（综合）	kg	1.410	2.820	2.820	2.820	2.820	2.820
	斜垫铁（综合）	kg	2.040	3.060	3.060	3.060	3.060	3.060
	热轧薄钢板 δ1.6~1.9	kg	0.400	0.400	0.800	0.800	1.000	1.200
	镀锌铁丝 φ2.8~4.0	kg	1.100	1.100	1.650	1.650	1.650	1.650
	低碳钢焊条 J427 φ4.0	kg	0.210	0.231	0.254	0.279	0.307	0.338
	木板	m³	0.001	0.001	0.001	0.004	0.004	0.004
	道木	m³	0.027	0.027	0.027	0.030	0.030	0.030
	煤油	kg	0.500	1.000	1.000	1.500	1.500	1.500
	机油	kg	0.202	0.202	0.202	0.202	0.202	0.202
	黄油钙基脂	kg	0.202	0.212	0.212	0.212	0.212	0.212
	白漆	kg	0.050	0.050	0.080	0.080	0.080	0.080
	无石棉橡胶板 高压 δ1~6	kg	0.300	0.300	0.400	0.400	0.500	0.500
	铁砂布 0#~2#	张	1.000	2.000	2.000	3.000	3.000	3.000
	塑料布	kg	0.200	0.390	0.480	1.680	1.680	1.680
	其他材料费	%	5.00	5.00	5.00	5.00	5.00	5.00
机械	叉式起重机 5t	台班	0.120	0.240	0.360	0.420	0.550	0.600
	弧焊机 21kV·A	台班	0.200	0.200	0.250	0.250	0.300	0.300

2. 氨液分离器

工作内容: 开箱清点、场内运输、外观检查、设备清洗、吊装、联结、安装就位、调整、
固定、单体调试。

计量单位:台

编 号			1-12-115	1-12-116	1-12-117	1-12-118	1-12-119	1-12-120
项 目			设备直径(mm 以内)					
			500	600	800	1 000	1 200	1 400
			设备重量(t 以内)					
			0.3	0.4	0.6	0.7	1	1.2
名 称		单位	消 耗 量					
人工	合计工日	工日	4.724	5.873	7.501	8.997	10.832	11.515
	其中 普工	工日	0.945	1.175	1.500	1.799	2.166	2.303
	一般技工	工日	3.401	4.229	5.401	6.478	7.799	8.291
	高级技工	工日	0.378	0.469	0.600	0.719	0.866	0.921
材料	平垫铁(综合)	kg	1.410	2.820	3.760	3.760	3.760	3.760
	斜垫铁(综合)	kg	2.040	3.060	4.590	4.590	4.590	4.590
	热轧薄钢板 δ1.6~1.9	kg	0.400	0.400	0.800	0.800	0.800	0.800
	镀锌铁丝 ϕ2.8~4.0	kg	0.800	0.800	0.800	0.800	1.100	1.100
	低碳钢焊条 J427 ϕ4.0	kg	0.210	0.231	0.254	0.279	0.307	0.338
	木板	m³	—	—	—	—	0.002	0.002
	煤油	kg	1.500	1.500	1.500	1.500	1.500	1.500
	机油	kg	0.101	0.101	0.101	0.202	0.202	0.202
	黄油钙基脂	kg	0.182	0.182	0.182	0.182	0.182	0.202
	白漆	kg	0.080	0.080	0.080	0.080	0.080	0.080
	无石棉橡胶板 高压 δ1~6	kg	0.300	0.400	0.400	0.500	0.600	0.700
	铁砂布 0#~2#	张	3.000	3.000	3.000	3.000	3.000	3.000
	塑料布	kg	1.680	1.680	1.680	1.680	1.680	1.680
	其他材料费	%	5.00	5.00	5.00	5.00	5.00	5.00
机械	叉式起重机 5t	台班	0.120	0.180	0.240	0.300	0.360	0.420
	弧焊机 21kV·A	台班	0.200	0.200	0.250	0.250	0.300	0.300

3. 空气分离器

工作内容: 开箱清点、场内运输、外观检查、设备清洗、吊装、联结、安装就位、调整、
固定、单体调试。

计量单位:台

编　号				1-12-121	1-12-122
项　目				冷却面积(m² 以内)	
				0.45	1.82
				设备重量(t 以内)	
				0.06	0.13
名　称			单位	消　耗　量	
人工	合计工日		工日	1.781	2.400
	其中	普工	工日	0.356	0.480
		一般技工	工日	1.282	1.728
		高级技工	工日	0.142	0.192
材料	平垫铁(综合)		kg	1.410	1.410
	斜垫铁(综合)		kg	2.040	2.040
	热轧薄钢板 δ1.6~1.9		kg	0.200	0.400
	低碳钢焊条 J427 φ4.0		kg	0.105	0.125
	木板		m³	0.001	0.001
	煤油		kg	1.500	1.500
	白漆		kg	0.080	0.080
	无石棉橡胶板 高压 δ1~6		kg	0.200	0.250
	铁砂布 0#~2#		张	3.000	3.000
	塑料布		kg	1.680	1.680
	其他材料费		%	5.00	5.00
机械	弧焊机 21kV·A		台班	0.200	0.200

十一、过　滤　器

1. 氨气过滤器

工作内容： 开箱清点、场内运输、外观检查、设备清洗、吊装、联结、安装就位、调整、固定、单体调试。

计量单位：台

编　号			1-12-123	1-12-124	1-12-125
项　目			设备直径（mm 以内）		
			100	200	300
			设备重量（t 以内）		
			0.1	0.2	0.5
名　称		单位	消　耗　量		
人工	合计工日	工日	1.743	2.921	4.824
	其中　普工	工日	0.349	0.584	0.965
	一般技工	工日	1.255	2.103	3.473
	高级技工	工日	0.139	0.234	0.386
材料	镀锌铁丝 ϕ2.8~4.0	kg	0.800	0.800	0.800
	汽油 70#~90#	kg	0.501	1.002	2.040
	煤油	kg	1.000	1.000	1.500
	冷冻机油	kg	0.200	0.250	0.250
	机油	kg	0.101	0.101	0.101
	黄油钙基脂	kg	0.101	0.404	0.606
	白漆	kg	0.050	0.050	0.080
	无石棉橡胶板 高压 δ1~6	kg	0.500	1.000	2.000
	铁砂布 0#~2#	张	2.000	2.000	2.000
	塑料布	kg	0.150	0.390	0.600
	其他材料费	%	5.00	5.00	5.00

2. 氨液过滤器

工作内容： 开箱清点、场内运输、外观检查、设备清洗、吊装、联结、安装就位、调整、
固定、单体调试。

计量单位：台

编　号			1-12-126	1-12-127	1-12-128
项　目			设备直径（mm 以内）		
			25	50	100
			设备重量（t 以内）		
			0.025		0.05
名　称		单位	消　耗　量		
人工	合计工日	工日	0.970	2.290	2.591
	其中 普工	工日	0.194	0.458	0.518
	一般技工	工日	0.699	1.649	1.866
	高级技工	工日	0.077	0.183	0.207
材料	汽油 70#~90#	kg	0.204	0.510	1.020
	煤油	kg	0.500	0.500	0.500
	冷冻机油	kg	0.100	0.150	0.200
	机油	kg	0.101	0.101	0.101
	黄油钙基脂	kg	0.051	0.152	0.354
	白漆	kg	0.050	0.050	0.050
	无石棉橡胶板 高压 δ1~6	kg	0.200	0.400	1.200
	铁砂布 0#~2#	张	2.000	2.000	2.000
	塑料布	kg	0.150	0.150	1.680
	其他材料费	%	5.00	5.00	5.00

十二、中间冷却器

工作内容: 开箱清点、场内运输、外观检查、设备清洗、吊装、联结、安装就位、调整、
固定、单体调试。

计量单位:台

编 号			1-12-129	1-12-130	1-12-131	1-12-132	1-12-133	1-12-134
项 目			设备冷却面积(m² 以内)					
			2	3.5	5	8	10	16
			设备重量(t 以内)					
			0.5	0.6	1	1.6	2	3
名 称		单位	消 耗 量					
人工	合计工日	工日	5.493	6.324	8.898	10.849	13.755	17.305
	其中 普工	工日	1.098	1.265	1.780	2.170	2.751	3.461
	一般技工	工日	3.955	4.554	6.406	7.812	9.903	12.459
	高级技工	工日	0.439	0.506	0.712	0.868	1.100	1.385
材料	平垫铁(综合)	kg	2.820	2.820	2.820	2.820	3.760	5.800
	斜垫铁(综合)	kg	3.060	3.060	3.060	3.060	4.590	5.200
	热轧薄钢板 δ1.6~1.9	kg	0.800	0.800	0.800	1.000	1.000	1.200
	镀锌铁丝 φ2.8~4.0	kg	1.100	1.100	1.100	1.650	1.650	2.000
	低碳钢焊条 J427 φ4.0	kg	0.105	0.140	0.186	0.247	0.329	0.438
	木板	m³	0.001	0.001	0.001	0.005	0.006	0.008
	道木	m³	—	—	—	0.030	0.030	0.041
	煤油	kg	2.500	2.500	2.500	2.500	2.500	2.500
	机油	kg	0.202	0.303	0.505	0.505	0.505	0.606
	黄油钙基脂	kg	0.212	0.212	0.212	0.111	0.111	0.111
	白漆	kg	0.160	0.160	0.160	0.180	0.180	0.180
	无石棉橡胶板 高压 δ1~6	kg	1.000	1.300	1.500	1.800	2.000	2.500
	铁砂布 0#~2#	张	5.000	5.000	5.000	5.000	5.000	5.000
	塑料布	kg	2.280	2.280	2.280	3.390	3.390	3.390
	其他材料费	%	5.00	5.00	5.00	5.00	5.00	5.00
机械	载货汽车-普通货车 10t	台班	—	—	—	—	—	0.300
	叉式起重机 5t	台班	0.200	0.250	0.300	0.350	0.400	—
	汽车式起重机 8t	台班	—	—	—	—	—	0.500
	弧焊机 21kV·A	台班	0.100	0.100	0.200	0.200	0.200	0.300

十三、玻璃钢冷却塔

工作内容: 开箱清点、场内运输、外观检查、设备清洗、吊装、联结、安装就位、调整、固定、单体调试。

计量单位:台

编 号				1-12-135	1-12-136	1-12-137	1-12-138	1-12-139
项 目				设备处理水量(m³/h 以内)				
				30	50	70	100	150
名 称			单位	消 耗 量				
人工	合计工日		工日	13.373	14.518	16.380	17.906	20.859
	其中	普工	工日	2.675	2.904	3.276	3.581	4.172
		一般技工	工日	9.628	10.453	11.793	12.893	15.018
		高级技工	工日	1.070	1.161	1.311	1.432	1.669
材料	平垫铁(综合)		kg	5.800	5.800	8.820	8.820	8.820
	斜垫铁(综合)		kg	7.860	7.860	9.880	9.880	9.880
	热轧薄钢板 δ1.6~1.9		kg	0.200	0.400	0.800	0.800	1.000
	镀锌铁丝 φ2.8~4.0		kg	3.700	3.700	3.700	4.800	4.800
	低碳钢焊条 J427 φ4.0		kg	0.210	0.242	0.278	0.320	0.368
	木板		m³	0.002	0.002	0.003	0.006	0.006
	道木		m³	0.027	0.027	0.027	0.027	0.030
	煤油		kg	1.806	2.408	2.510	3.714	6.224
	机油		kg	0.101	0.101	0.101	0.101	0.101
	黄油钙基脂		kg	0.576	0.576	0.576	0.576	0.576
	405 号树脂胶		kg	1.000	1.500	2.000	2.500	3.000
	白漆		kg	0.100	0.100	0.200	0.300	0.300
	无石棉橡胶板 高压 δ1~6		kg	1.200	1.400	1.400	1.600	1.600
	铁砂布 0#~2#		张	3.000	4.000	4.000	5.000	5.000
	塑料布		kg	2.790	5.790	8.130	9.210	9.210
	其他材料费		%	5.00	5.00	5.00	5.00	5.00
机械	载货汽车-普通货车 10t		台班	0.200	0.200	0.400	0.500	0.500
	汽车式起重机 30t		台班	0.100	0.150	0.200	0.250	0.300
	弧焊机 21kV·A		台班	0.100	0.100	0.100	0.200	0.200

工作内容：开箱清点、场内运输、外观检查、设备清洗、吊装、联结、安装就位、调整、
固定、单体调试。

计量单位：台

编　号			1-12-140	1-12-141	1-12-142	1-12-143
项　目			设备处理水量（m³/h 以内）			
			250	300	500	700
名　称		单位	消　耗　量			
人工	合计工日	工日	28.958	35.438	38.107	44.225
	其中 普工	工日	5.792	7.088	7.621	8.845
	一般技工	工日	20.850	25.515	27.437	31.842
	高级技工	工日	2.316	2.835	3.048	3.538
材料	平垫铁（综合）	kg	11.640	14.820	15.800	15.800
	斜垫铁（综合）	kg	8.572	11.430	11.430	11.430
	热轧薄钢板 δ1.6~1.9	kg	1.400	1.800	1.800	4.000
	镀锌铁丝 φ2.8~4.0	kg	4.800	4.800	5.550	7.400
	低碳钢焊条 J427 φ4.0	kg	0.423	0.486	0.559	0.643
	木板	m³	0.008	0.017	0.017	0.017
	道木	m³	0.041	0.041	0.041	0.062
	煤油	kg	8.040	11.550	15.570	22.100
	机油	kg	0.202	0.202	0.303	0.303
	黄油钙基脂	kg	0.576	0.576	0.576	0.646
	405 号树脂胶	kg	4.000	5.000	6.000	7.000
	白漆	kg	0.600	0.900	1.500	1.500
	无石棉橡胶板 高压 δ1~6	kg	1.800	2.000	2.500	3.000
	草袋	条	1.500	5.000	5.000	5.000
	铁砂布 0#~2#	张	10.000	15.000	23.000	23.000
	塑料布	kg	18.420	27.630	46.000	46.000
	水	t	1.540	5.900	5.900	5.900
	其他材料费	%	5.00	5.00	5.00	5.00
机械	载货汽车－普通货车 10t	台班	0.600	0.800	1.000	1.000
	汽车式起重机 16t	台班	0.500	0.700	0.900	0.950
	汽车式起重机 30t	台班	0.500	0.500	0.500	0.500
	弧焊机 21kV·A	台班	0.200	0.400	0.500	0.500

十四、集油器、油视镜、紧急泄氨器

工作内容： 开箱清点、场内运输、外观检查、设备清洗、吊装、联结、安装就位、调整、固定、单体调试。

编　号			1-12-144	1-12-145	1-12-146	1-12-147	1-12-148	1-12-149
项　目			集油器（台）			油视镜（支）		紧急泄氨器（台）
			设备直径（mm 以内）					
			219	325	500	50	100	108
			台			支		台
名　称		单位	消　耗　量					
人工	合计工日	工日	1.540	2.177	3.242	1.523	2.122	1.694
	其中 普工	工日	0.308	0.435	0.648	0.305	0.424	0.339
	一般技工	工日	1.109	1.568	2.334	1.096	1.528	1.220
	高级技工	工日	0.124	0.174	0.260	0.122	0.169	0.135
材料	平垫铁（综合）	kg	2.820	2.820	2.820	—	—	—
	斜垫铁（综合）	kg	3.060	3.060	3.060	—	—	—
	热轧薄钢板 $\delta1.6\sim1.9$	kg	0.200	0.200	0.200	—	—	—
	铁件（综合）	kg	—	—	—	1.200	1.500	1.750
	低碳钢焊条 J427 $\phi4.0$	kg	0.105	0.121	0.139	—	—	—
	木板	m³	0.001	0.001	0.001	—	—	0.001
	煤油	kg	0.500	0.500	0.500	0.500	0.500	0.500
	机油	kg	0.202	0.202	0.202	0.101	0.101	0.101
	无石棉橡胶板 高压 $\delta1\sim6$	kg	0.500	0.500	0.500	0.200	0.500	0.200
	其他材料费	%	5.00	5.00	5.00	5.00	5.00	5.00
机械	弧焊机 21kV·A	台班	0.100	0.100	0.100	—	—	—

十五、制冷容器单体试密与排污

工作内容： 制堵盲板、装设临时泵及管线、灌水（充气）加压、停压检查、排污、
拆除临时管线。

计量单位：次/台

编　号			1-12-150	1-12-151	1-12-152
项　目			设备容量（m³以内）		
			1	3	5
名　称		单位	消耗量		
人工	合计工日	工日	3.829	5.083	6.394
	其中 普工	工日	0.766	1.017	1.279
	一般技工	工日	2.757	3.660	4.604
	高级技工	工日	0.306	0.407	0.511
材料	镀锌铁丝 ϕ2.8~4.0	kg	0.200	0.200	0.200
	低碳钢焊条 J427 ϕ4.0	kg	0.050	0.070	0.100
	碳钢气焊条 ϕ2以内	kg	0.010	0.013	0.017
	黄油钙基脂	kg	0.250	0.400	0.500
	铅油（厚漆）	kg	0.100	0.150	0.200
	无石棉橡胶板 高压 δ1~6	kg	0.240	0.540	0.960
	氧气	m³	0.306	0.428	0.734
	乙炔气	kg	0.102	0.143	0.245
	无缝钢管 D22×2	m	0.200	0.200	0.200
	无缝钢管 D25×2	m	0.200	—	—
	无缝钢管 D38×2.25	m	—	0.200	—
	无缝钢管 D57×3	m	—	—	0.200
	其他材料费	%	5.00	5.00	5.00
机械	弧焊机 21kV·A	台班	0.100	0.150	0.200
	电动空气压缩机 6m³/min	台班	0.500	1.000	1.500

第十三章　其他机械安装及设备灌浆

说　明

一、本章适用范围如下：

1. 润滑油处理设备包括压力滤油机、润滑油再生机组、油沉淀箱；

2. 制氧设备包括膨胀机、空气分馏塔及小型制氧机械配套附属设备（洗涤塔、干燥器、碱水拌和器、纯化器、加热炉、加热器、储氧器、充氧台）；

3. 其他机械包括柴油机、柴油发电机组、电动机及电动发电机组、空气压缩机配套的储气罐、乙炔发生器及其附属设备、水压机附属的蓄势罐；

4. 设备灌浆包括地脚螺栓孔灌浆、设备底座与基础间灌浆。

二、本章包括下列内容：

1. 设备整体、解体安装；

2. 整体安装的空气分馏塔包括本体及本体第一个法兰内的管道、阀门安装，与本体联体的仪表、转换开关安装，清洗、调整、气密试验；

3. 设备带有的电动机安装，主机与电动机组装联轴器或皮带机；

4. 储气罐本体及与本体联体的安全阀、压力表等附件安装，气密试验；

5. 乙炔发生器本体及与本体联体的安全阀、压力表、水位表等附件安装，附属设备安装、气密试验或试漏；

6. 水压机蓄势罐本体及底座安装，与本体联体的附件安装，酸洗、试压。

三、本章不包括下列内容：

1. 各种设备本体制作以及设备本体第一个法兰以外的管道、附件安装；

2. 平台、梯子、栏杆等金属构件制作、安装（随设备到货的平台、梯子、栏杆的安装除外）；

3. 空气分馏塔安装前的设备、阀门脱脂、试压，冷箱外的设备安装，阀门研磨、结构、管件、吊耳临时支撑的制作；

4. 其他机械安装不包括刮研工作，与设备本体非同一底座的各种设备、起动装置、仪表盘、柜等的安装、调试；

5. 小型制氧设备及其附属设备的试压、脱脂、阀门研磨，稀有气体及液氧或液氮的制取系统安装；

6. 电动机及其他动力机械的拆装检查、配管、配线、调试。

四、计算工程量时应注意下列事项：

1. 乙炔发生器附属设备、水压机蓄水罐、小型制氧机械配套附属设备及解体安装空气分馏塔等设备重量的计算应将设备本体及与设备联体的阀门、管道、支架、平台、梯子、保护罩等的重量计算在内；

2. 乙炔发生器附属设备是按"密闭性设备"考虑的，如为"非密闭性设备"时，则相应的人工、机械乘以系数 0.80；

3. 润滑处理设备、膨胀机、柴油机、电动机及电动发动机组等设备重量的计算方法：在同一底座上的机组按整体总重量计算，非同一底座上的机组按主机、辅机及底座的总重量计算；

4. 柴油发电机组的设备重量按机组的总重量计算；

5. 以"型号"作为项目时，应按设计要求的型号执行相同的项目，新旧型号可以互换，相近似的型号，实物的重量相差在 10% 以内时，可以执行该消耗量；

6. 当实际灌浆材料与本消耗量中材料不一致时，根据设计选用的特殊灌浆材料，替换本消耗量中相应材料，其他用量不变；

7. 本册所有设备地脚螺栓灌浆、设备底座与基础间灌浆套用本章相应项目。

工程量计算规则

一、润滑油处理设备以"台"为计量单位,按设备名称、型号及重量(t)选用项目。

二、膨胀机以"台"为计量单位,按设备重量(t)选用项目。

三、柴油机、柴油发电机组、电动机及电动发电机组以"台"为计量单位,按设备名称和重量(t)选用项目。大型电机安装以"t"为计量单位。

四、储气罐以"台"为计量单位,按设备容量(m³)选用项目。

五、乙炔发生器以"台"为计量单位,按设备规格(m³/h)选用项目。

六、乙炔发生器附属设备以"台"为计量单位,按设备重量(t)选用项目。

七、水压机蓄水罐以"台"为计量单位,按设备重量(t)选用项目。

八、小型整体安装空气分馏塔以"台"为计量单位,按设备型号规格选用项目。

九、小型制氧附属设备中,洗涤塔、加热炉、加热器、储氧器及充氧台以"台"为计量单位,干燥器和碱水拌和器以"组"为计量单位,纯化器以"套"为计量单位,以上附属设备均按设备名称及型号选用项目。

十、设备减振台座安装以"座"为计量单位,按台座重量(t)选用项目。

十一、地脚螺栓孔灌浆、设备底座与基础间灌浆以"m³"为计量单位,按一台备灌浆体积(m³)选用项目。

十二、座浆垫板安装以"墩"为计量单位,按垫板规格尺寸(mm)选用项目。

一、润滑油处理设备

工作内容： 开箱清点、场内运输、外观检查、设备清洗、吊装、联结、安装就位、调整、
固定、单体调试。

计量单位：台

编　号			1-13-1	1-13-2	1-13-3	1-13-4	1-13-5
项　目			压力滤油机			润滑油再生机组	油沉淀箱
			LY-50	LY-100	LY-150	CY-120	
			设备重量（t以内）				
			0.2	0.23	0.25		0.2
名　称		单位	消　耗　量				
人工	合计工日	工日	5.368	5.959	6.364	8.270	4.552
	其中 普工	工日	1.074	1.192	1.273	1.654	0.910
	一般技工	工日	3.865	4.291	4.583	5.954	3.277
	高级技工	工日	0.429	0.477	0.509	0.662	0.364
材料	平垫铁（综合）	kg	1.936	1.936	1.936	1.936	1.936
	斜垫铁（综合）	kg	3.708	3.708	3.708	3.708	3.708
	热轧薄钢板 δ1.6~1.9	kg	0.400	0.400	0.400	0.400	0.400
	镀锌铁丝 φ2.8~4.0	kg	1.100	1.100	1.100	1.100	1.100
	低碳钢焊条 J427 φ4.0	kg	0.105	0.120	0.105	0.105	0.105
	木板	m³	0.004	0.004	0.004	0.005	0.004
	道木	m³	0.008	0.008	0.008	0.008	0.008
	煤油	kg	1.510	1.610	1.710	1.710	1.510
	机油	kg	0.202	0.202	0.303	0.303	0.303
	黄油钙基脂	kg	0.202	0.202	0.202	0.202	0.202
	白漆	kg	0.080	0.080	0.080	0.080	0.080
	无石棉橡胶板 高压 δ1~6	kg	0.200	0.200	0.240	0.240	0.200
	草袋	条	0.500	0.500	0.500	1.000	0.500
	铁砂布 0#~2#	张	2.000	2.000	2.000	2.000	2.000
	塑料布	kg	0.600	0.600	0.600	0.600	0.600
	水	t	0.680	0.680	0.960	1.060	0.680
	其他材料费	%	5.00	5.00	5.00	5.00	5.00
机械	叉式起重机 5t	台班	0.150	0.100	0.200	0.200	0.150
	弧焊机 21kV·A	台班	0.100	0.100	0.100	0.100	0.100

二、膨 胀 机

工作内容: 开箱清点、场内运输、外观检查、设备清洗、吊装、联结、安装就位、调整、
固定、单体调试。

计量单位:台

编　号			1-13-6	1-13-7	1-13-8	1-13-9	1-13-10
项　目			设备重量(t 以内)				
			1	1.5	2.5	3.5	4.5
名　称		单位	消　耗　量				
人工	合计工日	工日	33.918	38.707	45.485	62.679	75.355
	其中 普工	工日	6.784	7.741	9.097	12.536	15.071
	一般技工	工日	24.421	27.869	32.749	45.129	54.256
	高级技工	工日	2.713	3.097	3.639	5.014	6.028
材料	斜垫铁(综合)	kg	12.770	12.770	12.770	17.820	21.380
	平垫铁(综合)	kg	14.820	14.820	14.820	22.680	22.680
	热轧薄钢板 $\delta1.6\sim1.9$	kg	2.000	2.500	3.500	4.500	5.500
	热轧厚钢板 $\delta8.0\sim20.0$	kg	4.500	6.000	7.000	8.000	10.000
	圆钉 $\phi5$ 以内	kg	0.050	0.050	0.050	0.050	0.050
	低碳钢焊条 J427 $\phi3.2$	kg	0.840	1.050	1.313	1.641	2.100
	紫铜板 $\delta0.08\sim0.20$	kg	0.100	0.100	0.110	0.130	0.150
	铅板 $\delta3$	kg	0.300	0.300	0.500	0.500	0.800
	木板	m^3	0.010	0.018	0.018	0.022	0.026
	道木	m^3	0.077	0.080	0.080	0.091	0.149
	煤油	kg	10.350	13.500	16.620	19.740	21.840
	机油	kg	1.515	1.515	1.515	1.717	1.717
	汽轮机油	kg	3.000	5.000	6.000	7.000	8.000
	四氯化碳	kg	6.000	8.000	10.000	12.000	14.000
	甘油	kg	0.200	0.200	0.350	0.350	0.400
	氧气	m^3	1.352	1.531	0.694	1.804	2.704
	乙炔气	kg	0.520	0.589	0.694	0.867	1.040
	合成树脂密封胶	kg	2.000	2.000	2.000	2.000	2.000
	白漆	kg	0.080	0.080	0.100	0.100	0.100
	无石棉橡胶板 高压 $\delta1\sim6$	kg	3.060	4.000	5.000	6.000	7.000
	铁砂布 $0^{\#}\sim2^{\#}$	张	3.000	3.000	3.000	3.000	3.000
	塑料布	kg	1.680	1.680	2.790	2.790	2.790
	其他材料费	%	5.00	5.00	5.00	5.00	5.00
机械	载货汽车 - 普通货车 10t	台班	—	—	—	0.500	0.550
	叉式起重机 5t	台班	0.500	0.580	0.680	—	—
	汽车式起重机 8t	台班	0.200	0.200	0.300	0.500	0.500
	汽车式起重机 16t	台班	0.500	0.500	0.500	0.500	0.500
	弧焊机 21kV·A	台班	0.800	0.900	1.000	1.100	1.200

三、柴 油 机

工作内容:开箱清点、场内运输、外观检查、设备清洗、吊装、联结、安装就位、调整、
固定、单体调试。

计量单位:台

编　号			1-13-11	1-13-12	1-13-13	1-13-14	1-13-15
项　目			设备重量（t以内）				
			0.5	1	1.5	2	2.5
名　称		单位	消　耗　量				
人工	合计工日		工日	7.821	11.031	12.195	15.208	17.016
	其中	普工	工日	1.564	2.206	2.439	3.042	3.403
		一般技工	工日	5.631	7.942	8.780	10.950	12.251
		高级技工	工日	0.626	0.882	0.976	1.217	1.362
材料	平垫铁（综合）		kg	3.760	3.760	5.640	5.640	11.640
	斜垫铁（综合）		kg	4.590	4.590	6.120	6.120	9.880
	镀锌铁丝 φ2.8~4.0		kg	2.000	2.000	3.000	3.000	3.000
	圆钉 φ5以内		kg	0.020	0.022	0.027	0.034	0.041
	低碳钢焊条 J427 φ4.0		kg	0.158	0.200	0.250	0.300	0.350
	木板		m³	0.008	0.010	0.013	0.015	0.019
	道木		m³	0.008	0.008	0.030	0.038	0.040
	煤油		kg	1.964	2.079	2.310	2.436	2.678
	柴油		kg	18.260	24.480	42.540	42.540	47.580
	机油		kg	0.566	0.586	0.606	0.626	0.646
	黄油钙基脂		kg	0.202	0.202	0.202	0.202	0.202
	铅油（厚漆）		kg	0.050	0.050	0.050	0.050	0.050
	白漆		kg	0.080	0.080	0.080	0.080	0.080
	聚酯乙烯泡沫塑料		kg	0.121	0.132	0.132	0.132	0.132
	铁砂布 0#~2#		张	3.000	3.000	3.000	3.000	3.000
	塑料布		kg	1.680	1.680	1.680	1.680	1.680
	其他材料费		%	5.00	5.00	5.00	5.00	5.00
机械	叉式起重机 5t		台班	0.200	0.200	0.400	0.500	0.600
	汽车式起重机 8t		台班	—	0.200	0.300	0.400	0.500
	弧焊机 21kV·A		台班	0.100	0.120	0.150	0.200	0.250

工作内容: 开箱清点、场内运输、外观检查、设备清洗、吊装、联结、安装就位、调整、
固定、单体调试。

计量单位: 台

编　号			1-13-16	1-13-17	1-13-18	1-13-19	1-13-20
项　目			设备重量（t 以内）				
			3	3.5	4	4.5	5
名　称		单位	消耗量				
人工	合计工日	工日	19.102	22.007	24.156	26.694	28.695
	其中 普工	工日	3.820	4.401	4.831	5.339	5.739
	一般技工	工日	13.754	15.845	17.392	19.220	20.660
	高级技工	工日	1.528	1.761	1.933	2.135	2.296
材料	平垫铁（综合）	kg	15.520	15.520	15.520	21.340	21.340
	斜垫铁（综合）	kg	14.820	14.820	14.820	19.760	19.760
	镀锌铁丝 φ2.8~4.0	kg	3.000	3.000	3.000	4.000	4.000
	圆钉 φ5 以内	kg	0.047	0.054	0.061	0.067	0.067
	低碳钢焊条 J427 φ4.0	kg	0.400	0.450	0.500	0.550	0.600
	木板	m³	0.021	0.025	0.028	0.030	0.034
	道木	m³	0.041	0.410	0.041	0.041	0.041
	煤油	kg	3.000	3.500	3.500	4.000	4.500
	柴油	kg	51.000	65.400	70.200	75.200	80.200
	机油	kg	0.657	0.667	0.687	0.707	0.737
	黄油钙基脂	kg	0.202	0.202	0.202	0.202	0.202
	铅油（厚漆）	kg	0.050	0.050	0.050	0.050	0.050
	白漆	kg	0.100	0.100	0.100	0.100	0.100
	聚酯乙烯泡沫塑料	kg	0.154	0.154	0.165	0.165	0.165
	铁砂布 0#~2#	张	3.000	3.000	3.000	3.000	3.000
	塑料布	kg	2.790	2.790	2.790	4.410	4.410
	其他材料费	%	5.00	5.00	5.00	5.00	5.00
机械	载货汽车 – 普通货车 10t	台班	—	0.200	0.300	0.380	0.500
	汽车式起重机 8t	台班	0.500	0.800	0.900	0.950	1.000
	弧焊机 21kV·A	台班	0.300	0.350	0.400	0.450	0.500

四、柴油发电机组

工作内容:开箱清点、场内运输、外观检查、设备清洗、吊装、联结、安装就位、调整、
固定、单体调试。

计量单位:台

编 号			1-13-21	1-13-22	1-13-23	1-13-24	1-13-25	1-13-26
项 目			设备重量(t 以内)					
			2	2.5	3.5	4.5	5.5	13
名 称		单位	消 耗 量					
人工	合计工日	工日	17.740	19.747	25.491	31.270	36.786	86.738
	其中 普工	工日	3.548	3.949	5.098	6.254	7.357	17.348
	一般技工	工日	12.773	14.217	18.354	22.515	26.486	62.451
	高级技工	工日	1.419	1.580	2.039	2.501	2.943	6.939
材料	平垫铁(综合)	kg	5.640	5.640	7.530	15.520	21.340	32.340
	斜垫铁(综合)	kg	6.120	6.120	9.170	14.820	19.760	28.220
	镀锌铁丝 φ2.8~4.0	kg	2.000	3.000	3.000	4.000	4.000	4.000
	圆钉 φ5 以内	kg	0.034	0.040	0.054	0.067	0.080	0.135
	低碳钢焊条 J427 φ4.0	kg	0.242	0.327	0.441	0.595	0.803	1.084
	木板	m³	0.015	0.020	0.025	0.030	0.038	0.084
	道木	m³	0.030	0.040	0.040	0.041	0.062	0.087
	煤油	kg	3.320	3.450	3.700	3.960	4.220	6.604
	柴油	kg	31.080	43.620	45.600	55.800	65.400	98.500
	机油	kg	0.586	0.606	0.646	0.667	0.707	22.018
	黄油钙基脂	kg	0.202	0.202	0.202	0.202	0.303	0.303
	重铬酸钾 98%	kg	—	—	—	—	—	5.250
	铅油(厚漆)	kg	0.050	0.050	0.050	0.050	0.050	0.050
	白漆	kg	0.080	0.080	0.100	0.100	0.100	0.100
	聚酯乙烯泡沫塑料	kg	0.143	0.143	0.154	0.165	0.176	0.220
	铅粉无石棉绳 φ6 250℃	kg	—	—	—	—	—	0.250
	塑料布	kg	1.680	1.680	2.790	2.790	2.790	4.410
	橡胶板 δ5~10	kg	—	—	—	—	—	0.100
	麻丝	kg	—	—	—	—	—	0.100
	木柴	kg	—	—	—	—	—	17.500
	煤	t	—	—	—	—	—	0.080
	其他材料费	%	5.00	5.00	5.00	5.00	5.00	5.00
机械	载货汽车-普通货车 10t	台班	—	—	0.300	0.500	0.500	0.500
	叉式起重机 5t	台班	0.200	0.300	0.380	0.580	—	—
	汽车式起重机 8t	台班	0.200	0.300	0.380	—	—	—
	汽车式起重机 16t	台班	—	—	—	0.300	—	1.000
	汽车式起重机 30t	台班	—	—	—	0.300	0.800	—
	汽车式起重机 50t	台班	—	—	—	—	—	0.500
	弧焊机 21kV·A	台班	0.100	0.100	0.200	0.300	0.400	0.500

五、电动机及电动发电机组

工作内容: 开箱清点、场内运输、外观检查、设备清洗、吊装、联结、安装就位、调整、
固定、单体调试。

计量单位:台

编　号				1-13-27	1-13-28	1-13-29	1-13-30	1-13-31
项　目				设备重量(t 以内)				
				0.5	1	3	5	7
名　称			单位	消　耗　量				
人工	合计工日		工日	4.005	6.086	14.889	24.553	34.220
	其中	普工	工日	0.801	1.217	2.978	4.911	6.844
		一般技工	工日	2.883	4.382	10.720	17.679	24.639
		高级技工	工日	0.321	0.487	1.191	1.964	2.737
材料	平垫铁(综合)		kg	3.760	3.760	11.640	21.340	21.340
	斜垫铁(综合)		kg	4.590	4.590	9.880	19.760	19.760
	镀锌铁丝 φ2.8~4.0		kg	2.000	2.000	2.500	3.000	3.000
	圆钉 φ5 以内		kg	0.012	0.012	0.015	0.024	0.350
	低碳钢焊条 J427 φ4.0		kg	0.210	0.263	0.329	0.411	0.514
	木板		m³	0.013	0.013	0.250	0.025	0.025
	道木		m³	0.010	0.010	0.041	0.062	0.062
	煤油		kg	3.000	3.000	3.300	4.000	4.000
	机油		kg	0.606	0.606	0.808	0.960	0.960
	黄油钙基脂		kg	0.202	0.202	0.404	0.505	0.505
	白漆		kg	0.080	0.100	0.100	0.240	0.240
	铁砂布 0#~2#		张	3.000	3.000	3.000	9.000	9.000
	塑料布		kg	1.680	2.790	2.790	5.040	5.040
	其他材料费		%	5.00	5.00	5.00	5.00	5.00
机械	载货汽车－普通货车 10t		台班	—	—	—	0.200	0.300
	汽车式起重机 8t		台班	0.350	0.500	0.800	—	—
	汽车式起重机 16t		台班	—	—	—	0.650	—
	汽车式起重机 30t		台班	—	—	—	—	0.800
	弧焊机 21kV·A		台班	0.200	0.200	0.400	0.500	1.000

工作内容：开箱清点、场内运输、外观检查、设备清洗、吊装、联结、安装就位、调整、固定、单体调试。

编 号			1-13-32	1-13-33	1-13-34	1-13-35
项 目			设备重量（t 以内）			大型电机
			10	20	30	
			台			t
名 称		单位	消 耗 量			
人工	合计工日	工日	45.757	85.948	122.740	3.901
	其中 普工	工日	9.151	17.190	24.548	0.780
	一般技工	工日	32.945	61.883	88.373	2.808
	高级技工	工日	3.661	6.875	9.819	0.312
材料	平垫铁（综合）	kg	34.500	48.290	78.480	—
	斜垫铁（综合）	kg	32.100	45.860	72.910	—
	镀锌铁丝 ϕ2.8~4.0	kg	4.000	5.000	5.000	—
	圆钉 ϕ5 以内	kg	0.075	0.100	0.110	—
	低碳钢焊条 J427 ϕ4.0	kg	0.643	0.840	1.005	0.050
	木板	m³	0.050	0.075	0.075	—
	道木	m³	0.062	0.097	0.154	—
	煤油	kg	4.000	6.000	7.000	—
	机油	kg	1.111	1.313	1.313	0.160
	黄油钙基脂	kg	0.657	0.808	0.808	—
	白漆	kg	0.240	0.560	0.800	—
	铁砂布 0#~2#	张	9.000	21.000	3.000	—
	塑料布	kg	5.040	11.760	16.800	—
	钢丝绳 ϕ14.1~15.0	kg	—	1.920	—	—
	钢丝绳 ϕ19.0~21.5	kg	—	—	2.080	—
	氧气	m³	—	—	—	0.120
	乙炔气	kg	—	—	—	0.040
	钢板垫板	kg	—	—	—	40.000
	紫铜板（综合）	kg	—	—	—	0.050
	其他材料费	%	5.00	5.00	5.00	5.00
机械	载货汽车–普通货车 10t	台班	0.500	0.500	1.000	0.100
	汽车式起重机 8t	台班	1.260	1.500	1.550	0.240
	汽车式起重机 16t	台班	0.500	—	—	—
	汽车式起重机 30t	台班	—	1.000	—	—
	汽车式起重机 75t	台班	—	—	1.000	—
	弧焊机 21kV·A	台班	1.000	1.500	2.000	0.100

六、储 气 罐

工作内容：开箱清点、场内运输、外观检查、设备清洗、吊装、联结、安装就位、调整、
固定、单体调试。

计量单位：台

编　号				1-13-36	1-13-37	1-13-38	1-13-39	1-13-40	1-13-41	1-13-42
项　目				设备容量（m³ 以内）						
				1	2	3	5	8	11	15
名　称			单位	消　耗　量						
人工	合计工日		工日	6.702	10.878	14.521	22.355	26.339	34.120	45.815
	其中	普工	工日	1.341	2.176	2.905	4.471	5.268	6.824	9.163
		一般技工	工日	4.826	7.832	10.455	16.096	18.964	24.567	32.986
		高级技工	工日	0.536	0.871	1.162	1.788	2.107	2.729	3.665
材料	平垫铁（综合）		kg	2.820	2.820	2.820	8.820	8.820	11.640	11.640
	斜垫铁（综合）		kg	3.060	3.060	3.060	6.573	6.573	7.860	7.860
	钢板 δ4.5~7.0		kg	0.900	3.060	1.150	2.000	3.000	4.000	5.000
	镀锌铁丝 φ2.8~4.0		kg	1.980	2.200	2.530	3.300	4.400	4.950	5.500
	低碳钢焊条 J427 φ4.0		kg	0.540	0.600	0.690	1.170	1.420	1.790	2.210
	木板		m³	0.001	0.001	0.001	0.001	0.003	0.003	0.004
	道木		m³	0.038	0.042	0.048	0.060	0.065	0.079	0.081
	煤油		kg	1.890	2.100	2.415	2.700	3.000	3.500	4.000
	氧气		m³	1.065	1.183	1.360	1.499	1.765	2.030	2.489
	乙炔气		kg	0.358	0.398	0.458	0.500	0.592	0.673	0.826
	白漆		kg	0.072	0.080	0.092	0.100	0.100	0.100	0.100
	无石棉橡胶板 高压 δ1~6		kg	0.666	0.740	0.851	1.310	2.110	3.140	4.270
	铁砂布 0#~2#		张	2.700	3.000	3.450	3.000	3.000	3.000	3.000
	塑料布		kg	1.512	1.680	1.932	2.790	2.790	4.410	4.410
	其他材料费		%	5.00	5.00	5.00	5.00	5.00	5.00	5.00
机械	载货汽车－普通货车 10t		台班	0.300	0.380	0.500	0.500	0.500	0.500	0.500
	汽车式起重机 8t		台班	0.200	0.200	0.240	—	—	—	—
	汽车式起重机 16t		台班	—	—	—	0.300	0.500	0.650	—
	汽车式起重机 30t		台班	—	—	—	—	0.500	0.650	0.700
	电动空气压缩机 6m³/min		台班	0.340	0.610	0.830	0.970	1.210	1.340	1.450
	弧焊机 21kV·A		台班	0.150	0.200	0.300	0.300	0.400	0.400	0.500

七、乙炔发生器

工作内容:开箱清点、场内运输、外观检查、设备清洗、吊装、联结、安装就位、调整、固定、单体调试。

计量单位:台

编　号			1-13-43	1-13-44	1-13-45	1-13-46	1-13-47
项　目			设备规格（m³/h 以内）				
			5	10	20	40	80
名　称		单位	消　耗　量				
人工	合计工日	工日	13.258	16.808	22.777	27.252	37.828
	其中 普工	工日	2.652	3.362	4.555	5.450	7.566
	一般技工	工日	9.546	12.102	16.399	19.621	27.236
	高级技工	工日	1.061	1.345	1.822	2.180	3.027
材料	平垫铁（综合）	kg	5.800	10.300	11.640	11.640	13.580
	斜垫铁（综合）	kg	5.200	7.860	9.880	9.880	12.350
	钢板垫板	kg	1.500	1.800	2.000	2.500	2.800
	圆钉 $\phi5$ 以内	kg	0.011	0.013	0.016	0.017	0.023
	低碳钢焊条 J427 $\phi4.0$	kg	0.320	0.420	0.740	0.840	1.050
	木板	m³	0.001	0.001	0.001	0.003	0.004
	道木	m³	—	0.008	0.008	0.027	0.030
	煤油	kg	2.500	2.500	3.000	4.000	4.500
	机油	kg	0.100	0.150	0.180	0.200	0.250
	氧气	m³	1.244	1.663	2.917	3.325	4.162
	乙炔气	kg	0.418	0.551	0.969	1.663	1.387
	铅油（厚漆）	kg	0.100	0.150	0.200	0.250	0.300
	白漆	kg	0.080	0.080	0.100	0.100	0.100
	无石棉橡胶板 高压 $\delta1\sim6$	kg	0.960	2.640	3.970	4.740	5.350
	无石棉编绳 $\phi6\sim10$ 烧失量 24%	kg	0.200	0.250	0.300	0.400	0.500
	橡胶板 $\delta5$	m²	0.200	0.300	0.400	0.500	0.600
	铁砂布 0#~2#	张	2.000	3.000	3.000	3.000	3.000
	塑料布	kg	0.600	1.680	2.790	4.410	4.410
	其他材料费	%	5.00	5.00	5.00	5.00	5.00
机械	载货汽车-普通货车 10t	台班	0.200	0.300	0.400	0.500	0.500
	汽车式起重机 16t	台班	0.430	0.300	0.830	1.070	1.300
	弧焊机 21kV·A	台班	0.200	0.300	0.500	1.000	2.000
	电动空气压缩机 6m³/min	台班	0.730	0.830	0.970	1.210	1.450

八、乙炔发生器附属设备

工作内容：开箱清点、场内运输、外观检查、设备清洗、吊装、联结、安装就位、调整、
固定、单体调试。

计量单位：台

编　号			1-13-48	1-13-49	1-13-50	1-13-51	1-13-52
项　目			设备（t 以内）				
			0.3	0.5	0.8	1	1.5
名　称		单位	消　耗　量				
人工	合计工日		工日	5.448	7.892	12.127	14.121	20.006
	其中	普工	工日	1.090	1.578	2.425	2.824	4.001
		一般技工	工日	3.923	5.682	8.731	10.167	14.405
		高级技工	工日	0.436	0.631	0.970	1.130	1.600
材料	平垫铁（综合）		kg	2.820	2.820	4.700	4.700	5.640
	斜垫铁（综合）		kg	3.060	3.060	4.590	4.590	6.120
	钢板垫板		kg	1.500	3.000	3.500	4.000	5.000
	圆钉 ϕ5 以内		kg	—	0.010	0.013	0.015	0.017
	低碳钢焊条 J427 ϕ4.0		kg	0.210	0.530	0.840	1.050	1.580
	木板		m³	0.001	0.001	0.001	0.003	0.003
	道木		m³	—	—	—	0.008	0.008
	煤油		kg	1.200	1.800	1.900	2.100	2.300
	机油		kg	0.200	0.300	0.400	0.600	0.800
	氧气		m³	0.102	0.204	0.316	0.520	0.836
	乙炔气		kg	0.031	0.071	0.102	0.173	0.275
	铅油（厚漆）		kg	0.600	0.800	1.000	1.200	1.500
	白漆		kg	0.080	0.080	0.100	0.100	0.100
	无石棉橡胶板 高压 δ1~6		kg	0.200	0.300	0.400	0.500	0.800
	无石棉编绳 ϕ6~10 烧失量 24%		kg	0.200	0.300	0.400	0.500	0.600
	铁砂布 0#~2#		张	2.000	3.000	3.000	3.000	3.000
	塑料布		kg	0.600	1.680	2.790	4.410	4.410
	其他材料费		%	5.00	5.00	5.00	5.00	5.00
机械	载货汽车－普通货车 10t		台班	0.200	0.200	0.300	0.300	0.500
	汽车式起重机 8t		台班	0.200	0.500	0.580	0.680	0.830
	弧焊机 21kV·A		台班	0.200	0.300	0.500	0.800	1.000
	电动空气压缩机 6m³/min		台班	0.240	0.630	0.630	0.870	0.970

九、水压机蓄势罐

工作内容：开箱清点、场内运输、外观检查、设备清洗、吊装、联结、安装就位、调整、
固定、单体调试。

计量单位：台

编　号			1-13-53	1-13-54	1-13-55	1-13-56	1-13-57	1-13-58
项　目			设备重量（t 以内）					
			10	15	20	30	40	55
名　称		单位	消　耗　量					
人工	合计工日	工日	54.096	70.672	93.923	129.666	164.019	224.045
	其中 普工	工日	10.819	14.134	18.785	25.933	32.804	44.809
	一般技工	工日	38.949	50.884	67.624	93.359	118.093	161.312
	高级技工	工日	4.328	5.654	7.514	10.374	13.122	17.924
材料	平垫铁（综合）	kg	7.530	15.520	15.520	41.400	41.400	41.400
	斜垫铁（综合）	kg	6.120	9.880	9.880	36.690	36.690	36.690
	钢板垫板	kg	50.000	55.000	65.000	80.000	90.000	100.000
	镀锌铁丝 ϕ2.8~4.0	kg	4.000	5.000	6.000	6.500	7.000	7.500
	低碳钢焊条 J427 ϕ4.0	kg	2.630	3.150	3.360	3.680	3.940	4.460
	木板	m³	0.031	0.036	0.046	0.073	0.111	0.139
	道木	m³	0.187	0.452	0.485	0.571	0.669	0.776
	煤油	kg	3.000	3.300	3.500	4.000	4.500	5.500
	盐酸 31% 合成	kg	18.000	22.000	24.000	26.000	28.000	30.000
	氧气	m³	2.601	3.121	3.386	3.641	3.907	4.162
	乙炔气	kg	0.867	1.040	1.132	1.214	1.306	1.387
	白漆	kg	0.080	0.100	0.100	0.100	0.100	0.100
	生石灰	kg	8.000	10.000	12.000	13.000	14.000	15.000
	铁砂布 0#~2#	张	8.000	8.000	8.000	8.000	8.000	10.000
	塑料布	kg	1.680	2.790	2.790	4.410	4.410	5.790
	其他材料费	%	5.00	5.00	5.00	5.00	5.00	5.00
机械	载货汽车 - 普通货车 10t	台班	0.500	0.500	0.500	0.500	1.000	1.000
	汽车式起重机 16t	台班	1.200	1.500	1.300	1.500	1.850	2.050
	汽车式起重机 30t	台班	—	0.900	—	—	—	—
	汽车式起重机 50t	台班	—	—	1.000	—	—	—
	汽车式起重机 75t	台班	—	—	—	1.200	—	—
	汽车式起重机 100t	台班	—	—	—	—	1.200	1.500
	弧焊机 21kV·A	台班	0.500	0.600	0.800	1.000	1.200	1.500
	电动空气压缩机 6m³/min	台班	0.500	0.500	1.000	1.000	1.500	1.500
	试压泵 60MPa	台班	1.500	1.750	2.000	2.250	2.500	2.750

十、小型空气分馏塔

工作内容: 开箱清点、场内运输、外观检查、设备清洗、吊装、联结、安装就位、调整、
固定、单体调试。

计量单位:台

编　号			1-13-59	1-13-60	1-13-61
项　目			型号规格		
			FL-50/200	140/660-1	FL-300/300
名　称		单位	消　耗　量		
人工	合计工日	工日	87.130	113.493	166.831
	其中　普工	工日	17.426	22.699	33.366
	一般技工	工日	62.734	81.715	120.119
	高级技工	工日	6.970	9.079	13.347
材料	平垫铁(综合)	kg	9.880	14.820	19.760
	斜垫铁(综合)	kg	11.640	17.460	21.340
	钢板垫板	kg	15.000	21.000	35.000
	型钢(综合)	kg	52.000	103.000	170.000
	镀锌铁丝 ϕ2.8~4.0	kg	3.000	5.000	10.000
	低碳钢焊条 J427 ϕ4.0	kg	3.150	4.200	5.250
	紫铜电焊条 T107 ϕ3.2	kg	0.350	0.600	1.100
	焊锡	kg	1.100	1.600	2.700
	碳钢气焊条	kg	2.000	2.500	4.000
	锌 99.99%	kg	0.220	0.320	0.550
	木板	m³	0.031	0.043	0.063
	道木	m³	0.454	0.562	0.707
	煤油	kg	5.000	6.000	6.500
	黄油钙基脂	kg	0.300	0.400	0.800
	四氯化碳	kg	15.000	20.000	50.000
	氧气	m³	12.485	15.606	31.212
	酒精 工业用 99.5%	kg	10.000	14.000	30.000
	甘油	kg	0.500	0.700	1.000
	乙炔气	kg	4.162	5.202	10.404
	白漆	kg	0.080	0.100	0.100
	低温密封膏	kg	1.200	1.400	2.600
	铁砂布 0#~2#	张	8.000	10.000	15.000
	锯条(各种规格)	根	6.000	8.000	15.000
	肥皂	条	2.500	4.000	6.000
	塑料布	kg	1.680	2.790	4.410
	水	t	0.170	2.770	3.420
	其他材料费	%	5.00	5.00	5.00
机械	载货汽车 - 普通货车 10t	台班	0.300	0.500	0.680
	汽车式起重机 8t	台班	0.500	1.000	1.450
	汽车式起重机 16t	台班	0.500	0.580	—
	汽车式起重机 25t	台班	—	—	0.800
	弧焊机 21kV·A	台班	1.450	2.000	2.430
	电动空气压缩机 6m³/min	台班	0.700	0.900	1.200

十一、小型制氧机械附属设备

工作内容：开箱清点、场内运输、外观检查、设备清洗、吊装、联结、安装就位、调整、固定、单体调试。

	编　号		1-13-62	1-13-63	1-13-64	1-13-65	1-13-66
			名称及型号				
	项　目		洗涤塔, XT-90	干燥器（170×2），碱水拌和器（1.6）	纯化器，HXK-300/59 HX-1800/15	加热炉（器），1.55型 JR-13 JR-100	储氧器或充氧台，501-1 GC-24
			台	组	套	台	
	名　称	单位	消　耗　量				
人工	合计工日	工日	26.530	18.938	37.351	5.245	8.809
	其中 普工	工日	5.306	3.788	7.470	1.049	1.762
	一般技工	工日	19.102	13.635	26.893	3.776	6.343
	高级技工	工日	2.122	1.515	2.988	0.420	0.705
材料	平垫铁（综合）	kg	10.300	10.300	17.460	5.800	—
	斜垫铁（综合）	kg	6.573	6.573	12.350	5.200	—
	钢板垫板	kg	5.000	5.600	10.500	—	—
	镀锌铁丝 φ2.8~4.0	kg	4.000	3.000	5.000	3.000	8.000
	低碳钢焊条 J427 φ4.0	kg	0.300	0.300	0.700	0.300	—
	木板	m³	0.016	0.018	0.040	0.013	0.013
	道木	m³	0.105	0.080	0.166	—	—
	煤油	kg	2.500	4.500	3.500	2.000	1.500
	机油	kg	0.404	0.404	0.505	0.202	—
	黄油钙基脂	kg	0.202	0.202	0.303	0.202	—
	四氯化碳	kg	—	5.000	8.000	—	8.000
	氧气	m³	—	—	—	—	2.040
	甘油	kg	—	—	—	—	0.300
	乙炔气	kg	—	—	—	—	0.683
	白漆	kg	0.080	0.080	0.100	0.080	0.080
	无石棉橡胶板 高压 δ1~6	kg	4.590	4.080	5.610	3.060	—
	铁砂布 0#~2#	张	2.000	3.000	3.000	3.000	2.000
	塑料布	kg	0.600	1.680	2.790	0.600	0.600
	水	t	1.300	1.300	2.770	0.380	—
	其他材料费	%	5.00	5.00	5.00	5.00	5.00
机械	载货汽车-普通货车 10t	台班	0.400	0.200	0.500	0.200	—
	汽车式起重机 8t	台班	0.800	0.200	—	—	0.300
	汽车式起重机 16t	台班	—	—	0.900	0.500	—
	弧焊机 21kV·A	台班	0.250	0.200	0.200	0.200	—

十二、地脚螺栓孔灌浆

工作内容:场内运输、核对尺寸、清孔、除尘、灌浆料配制、灌浆。 计量单位:m³

	编　号		1-13-67	1-13-68	1-13-69	1-13-70	1-13-71
	项　目		一台设备的灌浆体积(m³以内)				
			0.03	0.05	0.10	0.30	>0.30
	名　称	单位	消　耗　量				
人工	合计工日	工日	9.450	7.884	6.030	4.734	3.150
	其中 普工	工日	1.890	1.577	1.206	0.947	0.630
	一般技工	工日	6.804	5.676	4.342	3.408	2.268
	高级技工	工日	0.756	0.631	0.482	0.379	0.252
材料	水泥 P·O 32.5	kg	438.000	438.000	438.000	438.000	438.000
	砂子	m³	0.690	0.690	0.690	0.690	0.690
	碎石(综合)	m³	0.760	0.760	0.760	0.760	0.760
	其他材料费	%	5.00	5.00	5.00	5.00	5.00

十三、设备底座与基础间灌浆

工作内容:场内运输、核对尺寸、基础表面清理、灌浆料配制、灌浆、捣固。 计量单位:m³

	编　号		1-13-72	1-13-73	1-13-74	1-13-75	1-13-76
	项　目		一台设备的灌浆体积(m³以内)				
			0.03	0.05	0.10	0.30	>0.30
	名　称	单位	消　耗　量				
人工	合计工日	工日	12.924	10.818	8.676	6.669	4.626
	其中 普工	工日	2.585	2.164	1.735	1.334	0.925
	一般技工	工日	9.305	7.789	6.247	4.802	3.331
	高级技工	工日	1.034	0.866	0.694	0.534	0.370
材料	木板	m³	0.080	0.070	0.060	0.050	0.050
	水泥 P·O 32.5	kg	438.000	438.000	438.000	438.000	438.000
	砂子	m³	0.690	0.690	0.690	0.690	0.690
	碎石(综合)	m³	0.760	0.760	0.760	0.760	0.760
	其他材料费	%	5.00	5.00	5.00	5.00	5.00

十四、设备减振台座

工作内容: 开箱清点、场内运输、外观检查、安装就位、调整、固定。　　　　　　　　　　　计量单位:座

编　号				1-13-77	1-13-78	1-13-79	1-13-80	1-13-81
项　目				台座重量(t以内)				
				0.1	0.2	0.3	0.5	1
名　称			单位	消　耗　量				
人工	合计工日		工日	0.740	1.470	1.970	2.620	4.830
	其中	普工	工日	0.148	0.294	0.394	0.524	0.966
		一般技工	工日	0.533	1.058	1.418	1.886	3.478
		高级技工	工日	0.059	0.118	0.158	0.210	0.386
材料	钢板(综合)		kg	0.600	0.600	0.700	1.000	1.600
	煤油		kg	0.160	0.192	0.240	0.320	0.400
	其他材料费		%	5.00	5.00	5.00	5.00	5.00
机械	叉式起重机 5t		台班	0.050	0.100	0.150	0.200	0.250

十五、座　浆　垫　板

工作内容: 场内运输、核对尺寸、基础表面清理、灌浆、捣固、安放垫板。　　　　　　　　　计量单位:墩

编　号				1-13-82	1-13-83	1-13-84	1-13-85	1-13-86
项　目				座浆垫板规格(mm)				
				150×80	200×100	280×160	360×180	500×220
名　称			单位	消　耗　量				
人工	合计工日		工日	0.150	0.210	0.290	0.420	0.480
	其中	普工	工日	0.030	0.042	0.058	0.084	0.096
		一般技工	工日	0.108	0.151	0.209	0.302	0.346
		高级技工	工日	0.012	0.017	0.023	0.034	0.038
材料	无收缩水泥		kg	(1.580)	(2.630)	(4.290)	(6.040)	(9.200)
	型钢(综合)		kg	0.460	0.500	0.570	0.670	0.770
	氧气		m³	0.022	0.022	0.022	0.022	0.030
	乙炔气		m³	0.008	0.008	0.008	0.008	0.012
	其他材料费		%	5.00	5.00	5.00	5.00	5.00
机械	载货汽车 - 普通货车 10t		台班	0.010	0.010	0.010	0.010	0.010
	电动空气压缩机 10m³/min		台班	0.046	0.046	0.046	0.061	0.069

主编单位：电力工程造价与定额管理总站

专业主编单位：中国五冶集团有限公司

中国石油化工集团有限公司工程部

参编单位：中国石油化工集团有限公司工程定额管理站

中国石油化工股份有限公司齐鲁分公司

中石化南京工程有限公司

中石化第四建设有限公司

中石化第五建设有限公司

中石化第十建设有限公司

计价依据编制审查委员会综合协商组：胡传海　王海宏　吴佐民　王中和　董士波

冯志祥　褚得成　刘中强　龚桂林　薛长立

杨廷珍　汪亚峰　蒋玉翠　汪一江

计价依据编制审查委员会专业咨询组：薛长立　蒋玉翠　杨　军　张　鑫　李　俊

余铁明　庞宗琨

编制人员：严洪军　孙旭东　袁　源　樊静维　王维维　梅　曼　朱晓磊　姜昕彤

何俊华　李兴富　王艳枫　黄胜军　刘福利　蒋　炜　高云强　刘学民

孙俊卿　潘昌栋　张崇凯　陈春利　闫安鑫　李　欣　张　斌　潘洪鑫

马秀强　刘恒忠　王德辉

审查专家：薛长立　蒋玉翠　张　鑫　兰有东　彭永才　陈庆波　李伟亮

软件支持单位：成都鹏业软件股份有限公司

软件操作人员：杜　彬　赖勇军　可　伟　孟　涛